新形态立体化精品系列教材

计算机组装与维护项目教程

工作手册式 | 微课版

刘文芝 刘依依 / 主编
王纪 王亚楠 吴瑞 / 副主编

人民邮电出版社
北京

图书在版编目（CIP）数据

计算机组装与维护项目教程 : 工作手册式 : 微课版/
刘文芝，刘依依主编. -- 北京 : 人民邮电出版社，
2023.3（2023.8重印）
新形态立体化精品系列教材
ISBN 978-7-115-59878-3

Ⅰ. ①计… Ⅱ. ①刘… ②刘… Ⅲ. ①电子计算机－组装－教材②计算机维护－教材 Ⅳ. ①TP30

中国版本图书馆CIP数据核字(2022)第150309号

内 容 提 要

本书以计算机组装的一般流程为主线，采用任务式教学讲解计算机组装的知识和技巧，同时介绍计算机维护的相关知识。本书如同一本工作手册，读者只需要按照步骤去执行，就能完成自主组装计算机和维护计算机的相关操作。全书共 10 个项目，包括了解计算机、选配计算机硬件、组装计算机、设置 BIOS 和硬盘分区、安装操作系统和常用软件、配置和管理网络连接、保护计算机系统与数据、维护计算机、故障诊断和排除、选购笔记本电脑等内容。

本书的每个项目都由多个任务组成，每个任务均包含任务导入、任务分析、相关知识、任务实施等环节，读者在任务完成后还可通过实训和拓展知识对任务中所学的内容进行强化及巩固。本书强调通过实际操作来学习，读者完成全部训练任务后，就能全面掌握组装和维护计算机的操作及相关知识。

本书适合作为本科院校、高职高专院校、成人教育院校、职业中专学校的计算机类课程教材，也可作为计算机相关工作人员的培训教材和参考用书。

◆ 主　　编　刘文芝　刘依依
副 主 编　王　纪　王亚楠　吴　瑞
责任编辑　马小霞
责任印制　王　郁　焦志炜

◆ 人民邮电出版社出版发行　　北京市丰台区成寿寺路 11 号
邮编　100164　　电子邮件　315@ptpress.com.cn
网址　https://www.ptpress.com.cn
山东华立印务有限公司印刷

◆ 开本：787×1092　1/16
印张：14.25　　2023 年 3 月第 1 版
字数：397 千字　　2023 年 8 月山东第 2 次印刷

定价：59.80 元

读者服务热线：(010)81055256　印装质量热线：(010)81055316
反盗版热线：(010)81055315
广告经营许可证：京东市监广登字 20170147 号

前言 PREFACE

当今社会，计算机早已经融入人们的日常生活和工作，成为人们学习和交流的主要工具。无论是学校、企业，还是个人、家庭，都对计算机组装和维护有极大的需求。在这样的背景下，编者总结了计算机组装和维护的实践经验，结合当前的计算机行业发展动态编写了本书。

本书特点

本书的教学内容新颖，知识深度适当，内容全面，完全按照现代教学需求编写，适合实际教学需要。本书是计算机组装与维护相关课程的实践教材，以一套完整的计算机组装与维护项目为载体，以计算机组装的一般流程为主线，分步介绍组装与维护计算机的整个过程。

1. 落实立德树人根本任务

本书贯彻二十大报告中提出的“要落实立德树人根本任务，培养德智体美劳全面发展的社会主义建设者和接班人”理念，融入国家科技创新体系，并在专业内容的讲解中融入科学精神和爱国情怀，注重素质教育，弘扬精益求精的专业精神、职业精神和工匠精神，培养学生的创新意识。

2. 将职业场景引入课堂教学

本书将组装与维护计算机的流程分解为 10 个具体项目，每个项目中又包含具体的任务，每个任务均融入主人公真实的工作情境，对接真实的工作内容，帮助读者了解相关知识点在实际工作中的应用情况。本书中设置的主人公如下。

米拉：职场新进人员，技术部新人。

洪钧威：技术部主管，米拉的顶头上司，职场的引导者，人称“老洪”。

3. 采用了“情景导入——相关知识——任务实施——实训——拓展知识”结构

本书在具体的写作中，首先通过项目情景和项目目标对项目进行分解；再在具体任务实施前通过任务导入、任务分析来阐述任务的知识目标和技能目标，告诉读者具体应该做什么，通过相关知识概括每个任务中读者需学习的知识和技能，帮助读者初步了解任务内容；然后通过讲解具体的任务操作方法，带领读者完成相关操作，让读者在实践中提升动手能力；最后通过实训和拓展知识，帮助读者巩固理论知识，拓展实际应用的能力。

4. 工作手册式编写思路

本书采用工作手册式编写思路，能够帮助读者在学习过程中快速进入角色，明确职业特点和岗位职责，为读者的职业生涯打好基础。

5. 引入真实项目

本书每个项目的内容安排和结构设计都考虑了具体工作的实际需要，具有实用性和条理性，且以实践操作为主。

6. 设置小栏目答疑解惑

为帮助读者更好地学习，本书在正文讲解中穿插了“提示”和“注意”等小栏目，不仅解决了读者学习计算机组装与维护过程中可能遇到的各种问题，还能让读者学习到更加全面、新颖的知识，并能通过练习来提升实操能力。

7. 线上线下混合教学

本书中重要的操作，读者均可通过扫描二维码查看同步讲解视频。这种方式能让读者直观地看到计算机组装与维护的具体操作过程，帮助读者熟悉操作，提升计算机组装与维护的水平。

本书配套资源

本书赠送丰富的教学资源，有需要的读者可以访问人邮教育社区网站（https://www.ryjiaoyu.com），搜索本书书名进行下载。具体的资源如下。

- MP4 教学视频：本书中组装与维护计算机步骤对应的视频文件，读者也可通过扫描书中的二维码进行观看。
- PPT 等教学资源：本书提供与教材内容对应的精美 PPT、配套教案、教学大纲和教学题库等配套资源，以帮助老师更好地开展教学活动。

由于编者水平有限，书中难免存在不妥之处，敬请广大读者、专家批评指正。

编者

2023 年 1 月

目录 CONTENTS

项目 3

项目 4

项目 5

项目 8

项目 9

项目 10

项目1 了解计算机

01

项目情景

米拉是计算机应用专业的毕业生，由于对计算机软硬件技术比较感兴趣，毕业后她选择进入一家 IT 公司，在技术部从事计算机维护工作，公司安排技术部主管洪钧威（人称“老洪”）带她熟悉公司业务。米拉进公司第二天，就被指派参与一个组装计算机的工作任务。原来，公司根据发展需要招聘了一批新员工，经过研究后，决定为每个新员工配备一台计算机，由技术部统一采购并组装，以满足日常工作需求。为了圆满完成组装计算机的任务，米拉需要先对公司的采购需求有一定了解，并通过查看公司已有计算机的外部设备和内部结构，充分认识计算机的各种硬件，为接下来的各项工作打下坚实的基础。

项目目标

• 了解计算机的常见类型 • 了解计算机的软件	• 熟悉计算机的外部设备 • 熟悉计算机的内部硬件

素养目标

- 培养爱岗敬业的职业精神，树立知识报国的远大理想。

任务 1-1 认识计算机

任务导入

老洪作为技术部的主管，接手了公司采购并组装计算机的工作任务。由于米拉刚进入技术部，还是一名新手，因此老洪决定带着米拉先熟悉计算机的分类，了解计算机的各种类型，以及系统软件和应用软件，再着手安排她做其他事情。

任务分析

作为组装计算机的基础，应从以下两个方面来认识计算机。

（1）了解计算机类型。学习计算机的组装与维护时，首先要了解和认识计算机的类型，然后才能根据不同的类型进行组装与维护操作，可以在专业的网站中搜索相关信息，以认识不同类型的计算机。

（2）了解软件类型。用户在使用计算机时，看到的不是各种硬件，而是操作系统和各种应用软件，组装计算机后也需要安装操作系统和部分软件。因此，认识计算机的第二步是认识各种软件。最常用的软件是系统软件，也就是常见的 Windows 操作系统或 Linux 操作系统等，其次是各种办公软件、网络浏览器软件、通信软件和游戏娱乐软件等。这些知识也可以通过网络搜索来了解。

相关知识

（一）计算机的类型

目前通常所说的计算机主要是指个人计算机（Personal Computer，PC），市面上常用的计算机主要有台式机、笔记本电脑、平板电脑和一体机 4 种类型。

1. 台式机

台式机是一种各功能部件相对独立的计算机。相对于其他类型的计算机，其体积较大，一般需要放置在桌子或专门的工作台上，因此称为台式机。大多数家用和办公用的计算机都是台式机，图 1-1 所示即为常见的台式机。

图 1-1　常见的台式机

台式机具有以下特性。

- 散热性。台式机的机箱具有空间大和通风好的特点，因此台式机具有良好的散热性，这是其他类型的计算机所不具备的。
- 可扩展性。台式机机箱的光盘驱动器插槽一般有 4 个或 5 个，硬盘驱动器插槽一般也有 4 个或 5 个，非常方便日后用户对硬件进行升级。
- 保护性。台式机能够全方位保护硬件，减少灰尘的侵害，而且具有一定的防水性。
- 明确性。台式机机箱的开关键和重启键，以及通用串行总线（Universal Serial Bus，USB）和音频接口都在机箱前置面板中，用户使用起来更为方便、明确。

台式机通常又分为品牌机和兼容机两种类型。品牌机是指有注册商标的整台计算机，是专业的计算机生产公司将计算机配件组装好后进行整体销售，并提供技术支持及售后服务的计算机。兼容机则是指根据用户要求选择配件，由用户或第三方计算机公司组装而成的计算机，具有较高的性价比。计算机组装主要是指组装兼容机。品牌机和兼容机之间有以下区别。

- 兼容性与稳定性。每一台品牌机出厂前都经过严格测试（通过严格且规范的工序和手段进行检测），因此其稳定性和兼容性更有保障。而兼容机是在成百上千种配件中选配而成的，无法完全保证其兼容性。所以在兼容性与稳定性方面，品牌机更具有优势。
- 产品搭配灵活性。产品搭配灵活性指配件选择的自由程度，这方面兼容机具有品牌机不可比拟的优势。不少用户装机有特殊要求，如根据专业应用需要突出计算机某一方面的性能，此时用户就可以自行选件，或在经销商的帮助下根据要求来选件并组装。品牌机是批量生产的，难以因个别用户的要求而专门为其变更配置。
- 价格。同等配置的兼容机往往比品牌机便宜，主要是因为品牌机的价格包含了正版软件捆绑费用和厂商的售后服务费用。另外，购买兼容机可以“砍价”，比购买品牌机更实惠。
- 售后服务。部分用户不仅关心产品的性能，还很关心产品的售后服务。品牌机的服务质量毋庸置疑，一般厂商会提供 1 年上门、3 年质保的服务，且有免费技术支持电话，以及紧急上门服务。而兼容机一般只有 1 年的保修期，且键盘、鼠标和光驱这类易损产品保修期通常只有 3 个月，也不提供上门服务。

2. 笔记本电脑

笔记本电脑也称手提电脑或膝上型电脑，是一种体积小、便于携带的计算机。根据市场定位，笔记本电脑又分为游戏本、轻薄本、二合一笔记本电脑、商务办公本、影音娱乐本、校园学生本和创意设计 PC 等类型。

- 游戏本。游戏本是主打游戏性能的笔记本电脑。游戏本通常拥有与台式机媲美的强悍性能，而机身比台式机更便携，外观比台式机更美观，因此价格也比台式机（甚至其他种类的笔记本电脑）昂贵。图 1-2 所示为某品牌的游戏本。
- 轻薄本。轻薄本的主要特点为外观时尚轻薄、性能出色，在办公学习、影音娱乐等方面都能有出色表现，使用更随心。图 1-3 所示为某品牌的轻薄本。

图 1-2　游戏本

图 1-3　轻薄本

- 二合一笔记本电脑。二合一笔记本电脑兼具传统笔记本电脑与平板电脑的功能，可以当作平板电脑或笔记本电脑使用。图 1-4 所示为某品牌的二合一笔记本电脑。
- 商务办公本。顾名思义，商务办公本是专门为商务应用设计的笔记本电脑，特点为移动性强、电池续航时间长、商务软件多。图 1-5 所示为某品牌的商务办公本。

图 1-4　二合一笔记本电脑

图 1-5　商务办公本

- 影音娱乐本。影音娱乐本在画面效果和流畅度方面比较突出，有较强的图形图像处理能力和多媒体应用能力，多拥有较为强劲的独立显卡和声卡（均支持高清），并有较大的屏幕供用户娱乐使用。图 1-6 所示为某品牌的影音娱乐本。
- 校园学生本。校园学生本性能与普通台式机相差不大，主要供学生使用，几乎拥有笔记本电脑的所有功能，各方面都比较均衡，且价格更加便宜。图 1-7 所示为某品牌的校园学生本。
- 创意设计 PC。创意设计 PC 是 intel 公司发布的一种全新笔记本电脑类型，目标用户是平面设计、影视剪辑相关人群。创意设计 PC 支持高分辨率和广色域/高动态范围显示，并能够为视觉媒体编辑播放提供准确的颜色，能满足创意设计人员通过外部传输设备快速传输大型数据及文件的需求。

图 1-6　影音娱乐本

图 1-7　校园学生本

提示　超极本（Ultrabook）是 intel 公司定义的全新品类的笔记本电脑产品，"Ultra"的意思是极端的，"Ultrabook"指极致轻薄的笔记本电脑产品，中文翻译为超极本。超极本集成了平板的应用特性和台式机的性能，常用于商务办公和影音游戏领域。

3. 平板电脑

平板电脑是一种无须翻盖、没有键盘、功能完整的计算机。其构成组件与笔记本电脑基本相同，但以触摸屏作为基本的输入设备，允许用户通过触控笔或手指而不是传统的键盘或鼠标来进行作业。平板电脑具有以下特点。

- 便携移动。平板电脑比笔记本电脑体积更小，也更轻。
- 功能强大。平板电脑具备手写识别输入功能，以及语音识别和手势识别功能。
- 特有的操作系统。平板电脑不但具有普通操作系统的功能，而且普通计算机兼容的应用程序都可以在平板电脑上运行。

目前市场上通常按照用途和功能特点将平板电脑分为以下 4 种类型。

- 通话平板。通话平板是一种具备通话功能，支持移动通信网络，并能够通过插入电话卡实现拨打电话、发送短信等功能的平板。这种平板的功能基本等同于智能手机，只是屏幕比智能手机大，如图 1-8 所示。
- 娱乐平板。娱乐平板是平板的主流类型，面向普通用户群体。娱乐平板没有特定的用途，主要用于休闲娱乐，偶尔也可以用于办公和学习，如图 1-9 所示。
- 二合一平板。二合一平板是一种兼具笔记本电脑功能的平板，预留了适配键盘的接口，通过外接键盘可以变成笔记本电脑形态。二合一平板的本质是平板，其硬件配置无法和笔记本电脑相比，所以二合一平板的优势在于娱乐性和便携性，其在其余各方面均落后于二合一笔记本电脑。
- 商务平板。商务平板是为了提升办公效率，专门为商务人士提供的移动便携且兼顾商务办公功能的平板，通常预置商务应用，并配置手写笔，如图 1-10 所示。

图 1-8　通话平板

图 1-9　娱乐平板

图 1-10　商务平板

4. 一体机

一体机是由一台显示器、一个键盘和一个鼠标组成的具备高度集成特点的自动化机器设备。一体机的主板通常与显示器集成在一起，只要将键盘和鼠标连接到显示器上，一体机就能使用。一体机具有以下优点。

- 简洁无线。一体机具有最简洁的线路连接方式，只需要一根电源线就可以实现计算机的启动，减少了音箱线、摄像头线、视频线等繁杂交错的线路。
- 节省空间。一体机比传统台式机更小巧，最多可节省 70%的桌面空间。
- 超值整合。同价位下，一体机拥有更多功能部件，集摄像头、无线网卡、音箱、蓝牙、耳麦等于一身。
- 节能环保。一体机更节能环保，其耗电仅为传统台式机的 1/3，且电磁辐射更小。
- 潮流外观。一体机简洁、时尚的外观设计，更符合现代人对节约空间和简约审美的要求。

但是，一体机也存在一些缺点：如果出现接触不良或其他问题，则必须拆开显示器后盖进行检查，因此维修很不方便；其将硬件都集中到了显示器中，导致散热较差，而元件在高温下又容易老化，因而使用寿命较短；多数配置不高，且不方便升级，故实用性不强。

目前市场上通常按照用途和功能特点将一体机分为以下 5 种类型。

- 家用一体机。家用一体机主要用于家庭环境，因此配置不太高，通常与普通台式机的性能相近，其主要特点就是外形美观大方，不会占用太多空间，且能对空间和环境起到一定的美化作用，如图 1-11 所示。
- 商用一体机。商用一体机除了具备家用一体机的外观和性能特点外，最重要的特点是故障率低，且支持上门服务。
- 触控一体机。触控一体机的显示屏具备触摸控制功能，与平板的屏幕类似，因此性能和价格更高，如图 1-12 所示。

图 1-11　家用一体机

图 1-12　触控一体机

- DIY 一体机。DIY（Do It Yourself）是自行组装的意思，这种类型的一体机类似于台式机中的兼容机，需要由个人或组织自行购买硬件并将这些硬件组装成一体机。
- 智能桌面一体机。智能桌面一体机是一种具有多人平面交互功能的一体机，智能桌面可以水平放置，用户可直接通过触摸方式进行操作。

（二）计算机的软件

软件是计算机中供用户使用的程序。控制计算机所有硬件工作的程序集合组成软件系统。软件系统的作用主要是管理和维护计算机的正常运行，并充分发挥计算机的性能。按照功能的不同，软件可分为系统软件和应用软件两种。

1．系统软件

从广义上讲，系统软件包括汇编程序、编译程序、操作系统、数据库管理软件等，但通常所说的系统软件仅指操作系统。操作系统的功能是管理计算机的全部硬件和软件，方便用户对计算机进行操作。常见的操作系统有 Windows 系列和其他操作系统软件两种类型。

- Windows 系列。Microsoft 公司的 Windows 系列操作系统软件是目前使用最广泛的操作系统，它采用图形化的操作界面，支持网络连接和多媒体播放，支持多用户和多任务操作，兼容多种硬件设备和应用程序。图 1-13 所示为 Windows 10 操作系统的界面。

> **提示** **Windows 操作系统目前以 64 位为主，还有部分 32 位操作系统仍在工作，其位数与中央处理器（Central Processing Unit，CPU）的位数相关。32 位操作系统针对 32 位的 CPU 设计，64 位操作系统针对 64 位的 CPU 设计。64 位操作系统只能安装在应用了 64 位 CPU 的计算机中，辅以基于 64 位操作系统开发的软件，才能发挥出最佳的性能；32 位操作系统能安装在应用了 32 位或 64 位 CPU 的计算机中。**

- 其他操作系统。市场上还存在 UNIX、Linux、mac 等操作系统，它们也有各自的应用领域。图 1-14 所示为国产 Linux Deepin 操作系统的界面。

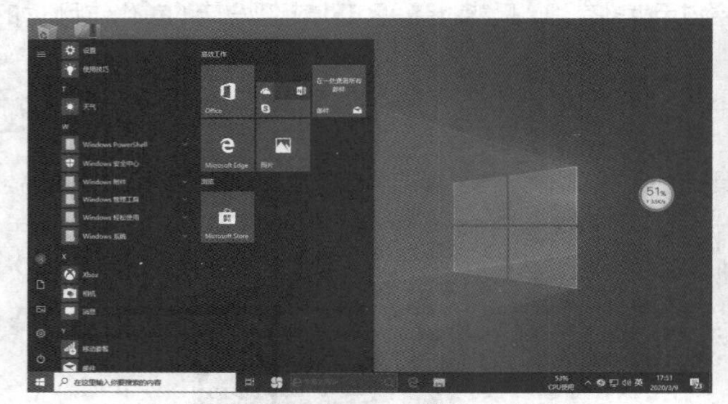

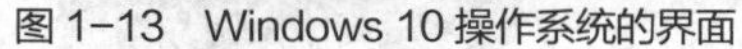

图 1-13　Windows 10 操作系统的界面

图 1-14　国产 Linux Deepin 操作系统的界面

2．应用软件

应用软件是指具有特定功能的软件，如压缩软件 WinRAR、图像处理软件 Photoshop 等，这些软件能够帮助用户完成特定的任务。应用软件的类型很多，常见的主要有系统工具软件、网络工具软件、安全软件、聊天软件、行业软件、教学软件、应用工具软件、手机软件、游戏娱乐软件、媒体软件和图像设计软件等，这些类型中还有很多小的细分类别，装机时用户可以根据需要进行选择。这些应用软件的主要功能如下。

- 系统工具软件。系统工具软件就是为操作系统提供辅助工具的软件。
- 网络工具软件。网络工具软件就是为网络提供各种各样的辅助工具、增强网络功能的软件。
- 安全软件。安全软件就是为计算机进行安全防护的软件。
- 聊天软件。聊天软件是用来进行语音/视频通信等信息交流的软件。
- 行业软件。行业软件就是为各种行业设计的满足该行业使用要求的软件。
- 教学软件。教学软件就是各种用于学习的软件。
- 应用工具软件。应用工具软件就是用来辅助计算机操作、提升工作效率的软件。
- 手机软件。手机软件就是各种与手机相关的编程和应用的软件。
- 游戏娱乐软件。游戏娱乐软件就是各种与游戏娱乐相关的软件。

- 媒体软件。媒体软件就是用来编辑和处理多媒体文件的软件。
- 图像设计软件。图像设计软件就是专门编辑和处理图形图像的软件。

任务实施

（一）在网上查看不同类型的计算机

微课 1-1：网上查看不同类型的计算机

下面通过浏览器在网上查看不同类型的计算机，具体操作如下。

（1）在 360 浏览器中打开“中关村在线”官方网站，在其“笔记本”选项组中单击“台式机”超链接，如图 1-15 所示。

（2）打开台式机对应的网页，在“台式电脑类型”选项右侧单击“家用台式电脑”超链接，如图 1-16 所示。

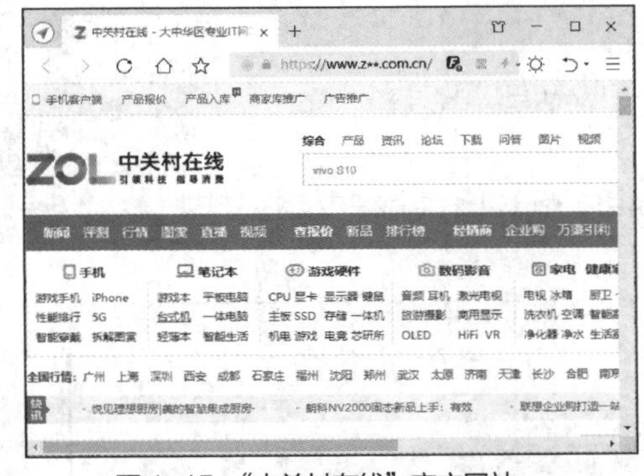
图 1-15 “中关村在线”官方网站

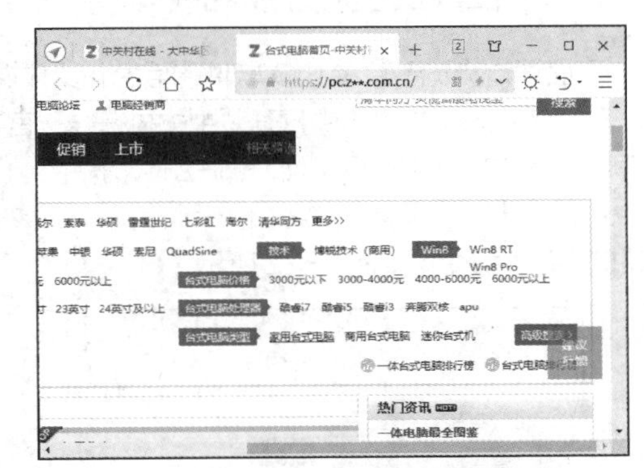
图 1-16 选择要查看的计算机的类型

（3）打开“家用台式电脑”对应的网页，在其中将展示各种规格的台式机，如图 1-17 所示。单击某台式机图片即可打开对应的网页，展示该台式机的配置、报价、图片和点评等各种具体信息。

（4）返回“家用台式电脑”网页，在左侧任务窗格的“台式整机”选项组中单击“一体电脑”超链接，即可打开“一体电脑”网页查看一体机的相关内容，如图 1-18 所示。

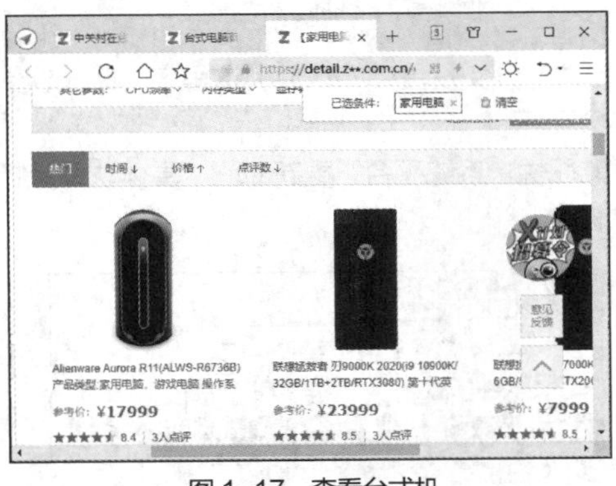
图 1-17 查看台式机

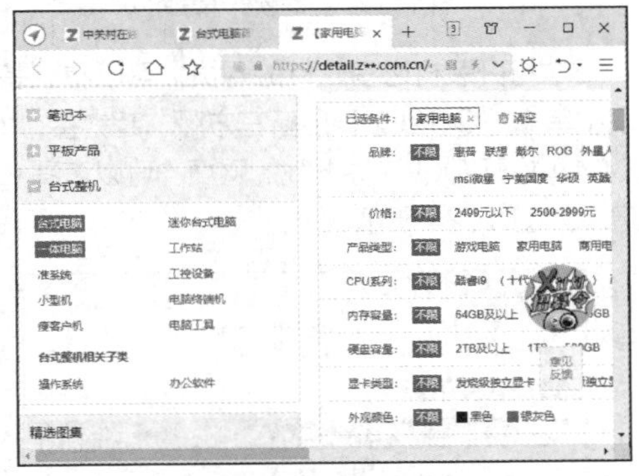
图 1-18 查看一体机

（5）在“一体电脑”网页左侧任务窗格中选择“笔记本”选项，在展开的列表中单击“笔记本电脑”超链接，即可打开“笔记本电脑”网页查看笔记本电脑的相关内容，如图 1-19 所示。

（6）在“笔记本电脑”网页中选择“笔记本整机”选项，在展开的列表中单击“平板产品”选项组中的“平板电脑”超链接，即可打开“平板电脑”网页查看平板电脑的相关内容，如图 1-20 所示。

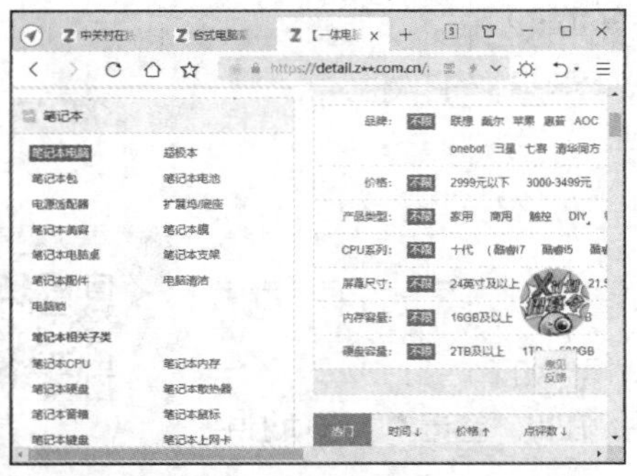

图 1-19　查看笔记本电脑

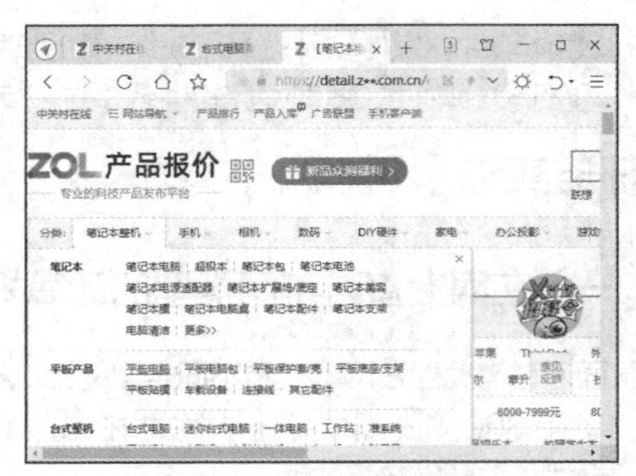

图 1-20　查看平板电脑

（二）在网上查看装机必备软件

微课 1-2：网上查看装机必备软件

下面通过浏览器查看 QQ 软件的信息，具体操作如下。

（1）在 360 浏览器中打开“中关村在线”官方网站，在菜单栏中选择“下载”选项，打开软件下载网页，如图 1-21 所示。

（2）在其中可以看到软件的各种分类，以及软件的相关资讯，在菜单栏中选择“装机必备”命令，如图 1-22 所示。

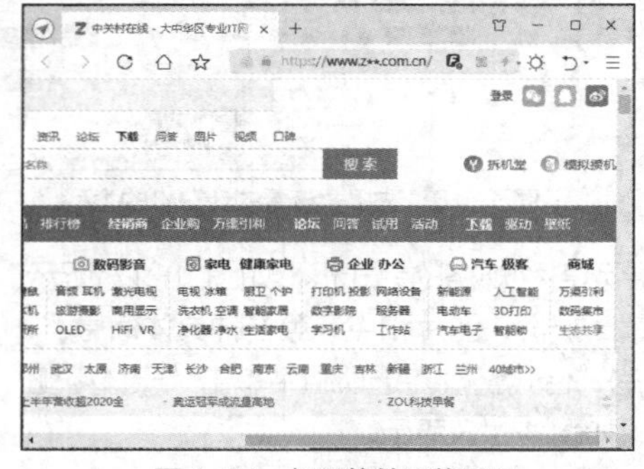

图 1-21　打开软件下载网页

图 1-22　选择软件的分类

（3）打开装机必备软件的网页，可以看到装机必备软件的分类及具体的软件，这里在“聊天软件”列表中单击“QQ2021 最新官方版”超链接，如图 1-23 所示。

（4）打开 QQ 软件下载的网页，可以查看 QQ 软件的属性、系统平台、更新时间、具体功能等相关信息，如图 1-24 所示。

图 1-23　选择具体软件

图 1-24　查看软件相关信息

任务 1-2 认识计算机硬件

任务导入

老洪告诉米拉，要组装计算机，必须对计算机的外部设备和内部硬件有深入的认识及了解，能够正确连接计算机的外部设备，并能识别计算机的各种硬件。于是，老洪拆卸了鼠标、键盘和各种连接线，打开计算机的机箱，一个一个地将硬件介绍给米拉认识，并嘱咐米拉好好学习。

任务分析

认识计算机硬件主要包括以下几个步骤。

（1）认识计算机的外部设备。计算机的外部设备通常是指除计算机主机外的其他相关硬件，可以通过解除这些外部设备的连接，或者将所有外部设备连接在一起来认识外部设备。

（2）认识计算机的内部硬件。计算机的内部硬件通常是指安装在机箱中的硬件，这些硬件也是组装计算机时需要动手安装的，所以要仔细识别。

相关知识

（一）计算机的外部设备

计算机的硬件组成其实只有两个部分——计算机主机和外部设备。主机中的硬件被称为内部硬件，外部设备通常是指显示器、鼠标和键盘这 3 个硬件，这 3 个硬件和计算机主机中的内部硬件组合在一起即可进行计算机的日常操作。

- 显示器。显示器是计算机的主要输出设备，它的作用是将显卡输出的信号（模拟信号或数字信号）以肉眼可见的形式表现出来。目前主要使用的是液晶显示器（也就是通常所说的 LCD），如图 1-25 所示。
- 鼠标。鼠标是计算机的主要输入设备之一，是随着图形操作界面产生的，因为其外形与老鼠类似，所以被称为鼠标，如图 1-26 所示。
- 键盘。键盘也是计算机的主要输入设备之一，是用户和计算机进行交流的工具，如图 1-27 所示。用户通过键盘可直接向计算机输入各种字符和命令，简化计算机的操作。另外，即使不用鼠标，只用键盘也能完成计算机的基本操作。

图 1-25 液晶显示器

图 1-26 鼠标

图 1-27 键盘

计算机中还有一些可选配的硬件，不安装这些硬件不会影响计算机的正常工作，安装和连接这些硬件后，可以提升计算机某些方面的性能或增加某些功能。这些硬件也属于计算机的外部设备，通过主机上的接口（主板或机箱上面的接口）连接到计算机，主要包括以下设备。

- 音箱。音箱可直接连接到声卡的音频输出接口中，并将声卡传输的音频信号输出为人们可以听到的声音，如图 1-28 所示。
- 数码摄像头。数码摄像头也是一种常见的计算机周边设备，主要功能是为计算机提供实时的视频图像，实现视频信息交流，如图 1-29 所示。
- U 盘。U 盘全称为 USB 闪存盘，它是一种使用 USB 接口的微型高容量移动存储设备，能够实现即插即用，如图 1-30 所示。

图 1-28　音箱

图 1-29　数码摄像头

图 1-30　U 盘

- 移动硬盘。移动硬盘是一种采用硬盘作为存储介质，可以即插即用的移动存储设备，如图 1-31 所示。
- 耳机。耳机是一种将音频输出为声音的周边设备，通常供个人使用，如图 1-32 所示。
- 路由器。路由器是一种连接 Internet 和局域网的计算机周边设备，是家庭和办公的必备设备，如图 1-33 所示。

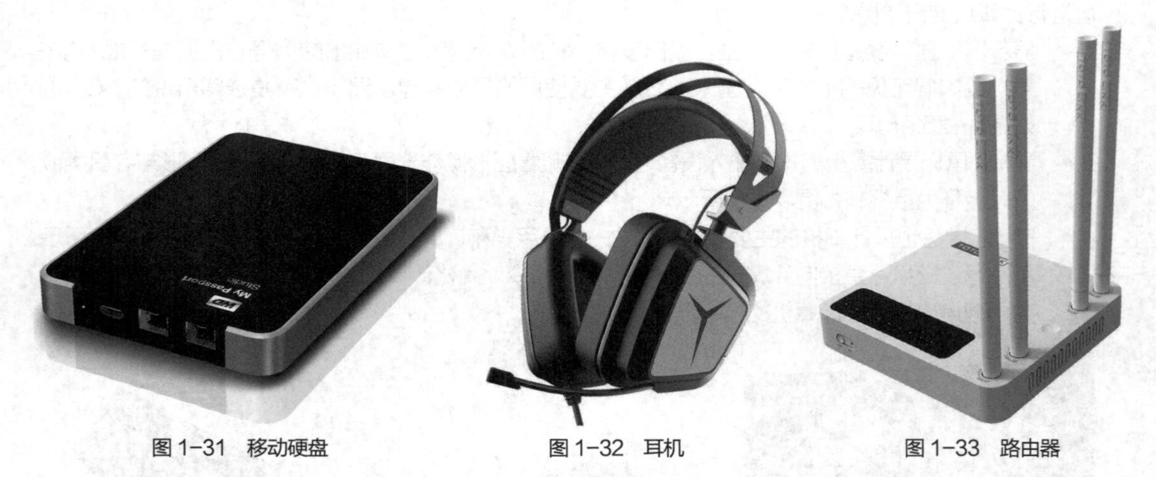

图 1-31　移动硬盘　　图 1-32　耳机　　图 1-33　路由器

- 投影仪。投影仪又称投影机，是一种可以将图像或视频投射到幕布上的设备，可以通过专业的接口与计算机连接并播放相应的视频信号，也是一种负责输出的计算机周边设备，如图 1-34 所示。
- 多功能一体机。多功能一体机的主要功能是打印，并至少同时具备复印、扫描或传真等其中一种功能，是一种重要且常用的计算机周边输出和输入设备，如图 1-35 所示。
- 数位板。数位板又称绘图板、绘画板、手绘板等，主要功能是手写输入，通常由一块板子和一支压感笔组成，用于计算机游戏或图像手绘等领域，如图 1-36 所示。

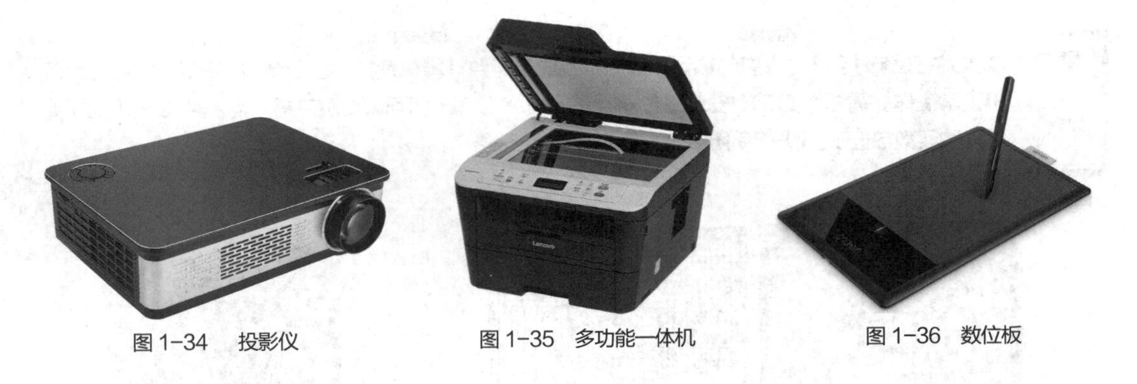

图 1-34　投影仪　　图 1-35　多功能一体机　　图 1-36　数位板

（二）计算机的内部硬件

主机是机箱及安装在机箱内的硬件的集合。机箱内的硬件属于内部硬件的范畴，主要包括 CPU（包括 CPU 及其散热器）、主板、内存、显卡（包括显卡及其散热器）、硬盘（机械硬盘或固态硬盘，有时两种硬盘都有）、主机电源和机箱 7 种，如图 1-37 所示。

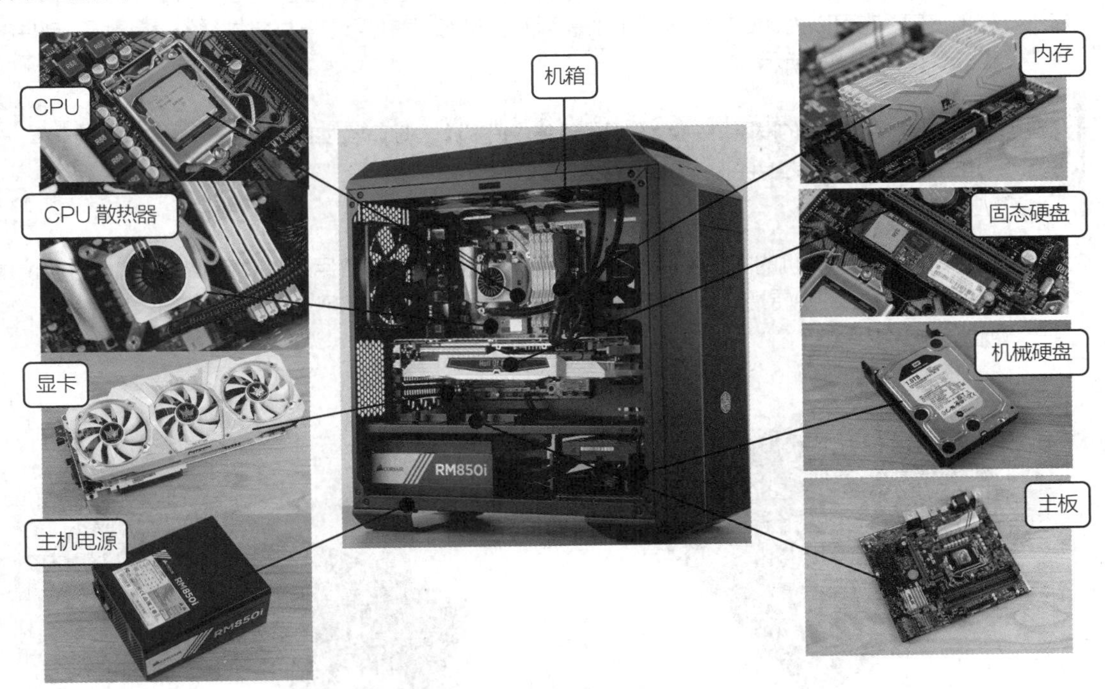

图 1-37　计算机的内部硬件

提示　**不同主机机箱上的按钮和指示灯的形状及位置可能不同。复位按钮一般有“Reset”字样；电源开关一般有⏻标记或“Power”字样；电源指示灯在开机后一直显示为绿色；硬盘工作指示灯只有在对硬盘进行读写操作时才会亮起。**

- CPU。CPU 是计算机的数据处理中心和“最高执行单位”，它具体负责计算机内数据的运算和处理，与主板一起控制协调其他设备的工作。图 1-38 所示为 intel 的 Core i9 CPU。

提示 CPU 在工作时会产生大量的热量，散热不及时会导致计算机死机，甚至烧毁 CPU。为保证计算机正常工作，需要为 CPU 安装散热器。正品盒装 CPU 标配风冷散热器，而散片 CPU 则需要单独购买散热器。图 1-39 所示为一款 CPU 散热器。

图 1-38 CPU

图 1-39 CPU 散热器

- 主板。从外观上看，主板是一块方形的电路板，其上布满了各种电子元器件、插口、插槽和各种外部接口，它可以为计算机的所有部件提供插槽和接口，并通过其中的线路统一协调所有部件的工作，如图 1-40 所示。

提示 随着主板制板技术的发展，主板上已经能够集成很多计算机硬件，如 CPU、显卡、声卡和网卡等，这些硬件都可以以芯片的形式集成到主板上。

- 内存。内存是计算机的内部存储器，也称主存储器，是计算机用来临时存放数据的地方，也是 CPU 处理数据的中转站。内存的容量和存取速度直接影响着 CPU 处理数据的速度。如图 1-41 所示为一款内存。

图 1-40 主板

图 1-41 内存

- 显卡。显卡又称为显示适配器或图形加速卡，其功能主要是将计算机中的数字信号转换为显示器能够识别的信号（模拟信号或数字信号），并对其进行处理和输出，还可分担 CPU 的图形处理工作。有些显卡被集成在 CPU 中，称为核芯显卡，简称核显。图 1-42 所示为某计算机配置的独立显卡，该显卡的外面覆盖了一层散热装置，其通常由热管、散热片和散热风扇组成。
- 硬盘。硬盘是计算机中容量最大的存储设备，通常用于存放永久性的数据和程序，图 1-43 所示为计算机的机械硬盘，它是计算机中使用最多和最普遍的硬盘。还有一种目前较热门的硬盘类型

——固态硬盘（Solid State Disk，SSD），简称固盘，是用固态电子存储芯片阵列而成的硬盘，如图 1-44 所示。

图 1-42　显卡

图 1-43　机械硬盘

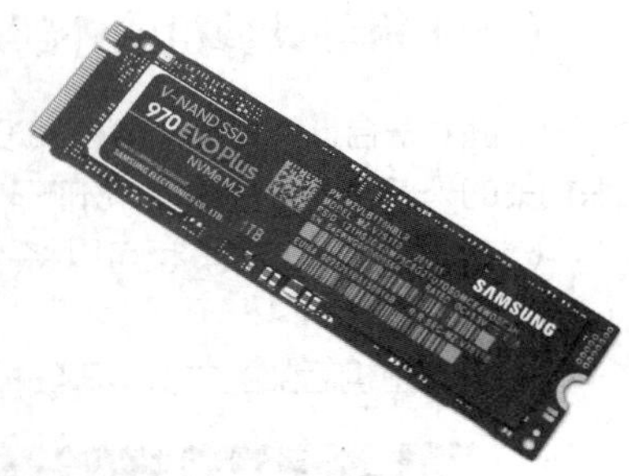

图 1-44　固态硬盘

- 主机电源。主机电源也称电源供应器，能够为计算机正常运行提供所需的动力。电源能够通过不同的接口为主板、硬盘和光驱等部件提供所需的动力。图 1-45 所示为计算机的主机电源。
- 机箱。机箱是安装和放置各种计算机部件的装置，它能够将主机部件整合在一起，并起到防止计算机部件被损坏的作用，如图 1-46 所示。机箱的好坏直接决定了主机部件能否正常工作，且机箱能屏蔽主机内的电磁辐射，对使用者能起到一定的保护作用。

图 1-45　主机电源

图 1-46　机箱

- 声卡。声卡用于声音的数字信号处理，并将其输出到音箱或其他声音输出设备。现在的声卡多数已经以芯片的形式集成到了主板中（也被称为集成声卡），并且具有很高的性能，只有对音效有特殊要求的用户才会购买独立声卡。图 1-47 所示为可以安装在主板上的独立声卡。
- 网卡。网卡也称为网络适配器，其功能是连接计算机和网络。同声卡一样，通常主板上都集成了网卡，只有在网络端口不够用或连接无线网络的情况下才会安装独立的网卡。图 1-48 所示为可以安装在主板上的无线网卡。

图 1-47　独立声卡

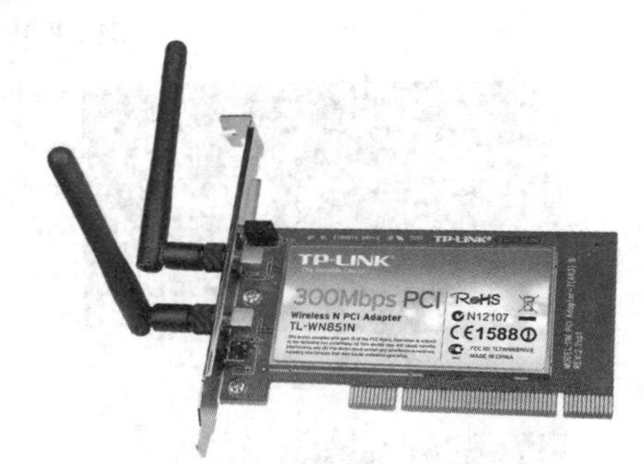

图 1-48　无线网卡

任务实施

微课 1-3：拆卸计算机的外部设备

（一）拆卸计算机的外部设备

下面对一台计算机的主要外部设备（显示器、鼠标和键盘）进行拆卸，以此来认识相关的外部设备，具体操作如下。

（1）关闭电源开关，也可以将主机电源线插头和显示器电源线插头从电源插线板（见图 1-49）上拔出。

（2）将主机后部的主机电源线拔出，如图 1-50 所示。

图 1-49　电源插线板

图 1-50　拔出主机电源线

（3）将显示器后部的显示器电源线拔出，将显示器数据线插头上的两颗固定螺钉拧松，将显示器数据线从对应的显示接口上拔出（这里是 VGA 接口），如图 1-51 所示。

（4）在主机后找到显示器数据线的另一个插头，用同样的方法先将显示器数据线插头上的两颗固定螺钉拧松，再将显示器数据线从对应的显示接口上拔出（如果显示器的数据线是 DVI 或 HDMI 插头，则从对应的接口处拔出即可）；并将鼠标连接线插头从主机后的 USB 接口拔出，如图 1-52 所示。

（5）将 PS/2 键盘连接线插头从主机后的紫色键盘接口拔出，如图 1-53 所示。

（6）可看到除主机外的计算机主要外部设备——显示器、键盘和鼠标。

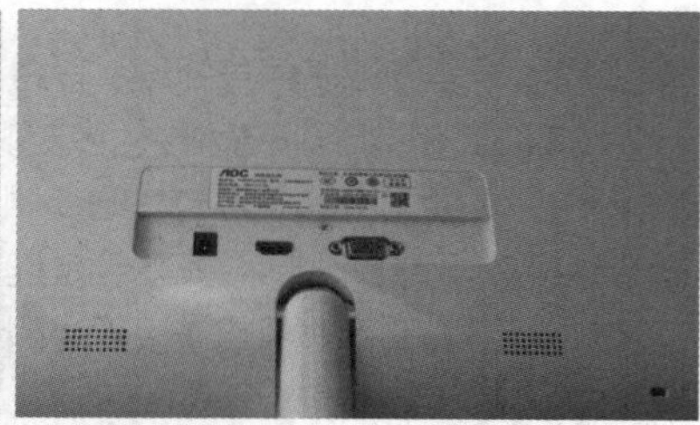

图 1-51　拆卸显示器电源线和数据线

图 1-52　拔出鼠标和显示器连接线插头

图 1-53　拔出键盘连接线插头

注意 很多计算机会连接路由器、打印机和音箱等外部设备，拆卸的方法也是直接将其与主机的连接线插头拔出。

（二）识别计算机内部的硬件

微课 1-4：识别计算机内部的硬件

下面将主机机箱的侧面板拆卸下来，查看其中计算机内部的硬件，具体操作如下。

（1）将主机机箱侧放在工作台上，用螺钉旋具将固定螺钉拧松，并将侧面板拆卸下来，如图 1-54 所示。

图 1-54 拆卸主机机箱

（2）找到计算机的电源，其通常位于机箱后面的上部或下部，如图 1-55 所示。

（3）找到 CPU，其上面有一个散热风扇，如图 1-56 所示。

图 1-55 电源

图 1-56 CPU 及其散热风扇

（4）在 CPU 旁边找到插在插座上的内存，如图 1-57 所示。

（5）在机箱架上有机械硬盘和固态硬盘，左侧的是机械硬盘，右侧的是固态硬盘，如图 1-58 所示。

图 1-57 内存

图 1-58 硬盘

（6）安装 CPU 和内存的电路板就是主板，如图 1-59 所示。

注意 **在主板上还有 PCI-E 插槽，如图 1-60 所示。根据其不同的规格，可以在其中安装独立显卡、独立声卡和独立网卡。**

图 1-59　主板

图 1-60　PCI-E 插槽

实训

（一）启动和关闭计算机

1. 实训目的

（1）熟悉计算机的各主要部件。

（2）掌握开关计算机的操作。

2. 实训要求

（1）按照正确的开机步骤启动计算机。

（2）按照正确的关机步骤关闭计算机。

3. 实训内容

（1）启动计算机。

完成启动计算机的工作需要连接电源、启动电源、进入操作系统 3 个主要步骤，如图 1-61 所示，操作提示如下。

图 1-61　启动计算机

- 连接电源。将电源插线板的插头插入交流电插座，将主机电源线插头插入电源插线板，用同样的方法插好显示器电源线插头，打开电源插线板上的电源开关。

- 启动电源。在主机机箱后的电源处找到开关，按下开关为主机通电。找到显示器的电源开关，按下开关接通电源。按下机箱上的电源开关，启动计算机。
- 进入操作系统。计算机开始对硬件进行检测，并显示检测结果，此后即可进入操作系统。

（2）关闭计算机。

关闭计算机只有关闭操作系统和断开电源两个步骤，操作提示如下。

- 关闭操作系统。单击桌面左下角的“开始”按钮，在打开的“开始”菜单中单击“电源”按钮，在打开的子菜单中选择“关机”命令，如图 1-62 所示，退出操作系统，并关闭计算机。
- 断开电源。先按下显示器的电源开关，再关闭机箱后的电源开关，最后关闭插线板上的电源开关，拔出电源插线板的插头。

图 1-62 “关机”命令

（二）查看计算机的硬件组成及连接

1. 实训目的

（1）熟悉计算机的外部设备。

（2）熟悉计算机的内部硬件。

（3）熟悉计算机各种硬件之间的连接线。

2. 实训要求

（1）拆卸计算机硬件之间的各种连接线。

（2）在拆卸连接线的同时，查看计算机硬件的组成。

3. 实训内容

完成本实训主要包括拆卸连接线、打开机箱和查看硬件 3 个步骤，操作思路如图 1-63 所示。

图 1-63 查看计算机的硬件组成及连接

- 关闭主机电源开关，拔出机箱电源线插头，将显示器的电源线和数据线拔出。
- 将显示器的数据线插头两侧的螺钉拧松，并将数据线插头向外拔出。
- 将鼠标连接线插头从机箱后的接口上拔出，并使用同样的方法将键盘插头拔出。
- 如果计算机中还有一些使用 USB 接口的设备，如打印机、摄像头、扫描仪等，则也需拔出其 USB 连接线。
- 将音箱的音频连接线从机箱后的音频输出插孔上拔出。如果连接到了网络，则需要将网线插头拔出，完成计算机外部连接的拆卸工作。
- 用十字螺钉旋具拧下机箱的固定螺钉，取下机箱盖。
- 观察机箱内部的各种硬件以及它们的连接情况。在机箱内部的上方，靠近后侧的是主机电源，其通过后面的 4 颗螺钉固定在机箱上。主机电源分出的电源线分别连接到各个硬件的电源接口。

- 在主机电源对面，机箱驱动器架的上方是光盘驱动器，它通过数据线连接到主板上，光盘驱动器的另一个接口是用来连接从主机电源线中分出来的 4 针电源插头的（如果没有光盘驱动器，则省略这一步）。机箱驱动器架下方通常安装的是硬盘，和光盘驱动器相似，它也通过数据线与主板连接。
- 机箱内部最大的一个硬件是主板，从外观上看，主板是一块方形的电路板，上面有 CPU、显卡和内存等计算机硬件，以及主机电源线和机箱面板按钮连线等。

拓展知识

（一）国产计算机的发展历史

国产计算机的发展历史是一段艰苦奋斗、自力更生、从无到有的历史。

- 1956 年，我国开始研制第一代计算机。
- 1958 年，我国研制成功第一台电子管计算机，被命名为“103 计算机”。
- 1959 年，我国研制成功运行速度为每秒一万次的大型通用电子数字计算机——104 计算机，其主要技术指标均超过了当时日本的计算机，毫不逊色于当时英国已开发的运算速度最快的计算机。
- 20 世纪 60 年代初，我国开始研制和生产第二代计算机。
- 1965 年，我国研制成功第一台晶体管计算机——DJS-5，之后，又研制成功 121、108 等 5 种晶体管计算机，并进行小批量生产。
- 1965 年起，我国开始研制第三代计算机。
- 1973 年，我国研制成功集成电路大型计算机——150 计算机。该计算机字长 48 位，运算速度达到每秒 100 万次，主要用于石油、地质、气象和军事等领域。
- 1974 年，我国研制成功了以集成电路为主要器件的 DJS 系列计算机。
- 1977 年 4 月，我国研制成功第一台微型计算机——DJS-050，从此揭开了我国微型计算机的发展历史，我国的计算机发展开始进入第四代计算机时期。
- 1983 年，国防科技大学研制成功运算速度每秒上亿次的银河-I 巨型计算机。这是我国高速计算机研制的一个重要里程碑，我国也成为继美国和日本之后第三个能独立设计和研制超级计算机的国家。
- 1985 年，我国原电子工业部计算机管理局研制成功与 IBM PC 兼容的长城 0520CH 微型计算机。
- 1992 年，国防科技大学研制成功银河-II 通用性并行巨型机，峰值速度达每秒 4 亿次浮点运算（相当于每秒 10 亿次基本运算操作），总体上达到 20 世纪 80 年代中后期国际先进水平。
- 1995 年，北京市曙光计算机公司推出了国内第一台具有大规模并行处理机结构的并行机——曙光 1000，峰值速度达每秒 25 亿次浮点运算，实际运算速度上了每秒 10 亿次浮点运算这一高性能台阶，与国外的技术差距缩小到 5 年左右。
- 1997 年，国防科技大学研制成功银河-III 百亿次并行巨型计算机系统，峰值速度为每秒 130 亿次浮点运算，系统综合技术达到 20 世纪 90 年代中期国际先进水平。
- 1999 年，我国并行计算机工程技术研究中心研制的神威 I 号计算机通过了国家级验收，并在中央气象台投入运行。该系统有 384 个运算处理单元，峰值运算速度达每秒 3840 亿次。
- 2000 年，北京市曙光计算机公司推出每秒 3000 亿次浮点运算的曙光 3000 超级服务器。
- 2001 年，中国科学院计算所研制成功我国第一款通用 CPU——“龙芯”芯片。

- 2002 年，北京市曙光计算机公司推出完全自主知识产权的“龙腾”服务器。龙腾服务器采用了“龙芯-1”CPU，采用了曙光公司和中科院计算所联合研发的服务器专用主板，采用了曙光 Linux 操作系统，该服务器是我国第一台完全实现自有产权的计算机产品。
- 2009 年 10 月 29 日，每秒 1206 万亿次的峰值速度和每秒 563.1 万亿次的 Linpack 实测性能，使这台名为“天河一号”的计算机位居同日公布的中国超级计算机前 100 强之首，也使我国成为继美国之后世界上第二个能够研制千万亿次超级计算机的国家。
- 2016 年 6 月，我国研发的超级计算机“神威 · 太湖之光”成为全球运行速度最快的超级计算机，该超级计算机目前落户于无锡的国家超级计算机中心。该超级计算机的浮点运算速度是世界第二快超级计算机“天河二号”（同样由我国研发）的 2 倍，达 9.3 亿亿次每秒。
- 超级计算机上榜、超级计算机数量快速增长是我国最大的优势，但美国超级计算机的总运算能力依旧强于我国。从总算力占比上看，2021 年 6 月，美国超级计算机占比为 30.7%，我国超级计算机占比为 19.4%，差距依然比较明显。
- 我国的微型计算机生产近几年基本上与世界水平同步，诞生了联想、长城、方正、同创、同方、浪潮等一批国产微型计算机品牌，它们正稳步向世界市场发展。

（二）国产计算机的主流品牌

以下为国产计算机的主流品牌。

- 台式机：联想、神舟、清华同方、海尔、雷霆世纪和七彩虹等。
- CPU：龙芯。
- 主板：七彩虹、昂达、梅捷等。
- 内存：金泰克、联想、影驰和光威等。
- 显卡：七彩虹、影驰、索泰、铭瑄和迪兰等。
- 固态硬盘：金泰克、影驰、台电、七彩虹、联想、铭瑄和光威等。
- 显示器：创维、TCL、惠科（HKC）、长虹、熊猫和 AOC 等。
- 鼠标：联想、双飞燕、多彩、新贵和紫光电子等。
- 键盘：ikbc、达尔优、双飞燕、小米、新贵、富勒、多彩和力胜等。

（三）DIY

DIY 原本是一个名词短语，往往被当作形容词使用，意指“自助的”。组装计算机是每一个喜欢计算机的人都希望学会的一项技能，人们通常也把这个过程称为 DIY，可以说是从组装计算机开始逐渐形成了 DIY 精神。在 DIY 的概念形成之后，渐渐兴起了许多与其相关的周边产业，越来越多的人开始思考如何让 DIY 融入生活。DIY 计算机从一定程度上为用户节省了一些费用，并帮助用户进一步了解了计算机的组成，真正认识并深入地了解计算机。

（四）计算机电源的按钮

除了主机电源开关和复位按钮外，现在大部分计算机的电源配有开关按钮，只有打开该按钮才能为主机供电。开关按钮上的“○”表示打开，“|”表示关闭。

项目2 选配计算机硬件

02

项目情景

老洪将公司采购计算机的工作安排给了米拉，并告诉米拉，公司对于组装计算机人员的基本要求是了解计算机各种硬件设备的外观结构和性能指标，并能通过具体的工作需要和组装条件选配不同类型的硬件。因此，在采购计算机硬件前，米拉需要全面了解和认识CPU、主板、内存、机械硬盘、固态硬盘、显卡、显示器、机箱、电源、键盘、鼠标和其他硬件设备的外观结构与性能指标，以及具体选配的相关知识。米拉在老洪的指导下一边学习，一边根据公司的计算机配置要求在网上选配各种硬件。

项目目标

- 认识计算机中的各种硬件设备
- 熟悉计算机中各种硬件的性能指标
- 熟悉计算机中各种硬件的选配
- 掌握选配计算机主要硬件的方法
- 掌握分辨计算机硬件产品真伪的方法
- 掌握设计选配方案的方法

素养目标

- 培养踏实勤奋的学习精神，有志投身于国家高精尖技术事业。

任务2-1 选配CPU

任务导入

米拉首先来到CPU的选购网页，发现除了价格和品牌外，还有核心数量、插槽类型、线程数量、核心代号、制作工艺和CPU频率等众多选择指标，但大部分参数她都不了解，只好去请教老洪。老洪告诉米拉，自己选配CPU首先要认识CPU的外观结构，熟悉主要的性能指标，然后根据不同的需求选配对应的CPU，最后还要分辨CPU的真伪和确认CPU的基本信息。

任务分析

CPU既是计算机的指令中枢，又是系统的最高执行单位，认识和选购CPU是组装计算机的重要步骤之一。选配CPU需要学习CPU的外观结构和性能指标的相关知识，以及各种选配技巧。

（1）熟悉CPU的外观结构。通过识别CPU的外观结构可以判断出硬件的类型和接口等性能指标，而不同的CPU适配的主板是不同的，例如，AMD的CPU就不能选配具有intel CPU插槽的主板。

（2）掌握 CPU 的性能指标。CPU 的性能指标是选配计算机硬件的重要参考内容之一，选配时需要掌握对 CPU 性能影响较大，且对组装计算机的工作目的有较大影响的性能指标，例如，对于需要进行多任务处理的计算机，就可以选择核心数量和线程数量多的 CPU。

（3）掌握一些选配技巧。除了性能指标外，选配 CPU 还有一些通用的技巧，主要包括如何识别 CPU 产品的真伪，如何选配不同用途的 CPU 及其具体型号有哪些，以及如何确认 CPU 的基本信息等。

相关知识

（一）CPU 的外观结构

CPU 在计算机系统中就像人的大脑一样，是整个计算机系统的指挥中心。它的主要功能是执行系统指令、存储数据、逻辑运算、传输并控制输入或输出操作指令。图 2-1 所示为 intel 某 CPU 的外观。CPU 从外观上主要分为正面和背面两个部分，CPU 的正面刻有各种产品指标，所以也称为指标面；CPU 的背面主要有与主板上的 CPU 插槽接触的触点，所以也被称为安装面。

图 2-1　intel 某 CPU 的外观

- 防误插缺口。防误插缺口是在 CPU 边上的半圆形缺口，它的功能是防止在安装 CPU 时，由于方向的错误造成 CPU 的损坏。
- 防误插标记。防误插标记则是 CPU 一个角上的小三角形标记，功能与防误插缺口一样，在 CPU 的两面通常都有防误插标记。
- 产品二维码。CPU 上的产品二维码是 Datamatrix 二维码，它是一种矩阵式二维条码，其尺寸是目前所有条码中最小的，可以直接印制在实体上，主要用于 CPU 的防伪和产品统筹。

（二）CPU 的性能指标

1. 生产厂商

CPU 的生产厂商主要有 intel、AMD 和龙芯，市场上销售的主要是 intel 和 AMD 的产品。

- intel（英特尔）。intel 是全球最大的半导体芯片制造商，从 1968 年成立至今已有 50 多年的历史，目前主要有赛扬（Celeron）、奔腾（Pentium）、Core（酷睿）i3、Core i5、Core i7、Core i9，以及手机、平板电脑和服务器使用的 Xeon W 与 Xeon E 等系列的 CPU 产品。图 2-2 所示 CPU 的处理器号为“INTEL CORE i9-10900K”，其中的“INTEL”是公司名称；“CORE i9”代表 CPU 系列；“10”代表该系列 CPU 的代别；“9”代表 CPU 的等级；“00”代表产品细分；“K”是后缀，表示该 CPU 是不锁倍频可超频的产品。
- AMD（超威）。AMD 成立于 1969 年，是全球第二大微处理器芯片供应商，多年来，AMD 公司一直是 intel 公司的强劲对手。AMD 公司目前的主要产品有推土机（AMDFX）、APU、锐龙

（Ryzen）3、Ryzen 5、Ryzen 7、Ryzen 9、Ryzen Threadripper 等。图 2-3 所示为 AMD 公司生产的 CPU，其处理器号为“AMD Ryzen 9 5950X”，其中的“AMD”是公司名称；“Ryzen 9”代表 CPU 系列；“5”代表 CPU 的代别；“950”代表 CPU 的等级；“X”是后缀，表示该 CPU 是高频产品。

图 2-2　INTEL CORE i9-10900K

图 2-3　AMD Ryzen 9 5950X

提示　**intel CPU 处理器号的后缀有 K（不锁倍频可超频产品）、X/XE（极致性能至尊产品）、S（低功耗产品）、T/TE（超低功耗产品）、B（封装产品）、C（高性能核显产品）、R（封装高性能核显产品）、G（核显超强产品）、P（弱化/屏蔽核显产品）、F/KF（屏蔽核显产品）、ES（半成品）和 QS（样品）。AMD CPU 处理器号的后缀有无后缀（普通产品）、X（高频产品）、G（有核显 APU 产品）和 GE（节能产品）。**

2. 频率

CPU 频率是指 CPU 的时钟频率，简单来说，就是 CPU 运算时的工作频率（1s 内发生的同步脉冲数）。CPU 的频率代表了 CPU 的实际运算速度，单位有 Hz、kHz、MHz、GHz。理论上，CPU 的频率越高，CPU 的运算速度就越快，CPU 的性能也就越高。CPU 实际运行的频率与 CPU 的外频和倍频有关，其计算公式如下：实际频率（主频）= 外频 × 倍频。

- 外频。外频是 CPU 与主板之间同步运行的速度，即 CPU 的基准频率。
- 倍频。倍频是 CPU 运行频率与系统外频之间的差距参数，也称为倍频系数。在相同的外频条件下，倍频越高，CPU 的频率就越高。
- 动态加速技术。动态加速是一种提升 CPU 频率的智能技术，是指当启动一个运行程序后，处理器会自动加速到合适的频率，而原来的运行速度会提升 10%～20%，以保证程序流畅运行。具备动态加速技术的 CPU 会在运算过程中自动判断是否需要加速频率，加速频率可以提升单核/双核运算能力，尤其适合那些不能充分利用多核心，必须依靠高频才能提升运算效率的软件。intel CPU 的动态加速技术叫作睿频（Turbo Boost），AMD CPU 的动态加速技术叫作精准加速（Precision Boost）频率。现在市面上 CPU 的动态加速频率从 4.0GHz 到 5.1GHz 不等。

3. 内核

CPU 的核心又称为内核，是 CPU 最重要的组成部分。CPU 中心隆起部分的芯片就是核心，它是由单晶硅以一定的生产工艺制造出来的，CPU 所有的计算、接收/存储命令和处理数据都由核心完成，所以核心的产品规格会显示出 CPU 的性能高低。8 核 CPU 就是指具有 8 个核心的 CPU，体现 CPU 性能且与核心相关的参数主要有以下 4 个。

- 核心数量。过去的 CPU 只有一个核心，现在则有 2 个、3 个、4 个、6 个、8 个、10 个、16 个、24 个、32 个或 64 个核心，64 核 CPU 是指具有 64 个核心的 CPU，核心数的提升归功于 CPU 多核心技术的发展。多核心是指基于单个半导体的一个 CPU 上拥有多个功能一样的处理器核心，即将多个物理处理器核心整合到一个核心中。核心数量并不能决定 CPU 的性能，多核心 CPU 的性能优势主要体现在多任务的并行处理，即同一时间处理两个或多个任务的能力上，但这个优势需要软件优化才能体现出来。例如，某软件支持类似多任务处理技术，双核心 CPU（假设频率都是 2.0GHz）就可以在处理单个任务时，两个核心同时工作，一个核心只需处理一半任务就可以完成工作，其效率等同于一个 4.0GHz 的单核心 CPU 的效率。

- 线程。线程是 CPU 运行中程序的调度单位，使用多线程技术的单核 CPU 可以把工作进程中其他部分与密集计算的部分分开执行，从而最大限度地提高 CPU 运算部件的利用率。线程越多，CPU 的性能也就越高。主流 CPU 的线程包括双线程、4 线程、8 线程、12 线程、16 线程、24 线程和 32 线程。
- 核心代号。核心代号也可以看作 CPU 的产品代号，即使是同一系列的 CPU，其核心代号也可能不同。例如，intel 的核心代号有 Rocket Lake、Tiger Lake、Comet Lake、Coffee Lake、Ice Lake、SkyLake-X、Kaby Lake、Kaby Lake-X 和 Skylake 等；AMD 的核心代号有 Zen、Zen 2、Zen 3、Zen+、Kaveri、Godavari、Llano 和 Trinity 等。
- 热设计功耗。热设计功耗（Thermal Design Power，TDP）是指 CPU 在满负荷（CPU 利用率为理论设计的 100%）时可能会达到的最高散热量。散热器必须保证在 TDP 最大的时候，CPU 的温度仍然在设计范围之内。随着多核心技术的发展，理论上，同样核心数量下，TDP 越小，CPU 性能越高。目前的主流 CPU 的 TDP 值有 15W、35W、45W、65W 和 95W。

4. 缓存

缓存是指可进行高速数据交换的存储器，它先于内存与 CPU 进行数据交换，速度极快，所以又被称为高速缓存。缓存的结构和大小对 CPU 速度的影响非常大，CPU 缓存的运行频率极高，其一般和处理器同频运作，工作效率远远大于系统内存和硬盘。

CPU 缓存一般分为 L1、L2 和 L3。当 CPU 要读取一个数据时，首先从 L1 缓存中查找，没有找到再从 L2 缓存中查找，若还是没有找到则从 L3 缓存或内存中查找。一般来说，每级缓存的命中率大概为 80%，也就是说全部数据量的 80%都可以在一级缓存中找到，由此可见 L1 缓存是整个 CPU 缓存架构中最为重要的部分。

- L1 缓存。L1 缓存也称一级缓存，位于 CPU 内核的旁边，是与 CPU 结合最为紧密的 CPU 缓存，也是历史上最早出现的 CPU 缓存。L1 缓存的技术难度和制造成本最高，提高容量所带来的技术难度和增加的成本非常大，所带来的性能提升却不明显，性价比很低，因此一级缓存是所有缓存中容量最小的。
- L2 缓存。L2 缓存也称二级缓存，主要用来存放计算机运行时操作系统的指令、程序和地址指针等数据。L2 缓存容量越大，系统的运行速度越快，因此 intel 与 AMD 公司都尽最大可能加大 L2 缓存的容量，并使其与 CPU 在相同频率下工作。
- L3 缓存。L3 缓存也称三级缓存，早期外置而现在内置于 CPU 内。其实际作用是进一步降低内存延迟，同时提升大数据量计算时处理器的性能。降低内存延迟和提升大数据量计算能力对运行大型场景文件很有帮助。

注意 **理论上，这 3 种缓存对于 CPU 性能的影响是 L1>L2>L3，但由于 L1 缓存的容量在现有技术条件下已经无法增加，所以 L2 和 L3 缓存才是 CPU 性能表现的关键，在 CPU 核心不变化的情况下，增加 L2 或 L3 缓存容量能使 CPU 性能大幅度提高。选购 CPU 要求标准的高速缓存，通常是指该 CPU 具有的最高级缓存的容量，如具有 L3 缓存就是 L3 缓存的容量。**

5. **插槽类型**

CPU 需要通过固定标准的插槽与主板连接后才能工作。经过多年的发展，CPU 插槽有引脚式、卡式、触点式、针脚式等多种类型，目前以触点式和针脚式为主。CPU 插槽类型不同，其插孔数、体积、形状都有变化，所以需要严格对应。目前常见的 CPU 插槽类型分为 intel 和 AMD 两个系列。

- intel。intel CPU 插槽包括 LGA 2066、LGA 1200、LGA 2011-v3、LGA 2011、LGA 1151、LGA 1150、LGA 1155 等类型。图 2-4 所示为安装不同类型插槽的 intel CPU。
- AMD。其插槽类型多为针脚式，包括 Socket TR4、Socket TRX4、Socket AM4、Socket AM3+等，其中 Socket AM4 是主流类型，Socket TR4 和 Socket TRX4 是最新的触点式插槽。图 2-5 所示为安装不同类型插槽的 AMD CPU。

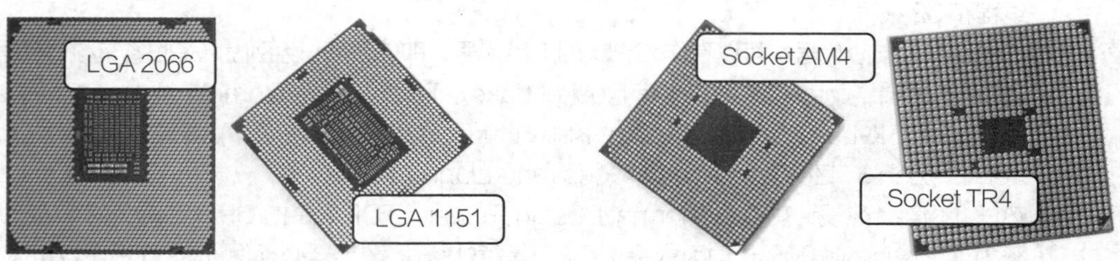

图 2-4　安装不同类型插槽的 intel CPU　　图 2-5　安装不同类型插槽的 AMD CPU

6. **集成显卡**

集成显卡（也称为核芯显卡）技术是新一代的智能图形核心技术，它把显示芯片整合在智能 CPU 当中，依托 CPU 强大的运算能力和智能能效调节设计，在更低功耗下实现出色的图形处理性能。在 CPU 中整合显卡大大缩短了处理核心、图形核心、内存及内存控制器间数据的周转时间，有效提升了处理效能，并大幅降低了芯片组的整体功耗，还有助于缩小核心组件的尺寸。

通常情况下，intel 的集成显卡会在独立显卡工作时自动停止工作；AMD 的 APU 在 Windows 7 及更高版本操作系统中，在安装了适合型号的 AMD 独立显卡的情况下，经过设置，可以实现处理器显卡与独立显卡“混合交火”（计算机进行自动分工，小事件让能力小的集成显卡处理，大事件让能力大的独立显卡处理）。目前，可以根据后缀判断 CPU 是否具备集成显卡，intel 中后缀为 C、R 和 G 的 CPU，AMD 中后缀为 G 的 CPU 都具备集成显卡。

7. **内存控制器与虚拟化技术**

内存控制器（Memory Controller）是计算机系统内部控制内存，是内存与 CPU 之间交换数据的重要组成部分。虚拟化技术（Virtualization Technology，VT）是指将单台计算机的软件环境分割为多个独立分区，每个分区均可以按照需要模拟计算机的一项技术。这两个因素都将影响 CPU 的工作性能。

- 内存控制器。内存控制器决定了计算机系统所能使用的最大内存容量、内存 BANK 数、内存类型和速度、内存颗粒数据深度和数据宽度等重要参数，即决定了计算机系统的内存性能，从而对计算机系统的整体性能会产生较大影响。所以，CPU 的产品规格应该包括该 CPU 所支持的内存类型。
- 虚拟化技术。虚拟化技术有传统的纯软件虚拟化方式（无须 CPU 支持）和硬件辅助虚拟化方式（需 CPU 支持）两种。纯软件虚拟化运行时会造成系统运行速度较慢，所以，支持虚拟化技术的 CPU 在基于虚拟化技术的应用中，效率将会比不支持虚拟化技术的 CPU 的效率高很多。目前 CPU 产品的虚拟化技术主要有 intel VT-x、intel VT 和 AMD VT 这 3 种。

任务实施

（一）选配商务办公用 CPU

用于商务办公的计算机通常需要进行一些简单的数据和文档处理，以及语音和视频通信等网络操作，这些工作对 CPU 性能的要求不高，因此可以选择入门级的 CPU。目前入门级的 CPU，intel 的产品是 Core i3 和一些老一代的 Core i5，AMD 的产品是 Ryzen 3 和一些老一代的 Ryzen 5，价格应该控制在 1000 元以内，用户可以通过网络对比性能指标和价格，然后选定其中一款。下面分别推荐一款 intel 和 AMD 的产品。

（1）intel Core i3 10105。这款 CPU 是 Core i3 系列的第 10 代产品，制作工艺为 14nm，核心代号为 Comet Lake，插槽类型为 LGA 1200，主频为 3.7GHz，动态加速频率为 4.4GHz，核心数量为 4，线程数为 8，L3 缓存为 6MB，支持最大 128GB 内存，内存控制器为双通道 DDR4 2666MHz，支持 intel VT-x 技术，是 64 位处理器，如图 2-6 所示。这款 CPU 集成了 intel 630 超核芯显卡，该显卡在轻线程任务中的敏捷性强，价格在 900 元以内，性价比高。

（2）AMD Ryzen 3 2200G。这款 CPU 是 Ryzen 3 系列的产品，制作工艺为 14nm，核心代号为 Zen，插槽类型为 Socket AM4，主频为 3.5GHz，动态加速频率为 3.7GHz，核心数量为 4，线程数为 4，L1 缓存为 384KB，L2 缓存为 2MB，L3 缓存为 4MB，TDP 为 65W，内存控制器为双通道 DDR4 2993MHz，集成显卡，如图 2-7 所示。这款 CPU 价格为 500 元左右，可以在一些性能不高、功能不多的主板上运行，且能发挥出极强大的性能，非常适合预算不高且供日常使用的中小企业选配。

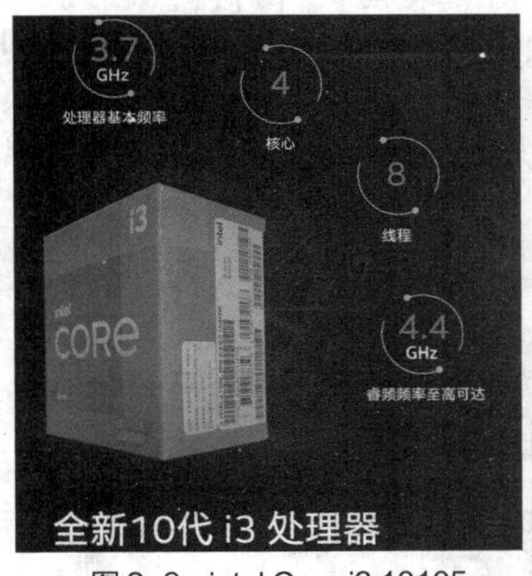

图 2-6 intel Core i3 10105

图 2-7 AMD Ryzen 3 2200G

（二）选配全能学生用 CPU

现在的学生用计算机需要有较高的性能，不仅要能够处理一些日常作业，还需要能够进行程序设计、图像处理等工作，且需要具备多项娱乐功能。因此，以 intel Core i5 和 AMD Ryzen 5 为代表，价格在 1000 元左右的主流 CPU 产品就成为首选，用户同样可以通过网络对比性能指标和价格，然后选定其中一款。下面分别推荐一款 intel 和 AMD 的产品。

（1）intel Core i5 10400F。这款 CPU 是 Core i5 系列的第 10 代产品，制作工艺为 14nm，核心代号为 Comet Lake-S，插槽类型为 LGA 1200，主频为 2.9GHz，动态加速频率为 4.3GHz，核心数量为 6，线程数为 12，L3 缓存为 12MB，支持最大 128GB 内存，内存控制器为双通道 DDR4 2666MHz，支持 intel VT-x 技术，是 64 位处理器，如图 2-8 所示。这款 CPU 性能稳定，是一款全能的主流 CPU。

（2）AMD Ryzen 5 3600。这款 CPU 是 Ryzen 5 系列的产品，制作工艺为 7nm，核心代号为 Zen 2，插槽类型为 Socket AM4，主频为 3.6GHz，动态加速频率为 4.2GHz，核心数量为 6，线程数为 12，L3 缓存为 32MB，TDP 为 65W，内存控制器为双通道 DDR4 3200MHz，如图 2-9 所示。这款 CPU 性能均衡，表现优异，基本符合学生学习的需求。

图 2-8　intel Core i5 10400F

图 2-9　AMD Ryzen 5 3600

（三）分辨 CPU 的真伪

不同厂商生产的 CPU 的防伪设置不同，但基本上大同小异，用户选定了 CPU 产品后，需要分辨 CPU 的真伪。下面就以 intel CPU 为例，介绍其验证真伪的方法，具体操作如下。

微课 2-1：分辨 CPU 的真伪

（1）正品 CPU 包装盒的封口标签仅在包装盒的一侧，标签为透明色，字体为白色，颜色深且清晰，如图 2-10 所示。

（2）正品 CPU 的产品序列号通常打印在包装盒的产品标签上，该序列号应该与盒内保修卡中的序列号一致，如图 2-11 所示。

图 2-10　intel CPU 的封口标签

图 2-11　intel CPU 的产品标签

（3）用户还可以在“英特尔中国”微信公众号中验证 CPU 的真伪。打开微信，在其搜索栏中输入“英特尔中国”，点击“搜索”按钮。

（4）搜索到与“英特尔中国”相关的内容，点击“英特尔中国”对应的公众号，如图 2-12 所示。

（5）打开“英特尔中国”公众号首页，点击“关注”按钮，如图 2-13 所示。

（6）进入“英特尔中国”公众号，点击右下角的“查真伪”选项卡，在弹出的列表中点击“扫描处理器序列号”选项，如图 2-14 所示。

（7）使用手机扫描 CPU 产品标签中的序列号条码，即可查询该 CPU 的真伪。

图 2-12　搜索公众号

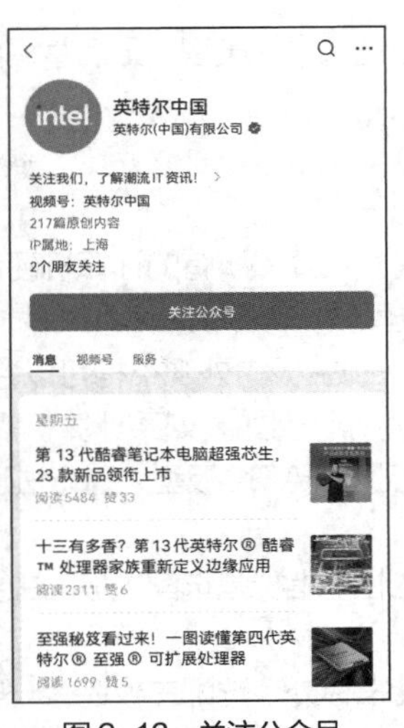

图 2-13　关注公众号

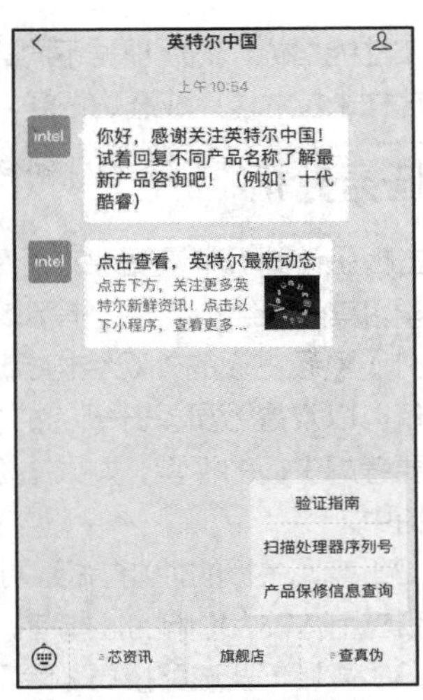

图 2-14　查真伪

（四）确认 CPU 的基本信息

目前市面上的 CPU 产品主要有 intel 和 AMD 两大品牌，这两个品牌的 CPU 产品都有对应的专业产品信息检测软件。检测 intel 的 CPU 产品通常使用 intel（R）Processor Identification Utility 软件，直接在计算机中启动该软件，即可确认 CPU 的基本信息，如图 2-15 所示。

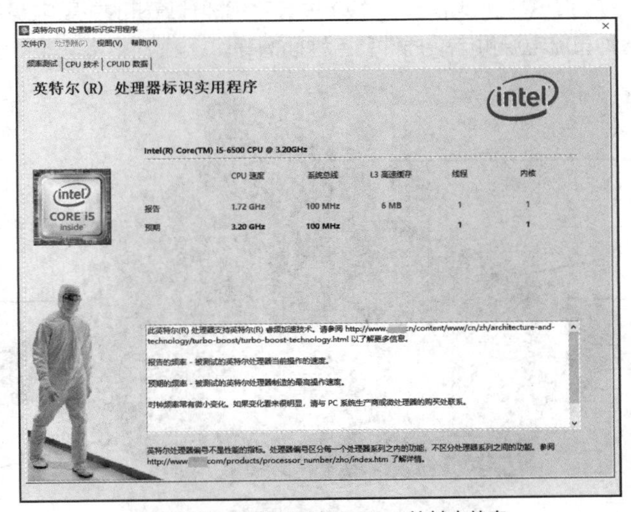

图 2-15　使用软件确认 CPU 的基本信息

任务 2-2　选配主板

任务导入

CPU 通常安装在主板对应的 CPU 插槽中，主板的主要功能就是为计算机中的其他部件提供插槽和接口，计算机中的所有硬件通过主板直接或间接地组成了一个工作平台，通过这个平台，用户才能进行计算机的相关操作。所以，接下来米拉要选配支持 CPU 型号的主板。老洪准备让米拉先认识主板的外观结构和性能指标，然后根据不同的需求选择主板类型，最后掌握分辨主板真伪和确认主板基本信息的方法，这样米拉才能完成选购任务。

任务分析

主板是计算机中最复杂的硬件设备，且几乎所有的计算机硬件都通过主板进行连接。选配主板同样需要学习其外观结构、性能指标以及选配技巧等知识。

（1）熟悉主板的外观结构。通过识别主板的外观结构可以判断出主板能够安装和连接多少其他硬件设备，以及是否具备升级的扩展空间等。例如，如果计算机需要选配迷你板型的机箱，则选配主板时就要考虑主板的板型，如果主板是标准的 ATX 板型，则无法适配迷你板型的机箱，主板将无法安装在机箱中。

（2）掌握主板的性能指标。主板的性能指标是选配主板的主要参考指标，选配时需要掌握对计算机性能和应用有较大影响的性能指标。

（3）掌握一些选配技巧。除了性能指标外，选配主板还有一些通用的技巧，主要包括如何识别主板产品的真伪，如何选配不同用途的主板，以及如何确认主板的基本信息等。

相关知识

（一）主板的外观结构

主板（Main Board）也称为母板（Mother Board）或系统板（System Board），它是机箱中最重要的一块电路板，其外观如图 2-16 所示。主板上安装了组成计算机的主要电路系统，包括各种芯片、各种控制开关接口、各种直流电源供电接插件、各种插槽等。

图 2-16　主板的外观

1. 板型

常用的主板的板型有 ATX、M-ATX、E-ATX 和 Mini-ITX 这 4 种。

- ATX（标准型）。ATX 是目前主流的主板板型，也称大板或标准板。如果用量化的数据来表示，以背部 I/O 接口所在一侧为“长”，另一侧为“宽”，那么 ATX 板型主板的尺寸是长 305mm、宽 244mm，其特点是插槽较多、扩展性强。除尺寸数据外，还有一个 ATX 板型主板的量化数据——ATX 板型主板应该拥有 3 条以上的 PCI-E 插槽。图 2-17 所示的主板有 6 条 PCI-E 插槽，所以属于 ATX 板型。

- M-ATX（紧凑型）。它是 ATX 板型主板的简化版本，也就是常说的“小板”，其特点是扩展槽较少，PCI-E 插槽数量在 3 个或 3 个以下，占据 5 条插槽，市场占有率极高。图 2-18 所示为一款标准的 M-ATX 板型主板。M-ATX 板型主板在宽度上同 ATX 板型主板保持了一致，均为 244mm；而在长度上，M-ATX 板型主板缩小为 244mm，变成了正方形形状。

图 2-17　ATX 板型主板

图 2-18　M-ATX 板型主板

- E-ATX（加强型）。随着多通道内存模式的发展，一些主板需要支持 3 通道 6 条内存插槽，或支持 4 通道 8 条内存插槽，这对于宽度最多 244mm 的 ATX 板型主板来说很吃力，所以需要增加 ATX 板型主板的宽度，这就产生了 E-ATX。图 2-19 所示为一款标准的 E-ATX 板型主板。E-ATX 板型主板的长度保持为 305mm，而宽度有多种尺寸，多用于服务器或工作站计算机。
- Mini-ITX（迷你型）。这种板型依旧是基于 ATX 架构规范设计的，主要用于小空间的计算机，如用于汽车、机顶盒和网络设备。图 2-20 所示为一款标准的 Mini-ITX 板型主板。Mini-ITX 板型主板尺寸为 170mm × 170mm（在 ATX 构架下几乎已经做到了最小），由于面积所限，只配备了 1 条 PCI-E 插槽，另外提供了 2 条内存插槽，这 3 点是 Mini-ITX 板型主板最明显的特征。Mini-ITX 板型主板最多支持双通道内存和单显卡运行。

图 2-19　E-ATX 板型主板

图 2-20　Mini-ITX 板型主板

2. 芯片

主板上的主要芯片包括 BIOS 芯片、芯片组、CMOS 电池、集成声卡芯片、集成网卡芯片和 I/O 控制芯片等。

- BIOS 芯片。基本输入输出系统（Basic Input Output System，BIOS）芯片是一块矩形的存储器，其中存有与该主板搭配的基本输入/输出系统程序，能够让主板识别各种硬件，还可以设置引导系统的设备和调整 CPU 外频等。BIOS 芯片是可以进行程序写入的，这方便用户更新 BIOS 的版本。图 2-21 所示为主板上的 BIOS 芯片。

- 芯片组。芯片组（Chipset）是主板的核心组成部分，通常由南桥（South Bridge）芯片和北桥（North Bridge）芯片组成。现在大部分主板将南北桥芯片封装到一起形成一个芯片组，称为主芯片组。北桥芯片是主芯片组中起主导作用的、最重要的组成部分，也称为主桥，过去主板芯片的命名通常以北桥芯片为主。北桥芯片主要负责处理 CPU、内存和显卡三者间的数据交流，南桥芯片则负责硬盘等存储设备和 PCI 总线之间的数据流通。图 2-22 所示为封装的芯片组（这里拆卸了主芯片组上面的散热片，图 2-16 中的主芯片组则被散热片保护着）。

图 2-21　主板上的 BIOS 芯片

图 2-22　封装的芯片组

提示　**很多时候，主板也是以芯片组的名称命名的，如 Z590 主板就是使用 Z590 芯片组的主板。**

- CMOS 电池。互补金属氧化物半导体（Complementary Metal Oxide Semiconductor，CMOS）电池的主要作用是在计算机关机的时候保持 BIOS 设置不丢失，当电池电力不足的时候，BIOS 中的设置会自动还原回出厂设置。CMOS 电池如图 2-23 所示。
- 集成声卡芯片。该芯片中集成了声音的主处理芯片和解码芯片，能够代替声卡处理计算机音频，如图 2-24 所示。

图 2-23　CMOS 电池

图 2-24　集成声卡芯片

- 集成网卡芯片。集成网卡芯片中整合了网络功能的主板所集成的网卡芯片，不占用 PCI-E 插槽或 USB 接口，能实现良好的兼容性和稳定性，如图 2-25 所示。
- I/O 控制芯片。I/O 控制芯片的主要功能是硬件监控，能将硬件的健康状况、风扇转速、CPU 核心电压等情况显示在 BIOS 信息中，如图 2-26 所示。

注意 有些主板上还集成有显示芯片，这种芯片也就是板载显卡。板载显卡是把显示芯片焊接在主板上，而核芯显卡则是把显示芯片和 CPU 芯片一起封装到 CPU 模块中。板载显卡由于性能局限，现在已经被淘汰，取而代之的是核芯显卡。现在很多主板都带有显示接口，如图 2-27 所示，但这些显示接口都需要核芯显卡的支持。

图 2-25 集成网卡芯片

图 2-26 I/O 控制芯片

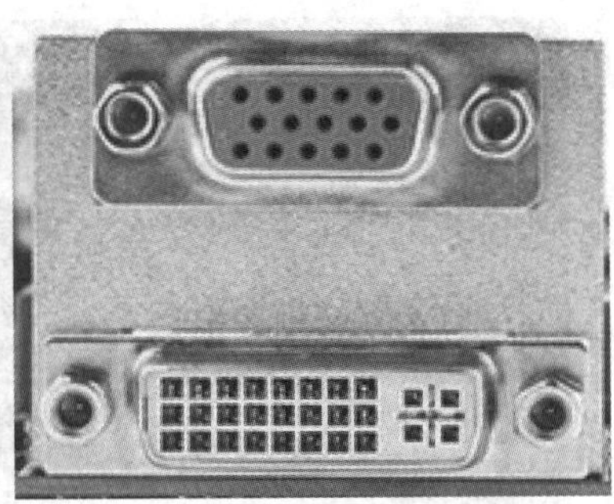

图 2-27 主板上的显示接口

3. 扩展槽

扩展槽主要是指主板上能够用来进行插拔的配件，这部分的配件可以用“插”来安装，用“拔”来拆卸，主要包括以下配件。

- PCI-E 插槽。PCI-E（即 PCI-Express）插槽也就是显卡插槽，目前的主板上大都配备的是 3.0 版本。主板上的插槽越多，其支持的模式就越多，也就越能发挥显卡的性能。目前 PCI-E 的规格包括×1、×4、×8 和×16。×16 代表的是 16 条 PCI 总线，PCI 总线可以直接协同工作，×16 就代表了 16 条总线同时传输数据。PCI-E 规格中的数越大，其性能越好。图 2-28 所示为主板上的 PCI-E 插槽，现在有些 PCI-E 插槽还配备了金属装甲，其主要功能是保护设备连接处并加快热量散发。通常可以通过主板背面的 PCI-E 插槽的引脚长短来判断其规格，越长的性能越强，图 2-29 所示为主板背面的 PCI-E 插槽的引脚。现阶段，×4 和×8 规格就基本可以让显卡发挥出全部性能了，虽然其在×16 规格下显示性能会有提升，但并不是非常明显。也就是说，在各种规格的插槽都有的情况下，显卡应尽量插入高规格的插槽；但稍微降低插槽的规格也不会损坏显卡的性能。

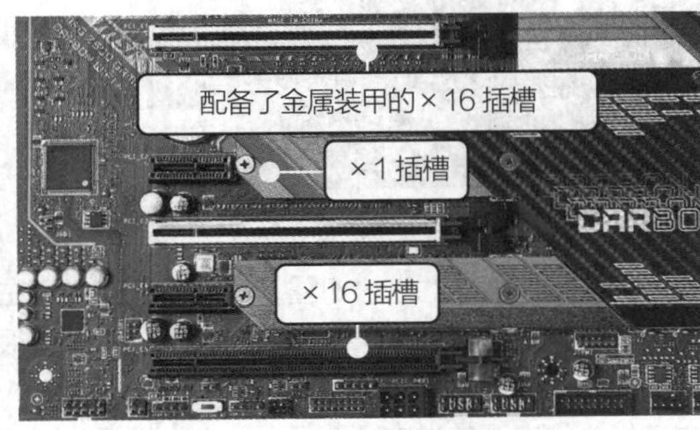

图 2-28 主板上的 PCI-E 插槽

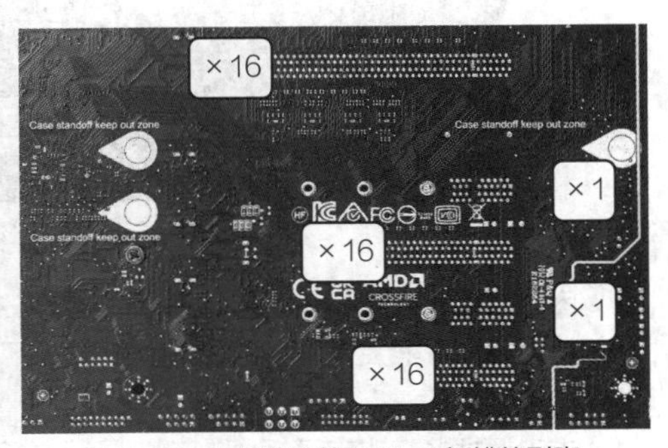

图 2-29 主板背面的 PCI-E 插槽的引脚

- SATA 插槽。SATA（Serial ATA）插槽又称为串行插槽，SATA 以连续串行的方式传输数据，减少了插槽的针脚数目，主要用于连接机械硬盘和固态硬盘等设备，能够在计算机运行过程中进行插拔。图 2-30 所示为目前主流的 SATA 3.0 插槽，目前大多数机械硬盘和一些固态硬盘都使用此插槽，其能够与 USB 设备一起通过主芯片组与 CPU 通信，带宽为 6Gbit/s（bit 代表位，折算成传输速率大约为 750MB/s，B 代表字节）。

- M.2 插槽（NGFF 插槽）。M.2 插槽是最近比较热门的一种存储设备插槽，其带宽大（M.2 Socket 3 可达到 PCI-E x4 带宽，为 32Gbit/s，折算成传输速率大约为 4GB/s），传输数据速度快，且占用空间小，主要用于连接比较高端的固态硬盘产品，如图 2-31 所示。

图 2-30　SATA 3.0 插槽

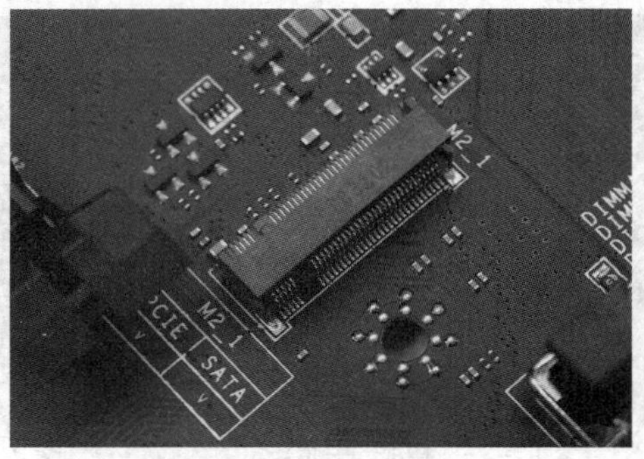

图 2-31　M.2 插槽

- CPU 插槽。CPU 插槽是用于安装和固定 CPU 的专用扩展槽，根据主板支持的 CPU 不同而不同，其主要表现在 CPU 背面各电子元件的不同布局。CPU 插槽通常由固定挡板、固定杆（1 或 2 根）和 CPU 插座 3 个部分组成，在安装 CPU 前需通过固定杆将固定挡板打开，将 CPU 放置在 CPU 插座上后再合上固定挡板，并用固定杆固定 CPU，最后安装 CPU 的散热片或散热风扇。另外，CPU 插槽的型号与前面介绍的 CPU 的插槽类型相对应，例如，LGA 2066 插槽的 CPU 需要对应安装在具有 LGA 2066 CPU 插槽的主板上。图 2-32 所示为 intel LGA 2066 的 CPU 插槽关闭和打开的两种状态。

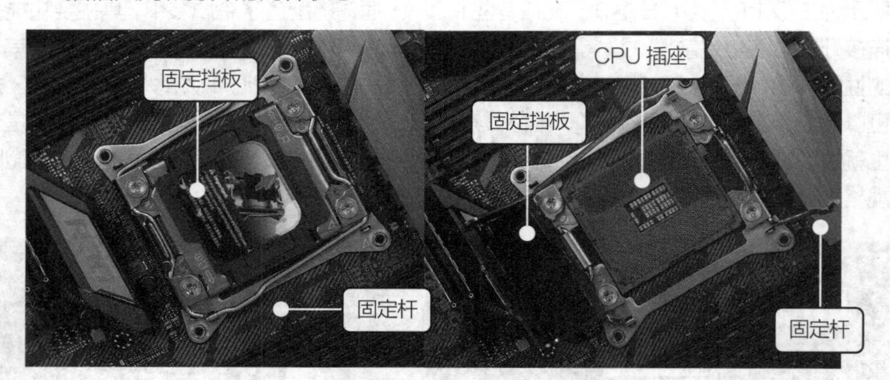

图 2-32　CPU 插槽

- 内存插槽（DIMM 插槽）。内存插槽是主板上用来安装内存的地方，如图 2-33 所示。由于主芯片组不同，其支持的内存类型也不同，不同的内存插槽在引脚数量、额定电压和性能方面有很大的区别。
- 主电源插槽。主电源插槽的功能是为主板提供电能，将电源的供电插头插入主电源插槽，即可为主板上的设备提供正常运行所需要的电能。主电源插槽目前大都是通用的 20+4Pin 供电，通常位于主板的长边，如图 2-34 所示。

注意 通常在主板的内存插槽附近会标注内存的工作电压，通过不同的电压可以区分不同的内存插槽，一般 1.35V 低压对应 DDR3L 插槽，1.5V 标压对应 DDR3 插槽，1.2V 对应 DDR4 插槽。

图 2-33 内存插槽

图 2-34 主电源插槽

- 辅助电源插槽。辅助电源插槽的功能是为 CPU 提供辅助电源，所以也被称为 CPU 供电插槽。目前的 CPU 供电都是由 8Pin 插槽提供的，也可能会采用比较老的 4Pin 接口，这两种接口是兼容的。图 2-35 所示为主板上的双 8Pin 辅助电源插槽。
- CPU 风扇供电插槽。顾名思义，CPU 风扇供电插槽的功能是为 CPU 散热风扇提供电源，有些主板只有在 CPU 散热风扇的供电插头插入该插槽后才允许启动计算机。在主板上，这个插槽通常会被标记为 CPU_FAN，如图 2-36 所示，而且为了保证给 CPU 风扇的供电效果，这种插槽通常位于 CPU 插槽附近，且可能有两个，并分别被标记为 CPU_FAN1 和 CPU_FAN2。
- 机箱风扇供电插槽。机箱风扇供电插槽的功能是为机箱上的散热风扇提供电源，在主板上，这个插槽通常会被标记为 CHA_FAN 或者 SYS_FAN，如图 2-37 所示。

图 2-35 辅助电源插槽

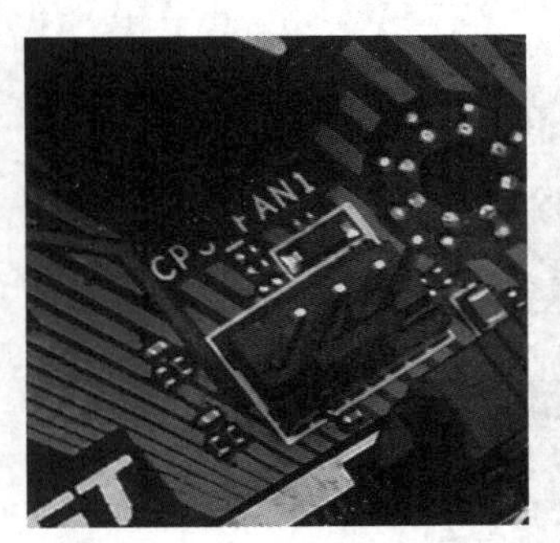

图 2-36 CPU 风扇供电插槽

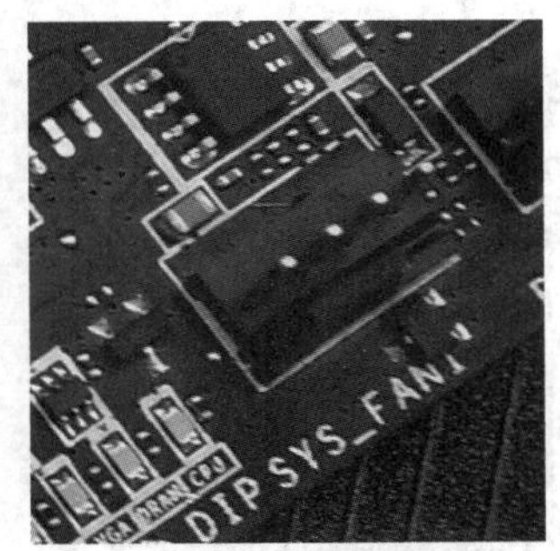

图 2-37 机箱风扇供电插槽

- 水冷供电插槽。水冷供电插槽的功能是为水冷散热器的水泵提供电源，在主板上，这个插槽通常会被标记为 CPU_PUMP、CPU_OPT 或者 PUMP_FAN，如图 2-38 所示。
- USB 插槽。USB 插槽的主要用途是为机箱上的 USB 接口提供数据连接，目前主板上主要有 3.0 和 2.0 两种规格的 USB 插槽。USB 3.0 插槽中共有 19 枚针脚，左下角部位有一个缺针，上方中部有防呆缺口，与插头对应，如图 2-39 所示。USB 2.0 插槽中则只有 9 枚针脚，右下方的针脚缺失，如图 2-40 所示。目前 USB 3.0 以上版本（主要是 USB 3.1 和 USB 3.2）的插槽不是针脚式的。图 2-41 所示为 USB 3.2 插槽。

图 2-38 水冷供电插槽

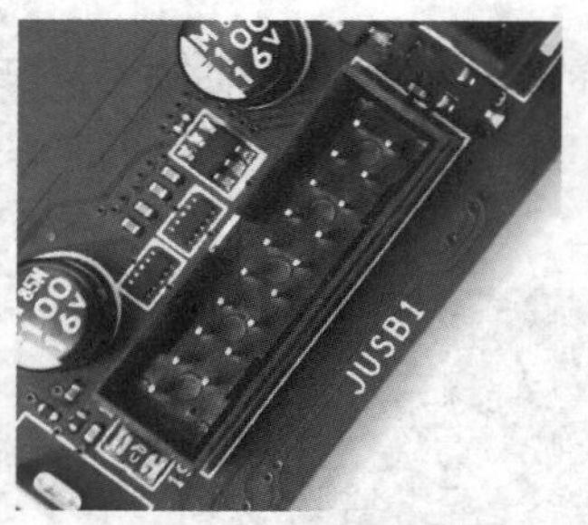

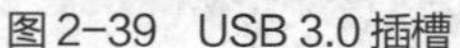
图 2-39　USB 3.0 插槽

图 2-40　USB 2.0 插槽

图 2-41　USB 3.2 插槽

- 机箱前置音频插槽。许多机箱的前面板都会有耳机和麦克风的接口，便于用户使用，它在主板上有对应的跳线插槽。机箱前置音频插槽中有 9 枚针脚，上排右二缺失，一般被标记为 AAFP，位于主板集成声卡芯片附近，如图 2-42 所示。
- 主板跳线插槽。主板跳线插槽的主要用途是为机箱面板的指示灯和按钮提供控制连接，一般是双行针脚，主要有电源开关插槽（PWR-SW，两个针脚，通常无正负之分）、复位开关插槽（RESET，两个针脚，通常无正负之分）、电源指示灯插槽（PWR-LED，两个针脚，通常为左正右负）、硬盘指示灯插槽（HDD-LED，两个针脚，通常为左正右负）、扬声器插槽（SPEAKER，4 个针脚），如图 2-43 所示。

提示　**主板上可能还有其他的插槽类型，如灯光供电插槽、可信平台模块插槽、雷电拓展插槽等，这些插槽通常在特定主板上出现。图 2-44 所示为 PCI-E 辅助供电插槽，是为了弥补主板存在多显卡工作时供电不足，而为 PCI-E 插槽提供额外电力支持的插槽，常见于高端主板，通常是 D 形 4Pin 插槽。**

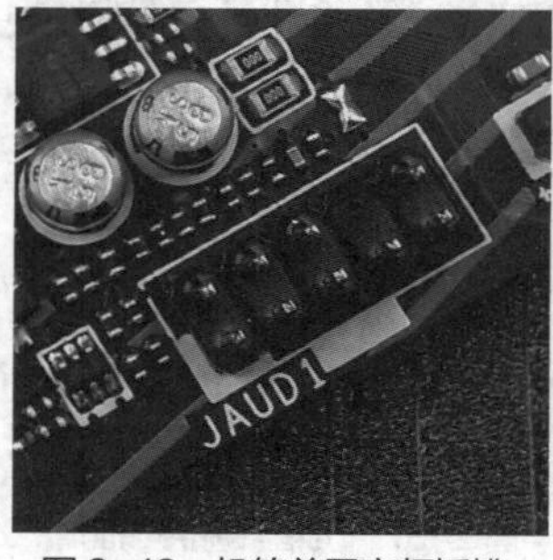

图 2-42　机箱前置音频插槽

图 2-43　主板跳线插槽

图 2-44　PCI-E 辅助供电插槽

4. 对外接口

主板的对外接口也是主板上非常重要的组成部分，它通常位于主板的侧面。通过对外接口，用户可以将计算机的外部设备和周边设备与主机连接起来。对外接口越多，可以连接的设备也就越多，下面详细介绍主板的对外接口，如图 2-45 所示。

- USB 接口。最常见的连接该接口的设备就是 USB 键盘、鼠标或 U 盘等。当前很多主板上有 3 种规格的 USB 接口，黑色的一般为 USB 2.0 接口，蓝色的为 USB 3.0 接口，红色的为 USB 3.1 或 USB 3.2 接口。
- USB Type 接口。USB 接口也被称作 Type-A 型接口，是目前非常常见的 USB 接口；而 Type-B 型接口用于连接打印机或扫描仪等输入输出设备；目前流行的 Type-C 型接口正反都可以插，传输速率也非常快，许多智能手机采用了这种 USB 接口。

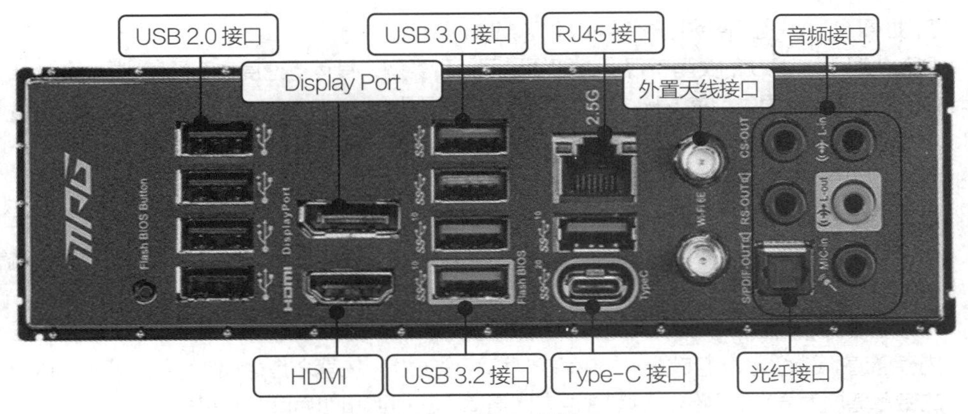

图 2-45　主板的对外接口

- RJ45 接口。RJ45 接口也就是网络接口，俗称水晶头接口，主要用来连接网线。有的主板为了体现板载 intel 千兆网卡，通常会将 RJ45 接口设置为蓝色或红色。
- 外置天线接口。外置天线接口就是专门为了连接外置 Wi-Fi 天线准备的，无线天线接口在连接好无线天线后，可以通过主板预装的无线模块支持 Wi-Fi 和蓝牙。
- 音频接口。音频接口是一组主板上比较常见的五孔光纤接口。上排的 SPDIF OUT 是光纤输出端口，可以将音频信号以光信号的形式传输到声卡等设备中；REAR 为 5.1 或 7.1 声道的后置环绕左右声道接口；C/SUB 为 5.1 或 7.1 多声道音箱的中置声道和低音声道接口。下排的 MIC IN 为麦克风接口，通常为粉色；LINE OUT 为音箱或耳机接口，通常为浅绿色；LINE IN 为音频设备的输入接口，通常为浅蓝色。

提示　Display Port 和 HDMI 都属于显示输出接口，将在显卡内容中介绍。另外，有些主板的对外接口还保留着双色 PS/2 接口，这种接口单一支持键盘或鼠标时会呈现为单色（键盘为紫色，鼠标为绿色），呈现为双色且伴有键鼠 Logo 的就是键鼠两用端口。

（二）主板的性能指标

1. 芯片

主板芯片是衡量主板性能的主要指标之一，包含以下 4 个方面的内容。

- 芯片厂商。芯片厂商主要有 intel 和 AMD。
- 芯片组结构。通常是由北桥芯片和南桥芯片组成的，也有南北桥合一的芯片组。
- 芯片组型号。不同的芯片组性能不同，价格也不同，目前芯片组的主要型号如图 2-46 所示。
- 集成芯片：主板可以集成显示、音频、网络 3 种芯片。

Intel （Z690　Z590　Z490　Z390　B660　B560　B460　B365　H610　H510　H370　B360　H410　H310　Z370　X299　Z270　B250　H270　Z170　B150　H170　H110　C232　X99　Z97　B85　H81 ）

AMD （TRX40　X570　X470　A520　B550　B450　X399　A320　B350　X370　A88X　A85X　A68H　970　990FX　A78　A58 ）

图 2-46　目前芯片组的主要型号

2. CPU 规格

CPU 规格是主板的主要性能指标之一，CPU 越好，计算机的性能就越好，但如果主板不能完全发挥 CPU 的性能，则会相对影响计算机的性能。CPU 规格包含以下 3 个内容。

- CPU 平台。CPU 平台主要有 intel 和 AMD 两个。
- CPU 类型。CPU 的类型有很多，即便是同一种类型，其运行速度也有所差别。
- CPU 插槽。不同类型的 CPU 对应主板的插槽不同。

3. 内存规格

内存规格也是影响主板的主要性能指标之一，包含以下 4 个内容。

- 最大内存容量。内存容量越大，能处理的数据就越多。
- 内存类型。现在的内存类型主要有 DDR3 和 DDR4 两种，主流为 DDR4，其数据传输能力比 DDR3 强大。
- 内存插槽。插槽越多，能插入的内存条数量就越多。
- 内存通道。通道技术其实是一种内存控制和管理技术，在理论上能够使两条同等规格内存所提供的带宽增加为原来的两倍，目前主要有双通道、三通道和四通道 3 种模式。

4. 扩展插槽

扩展插槽的数量也会影响主板的性能，包含以下两个内容。

- PCI-E 插槽。PCI-E 插槽越多，其支持的模式就越多，也就越能发挥显卡的性能。
- SATA 插槽。SATA 插槽越多，能够安装的 SATA 设备就越多。

5. 其他性能

除了这些主要性能指标外，在选购主板时也需要注意以下性能指标。

- 对外接口。对外接口越多，能够连接的外部设备就越多。
- 供电模式。主板多相供电模式能够提供更大的电流，降低供电电路的温度，且利用多相供电获得的核心电压信号也更稳定。
- 主板板型。主板板型能够决定安装设备的多少和机箱的大小，以及计算机升级的可能。
- 电源管理。电源管理的目的是节约电能，保证计算机的正常工作，具有电源管理功能的主板性能比普通主板更好。
- BIOS 性能。现在大多数主板的 BIOS 芯片采用了 Flash ROM，其是否能方便升级及是否具有较好的防病毒功能是主板的重要性能指标之一。
- 多显卡技术。主板中并不是显卡越多，显示性能就越好，还需要主板支持多显卡技术，现在的多显卡技术包括 NVIDIA 的多路 SLI 技术和 AMD 的 CrossFire 技术。

任务实施

（一）选配商务办公用主板

选配的商务办公用主板应该支持前面选配好的商务办公用 CPU，并在尽可能保证主板性能的前提下，追求最佳的性价比，下面分别选配两款商务办公用主板。

（1）梅捷 SY-狂龙 H510M。这款主板采用了 intel H510 芯片组，支持 CPU 内置显示芯片，集成 5.1 声道音效芯片和瑞星千兆网卡，CPU 插槽类型为 LGA 1200，支持第 11 代/第 10 代 Core 、Pentium、Celeron 系列 CPU，支持双通道 DDR4 内存，最大内存容量为 64GB，板型为 M-ATX，尺寸大小为 225mm × 195mm，具备 2 × PCI-E 4.0 插槽（1 × PCI-E X16，1 × PCI-E X1），3 × SATA 3.0 插槽，1 × M.2 接口，1 × VGA 接口，1 × HDMI，如图 2-47 所示。这款主板性能优良，完美集成显卡、声卡和网卡，价格在 500 元左右，与前面选配的商务办公用 CPU 一起构建了一个千元级别的商务办公平台，性价比高。

（2）微星 B450M MORTAR MAX。这款主板采用了 AMD B450 芯片组，支持 CPU 内置显示芯片，集成 7.1 声道音效芯片和瑞星千兆网卡，CPU 插槽类型为 Socket AM4，最高支持 AMD Ryzen 9 系列 CPU，支持双通道 DDR4 内存，最大内存容量为 64GB，有 4 个内存插槽，板型为 M-ATX，尺寸大小为 243mm×243mm，具备 3×PCI-E 3.0 插槽（2×PCI-E X16，1×PCI-E X1），4×SATA 3.0 插槽，2×M.2 接口，1×DP 接口，1×HDMI，如图 2-48 所示。这款主板的价格在 500 元左右，且各种接口都有，做工不错，用料扎实，散热性好，还支持 5 代 Ryzen CPU，并自带超频软件，非常适合预算不高且供日常使用的中小企业选配。

图 2-47　梅捷 SY-狂龙 H510M

图 2-48　微星 B450M MORTAR MAX

（二）选配全能学生用主板

学生用的主板完全可以采用前面两款商务办公用主板产品。如果希望主板有更高的性能，兼顾各种学习使用，则可以考虑以下两款产品。

（1）微星 MAG B460M MORTAR。这款主板采用了 intel B460 芯片组，支持 CPU 内置显示芯片，集成 7.1 声道音效芯片和瑞星 2.5Gbit/s 网卡，CPU 插槽类型为 LGA 1200，支持第 10 代 Core 、Pentium、Celeron 系列 CPU，支持双通道 DDR4 内存，最大内存容量为 128GB，有 4 个内存插槽，板型为 M-ATX，尺寸大小为 243mm×243mm，具备 5×PCI-E 4.0 插槽 （2×PCI-E X16，3×PCI-E X1），6×SATA 3.0 插槽，2×M.2 接口，1×DP 接口，1×HDMI，如图 2-49 所示。这款主板性能优良，是目前市面上供电性能最强的 B460 主板之一，且各种接口非常丰富，用料也很扎实，超频性能较强，外观也很出色，非常适合学生选配。

（2）华硕 TUF GAMING B550-PLUS (Wi-Fi)。这款主板采用了 AMD B550 芯片组，支持 CPU 内置显示芯片，集成 7.1 声道音效芯片和瑞星 2.5Gbit/s 网卡，CPU 插槽类型为 Socket AM4，支持双通道 DDR4 内存，最大内存容量为 128GB，有 4 个内存插槽，板型为 M-ATX，尺寸大小为 244mm×244mm，具备 3×PCI-E 4.0 插槽（2×PCI-E X16，1×PCI-E X1），4×SATA 3.0 插槽，2×M.2 接口，1×DP 接口，1×HDMI，如图 2-50 所示。这款主板各种接口都有，外观沉稳，做工扎实，还有酷炫的灯光，非常适合学生选配。

图 2-49　微星 MAG B460M MORTAR

图 2-50　华硕 TUF GAMING B550-PLUS (Wi-Fi)

（三）分辨主板的真伪

如果需要分辨选配的主板是否为正品，则用户可以按照以下步骤进行判断。

（1）查看芯片组表面的标识。正品主芯片组表面上的标识清晰、整齐、印制规范，而假冒的主板一般由旧货打磨而成，字体模糊，甚至有歪斜现象。如果芯片组上安装有散热片，则需要将散热片拆卸后进行查看；但通常假冒的主板为了节约成本，不会安装散热片。

（2）查看电容器。正品主板为了保证产品质量，一般采用名牌的大容量电容器；而假冒的主板采用的是杂牌的小容量电容器。

（3）查看产品标识。主板上的产品标识一般印制在 PCI 插槽上，正品主板标识印制清晰，会有厂商名称的缩写和序列号等；而假冒的主板的产品标识印制非常模糊。

（4）查看布线。正品主板上的布线都经过专门设计，一般比较均匀美观，不会出现一个地方密集而另一个地方稀疏的情况；而假冒的主板则布线凌乱。

（5）查看焊接工艺。正品主板焊接到位，不会有虚焊或焊锡过于饱满的情况，贴片电容是机械化自动焊接的，比较整齐；而假冒的主板会出现焊接不到位、贴片电容排列不整齐等情况。

（四）确认主板的基本信息

和 CPU 一样，用户可以通过软件对主板进行检测和确认主板的基本信息，了解主板的品牌、型号、芯片组和 BIOS 芯片等详细的产品规格参数。EVEREST 是一款专业的硬件检测软件，它可以详细地显示硬件各方面的信息，其方法为启动 EVEREST，进入其操作界面，在左侧的任务窗格中展开“主板”选项，即可看到主板相关的信息，这里选择“芯片组”选项，查看主芯片组的相关信息，如图 2-51 所示。

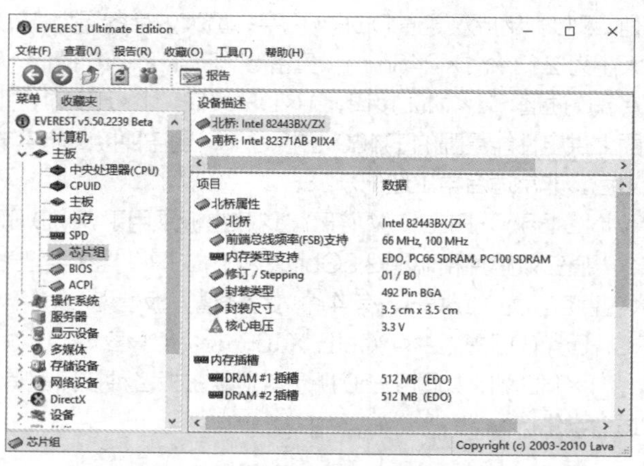

图 2-51　查看主芯片组的相关信息

任务 2-3　选配内存

任务导入

老洪告诉米拉，过去有一种说法——计算机有“三大”核心组件，即 CPU、主板和内存，通常在组装计算机时，首先需要购买和组装的就是这 3 种硬件。所以，米拉接下来应该选配内存，同样需要了解内存的外观和性能指标，并学习选配技巧和分辨其真伪的方法。

任务分析

内存又被称为主存或内存储器，其功能是用于暂时存放 CPU 的运算数据以及与硬盘等外部存储器交换的数据，内存的大小和性能是决定计算机运行速度的重要因素之一。选配内存的操作思路如下。

（1）熟悉内存的外观结构。通过识别内存的外观结构可以判断出内存的类型和接口等性能指标，目前的内存主要以 DDR4 内存为主，熟悉外观可以避免选配到其他类型的内存。

（2）掌握内存的性能指标。内存的性能指标是选配内存的主要参考指标，选配时需要掌握对计算机性能影响较大，且对组装计算机的工作目的有较大影响的性能指标。例如，目前主流计算机内存应该以 8GB 或 16GB 容量为主，选配 2GB 或 4GB 容量的内存虽然节约了成本，但是会影响计算机的工作流畅程度。

（3）掌握一些选配技巧。除了性能指标外，选配内存还有一些通用的技巧，主要包括如何识别内存产品的真伪，以及如何确认内存的基本信息等。

相关知识

（一）内存的外观结构

内存主要由芯片和散热片、金手指、卡槽和缺口等部分组成，下面以目前主流的 DDR4 内存为例进行介绍，如图 2-52 所示。

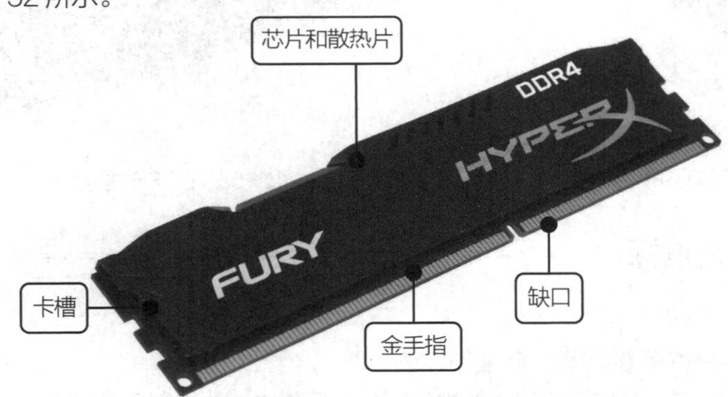

图 2-52　DDR4 内存

- 芯片和散热片。芯片用来临时存储数据，是内存上最重要的部件；散热片则安装在芯片外面，以便维持内存工作温度，提高工作性能，如图 2-53 所示。
- 金手指。金手指是内存与主板进行连接的“桥梁”，目前很多 DDR4 内存的金手指采用了曲线设计，这使得其接触更稳定，插拔更方便。从图 2-54 可以看出 DDR4 内存的金手指中间比两边要宽一些，呈现出了明显的曲线形状。

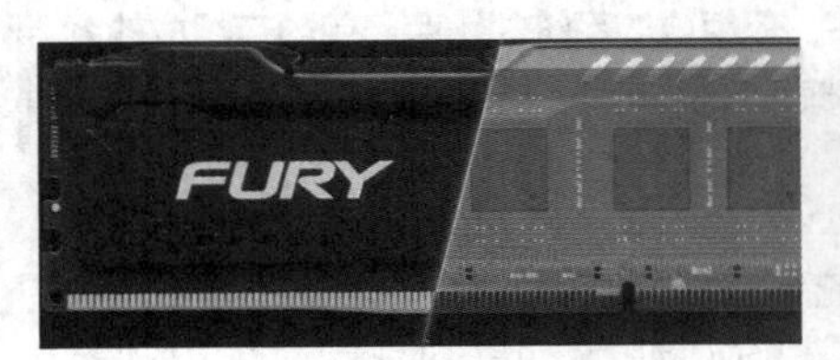

图 2-53　内存的芯片和散热片

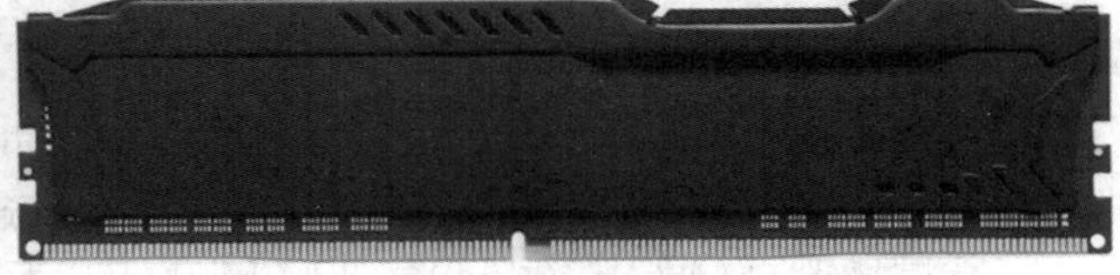

图 2-54　DOR4 内存的曲线金手指设计

- 卡槽。卡槽与主板中内存插槽中的塑料夹角相配合，将内存固定在内存插槽中。
- 缺口。缺口与内存插槽中的防凸起设计配对，防止内存插反。

DDR全称是双倍速率SDRAM（Double Data Rate SDRAM，DDR SDRAM），也就是双倍速率同步动态随机存储器。DDR内存是目前主流的计算机存储器，现在市面上有DDR3、DDR4和DDR5这3种类型的内存。

- DDR3内存。与DDR2内存相比，DDR3内存有更低的工作电压，且性能更好，更加省电。从DDR2内存的4bit预读取升级为8bit预读取，DDR3内存采用了0.08μm制造工艺制造，其核心工作电压从DDR2内存的1.8V降至1.5V，相关数据显示，DDR3内存比DDR2内存节省了30%的功耗。在目前的多数家用计算机中，还在使用DDR3内存，图2-55所示为DDR3内存。
- DDR4内存。DDR4内存发布于2011年，相比于DDR3内存，其性能提升了3点：16bit预读取机制（DDR3内存为8bit），在同样内核频率下理论速度是DDR3的两倍；有更可靠的传输规范，数据可靠性进一步提升；工作电压降为1.2V，更节能。
- DDR5内存。DDR5内存（见图2-56）是目前最新一代内存类型，在2020年发布，于2021年上市。与DDR4内存相比，DDR5内存的最低基础频率提高到4800MHz，单片容量可超过16GB，同时工作电压降低到1.1V，无论是性能还是能效，都得到了可观的提升。

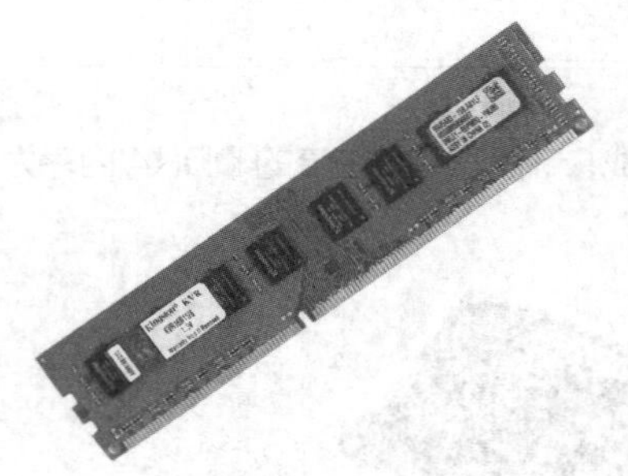
图2-55　DDR3内存

图2-56　DDR5内存

（二）内存的性能指标

1. 基本参数

内存的基本参数主要指内存的类型、容量和频率。

- 类型。内存的类型主要是按照工作性能进行划分，目前主流的内存是DDR4。
- 容量。容量是选购内存时优先考虑的性能指标，因为它代表了内存存储数据的多少，通常以GB为单位。单条内存容量越大越好。目前，市面上主流的内存容量分为单条（容量为2GB、4GB、8GB、16GB）和套装（容量为2×2GB、2×4GB、4×4GB、2×8GB、4×8GB、2×16GB、4×16GB）两种。

提示　**内存套装就是各内存厂商将同一型号的两条或多条内存搭配起来组成的套装产品，内存套装的价格通常不会比分别买两条相同型号内存的价格高出很多，但组成的系统却比两条单内存组成的系统稳定许多，所以在很长一段时间内受到商业用户和超频玩家的青睐。**

- 频率。频率是指内存的主频，也可以称为工作频率，和CPU主频一样，被用来表示内存的速度，它代表着该内存所能达到的最高工作频率。内存主频越高，在一定程度上代表着内存所能达到的速度越快。DDR3内存主频有1333MHz及以下、1600MHz、1866MHz、2133MHz、2400MHz、2666MHz、2800MHz和3000MHz等几种；DDR4内存主频则有2133MHz、2400MHz、2666MHz、2800MHz、3000MHz、3200MHz、3400MHz、3600MHz和4000MHz及以上等几种，用户可以自行设计超频，以提高内存频率。

2. 技术参数

内存的技术参数主要包括以下 4 个。

- 工作电压。内存的工作电压是指内存正常工作时所需要的电压值，不同类型的内存其工作电压不同，DDR3 内存的工作电压一般在 1.5V 左右，DDR4 内存的工作电压一般在 1.2V 左右。电压越低，对电能的消耗越少，也更符合目前节能减排的要求。
- CL 值。CL（CAS Latencys）是指从读命令有效（在时钟上升沿发出）开始，到输出端可提供数据为止的这一段时间。对于普通用户来说，不必太过在意 CL 值，只要知道在同等工作频率下，CL 值低的内存更具有速度优势即可。
- 散热片。目前，主流的 DDR4 内存通常都带有散热片，其作用是降低内存的工作温度，提升内存的性能，改善计算机散热环境，相对保证并延长内存使用寿命。
- 灯条。灯条是在内存散热片中加入的 LED 灯效，目前主流的内存灯条是 RGB 灯条，每隔一段距离就放置一个具备 RGB 三原色发光功能的 LED 灯珠，并通过芯片控制 LED 灯珠实现不同颜色的光效，如流水光、彩虹光等。具备灯条的内存不仅美观度得到大幅提升，性能也会更高。

任务实施

（一）选配主流单通道内存

单通道的内存其实就是单条内存，这也是目前主流的内存选配类型，内存容量主要以 16GB 和 8GB 为主，价格上差距并不大，但为一些预算并不充足的用户提供了更多的选择。

（1）金士顿 8GB DDR4 2666。这款内存的类型为 DDR4，容量为单条 8GB，主频为 2666MHz，工作电压为 1.2V，如图 2-57 所示。这款内存做工一流，平均使用寿命长，稳定运行时间长，故障率低，并提供终身保固，且有一定的超频潜力，性价比高。

（2）金士顿骇客神条 FURY 16GB DDR4 3200。这款内存的类型为 DDR4，容量为单条 16GB，主频为 3200MHz，工作电压为 1.2V，如图 2-58 所示。这款内存做工精细，且自带金属散热片，散热效果一流，由于是单通道内存，运行速度快且稳定，是主流的选配产品。

图 2-57 金士顿 8GB DDR4 2666

图 2-58 金士顿骇客神条 FURY 16GB DDR4 3200

（二）选配主流双通道内存

选配双通道内存的目的通常是在一定程度上提升计算机的运行速度和数据处理的能力，适用于进行图形图像处理和视频编辑制作的计算机。

（1）影驰 GAMER BLUE 16GB（2×8GB）DDR4 3200。这款内存的类型为 DDR4，容量为套

装 2×8GB，主频为 3200MHz，有散热片，CL 值为 16-18-18-38，工作电压为 1.35V，具备使用第二代匀光技术的 LED 灯条，如图 2-59 所示。这款内存做工非常精致，散热片有质感，3200 MHz 的高主频大大降低了计算机中其他硬件的延迟，自带的灯效也非常好看。

（2）海盗船复仇者 LPX 32GB DDR4 3200。这款内存的类型为 DDR4，容量为套装 2×16GB，主频为 3200MHz，有散热片，CL 值为 16-18-18-36，工作电压为 1.35V，具备使用第二代匀光技术的 LED 灯条，如图 2-60 所示。这款内存做工精细，自带金属散热片，散热效果一流，虽然是双通道内存，但是运行速度快且稳定，兼容性也很好，就是价格稍贵。

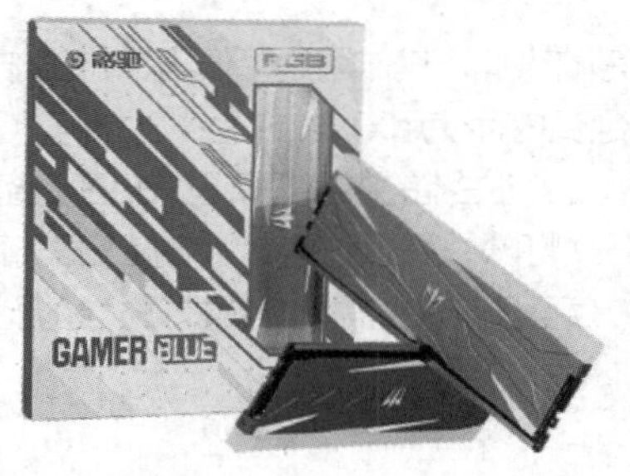

图 2-59　影驰 GAMER BLUE 16GB（2×8GB）DDR4 3200

图 2-60　海盗船复仇者 LPX 32GB DDR4 3200

（三）分辨内存的真伪

分辨内存的真伪现在基本上都可以通过手机进行，下面就以金士顿内存为例，介绍分辨其真伪的方式，具体操作如下。

微课 2-2：分辨内存的真伪

（1）在微信搜索“金士顿科技”，点击“金士顿科技”对应的公众号。

（2）打开“金士顿科技”公众号首页，点击“关注”按钮。

（3）进入“金士顿科技”公众号，点击右下角的“售后相关”选项卡，在弹出的列表中点击“验真伪”选项。

（4）在界面下面的文本框中输入“验真伪”，点击“发送”按钮，如图 2-61 所示。

（5）在界面下面的文本框中输入“2”，选择查验对象，点击“发送”按钮，如图 2-62 所示。

（6）根据图 2-63 所示的提示信息，拍摄照片发送给公众号，由专业人员进行真伪鉴定。

图 2-61　验真伪

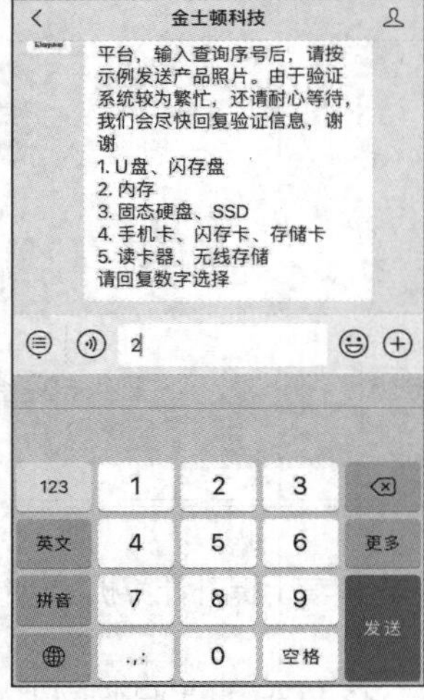

图 2-62　选择查验对象

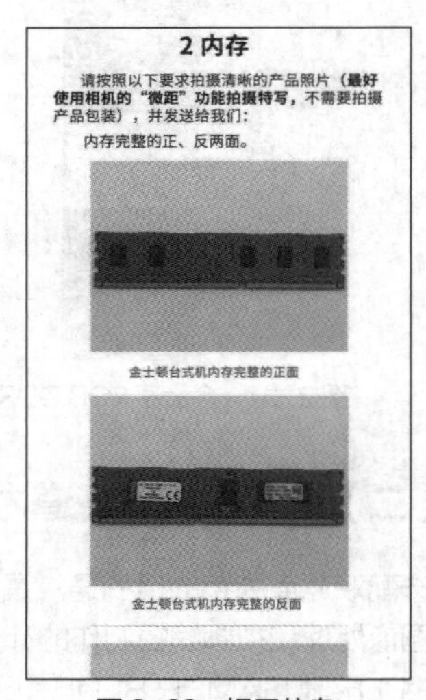

图 2-63　提示信息

（四）确认内存的基本信息

用户借助软件可以检测和确认内存的基本信息，了解内存的品牌、类型、容量和频率等详细规格参数，用户借助软件可以选购合适的内存和辨别内存的真伪。下面使用鲁大师确认内存的基本信息，方法为启动鲁大师，在其操作界面中单击“硬件检测”按钮，在左侧的任务窗格中选择“内存信息”选项卡，即可查看内存的基本信息，如图 2-64 所示。

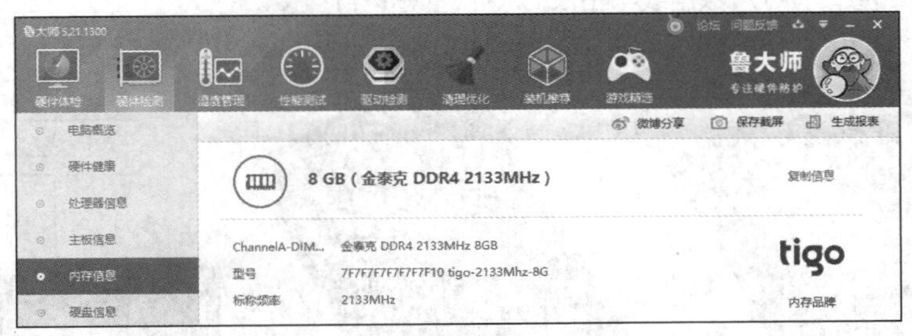

图 2-64　查看内存的基本信息

任务 2-4　选配机械硬盘

任务导入

老洪认为选配好 CPU、主板和内存后，接下来应该选配数据存储设备。计算机中的存储设备目前主要是硬盘，公司各种数据很多，对存储空间的要求较大。老洪要求米拉选配容量较大且价格便宜的机械硬盘，于是，米拉开始学习机械硬盘的外观结构、性能指标和选配技巧等相关知识。

任务分析

硬盘是计算机硬件系统中重要的数据存储设备，具有存储空间大、数据传输速率较快、安全系数较高等优点，因此计算机运行所必需的操作系统、应用程序、大量的数据等都保存在硬盘中。现在的硬盘分为机械硬盘和固态硬盘两种类型，机械硬盘是传统的硬盘类型，平常所说的硬盘都是指机械硬盘。选配机械硬盘的操作思路如下。

（1）熟悉机械硬盘的外观结构。通过识别机械硬盘的外观结构可以判断机械硬盘的类型和接口等性能指标，最主要的是能够分辨机械硬盘的数据线和电源线接口，这样才能将机械硬盘通过数据线和电源线正确地连接到主板和电源对应的插槽中。

（2）掌握机械硬盘的性能指标。机械硬盘的性能指标是选配硬件的主要参考指标，特别是容量、缓存和转速等，选配时需要对比不同产品的参数。

（3）掌握一些选配技巧。除了关注机械硬盘的性能指标外，选配机械硬盘的技巧还有计算硬盘的性价比，以及确认机械硬盘的基本信息等。

相关知识

（一）机械硬盘的外观结构

硬盘的外形就是一个矩形盒子，分为内外两个部分。硬盘的内部结构比较复杂，主要由主轴电机、盘片、磁头和传动臂等部件组成。硬盘通常将磁性物质附着在盘片上，并将盘片安装在主轴电机上。当硬盘开始工作时，主轴电机将带动盘片一起转动，盘片表面的磁头将在电路和传动臂的控制下进行移动，并将指定位置的数据读取出来，或将数据存储到指定的位置。

硬盘的外部结构较简单，其正面一般是一张记录了硬盘相关信息的铭牌，如图 2-65 所示；背面是促使硬盘工作的主控芯片和集成电路，如图 2-66 所示；后侧则是硬盘的电源线接口和数据线接口，硬盘的电源线接口和数据线接口都是 L 形，通常长一点的是电源线接口，短一点的是数据线接口，如图 2-67 所示，数据线接口通过 SATA 数据线与主板 SATA 插槽进行连接。

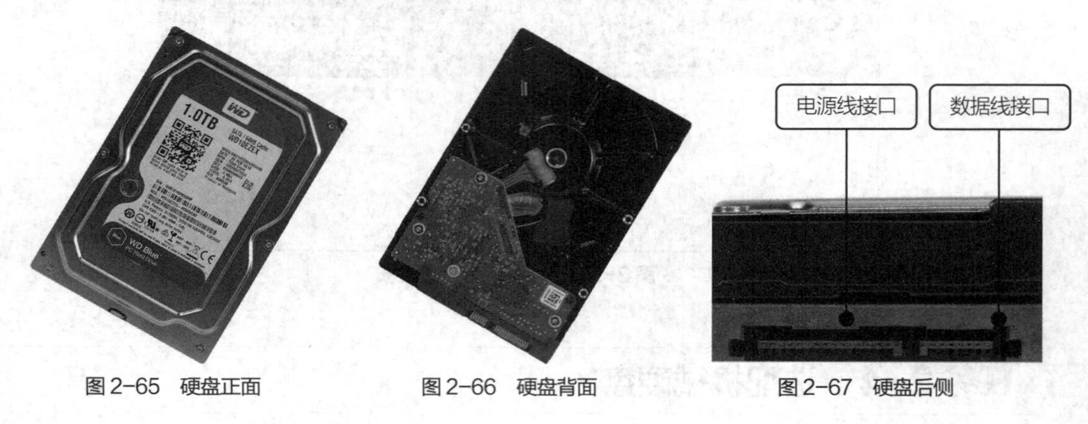

图 2-65　硬盘正面　　图 2-66　硬盘背面　　图 2-67　硬盘后侧

（二）机械硬盘的性能指标

1. 容量

硬盘容量是选购硬盘的主要性能指标之一，包括总容量、单碟容量、盘片数 3 个参数。

- 总容量。总容量是用于表示硬盘能够存储多少数据的一项重要指标，通常以 GB 和 TB 为单位，目前主流的硬盘容量从 320GB 到 18TB 不等。
- 单碟容量。单碟容量是指每张硬盘盘片的容量。硬盘的盘片数是有限的，如果增大单碟容量，则可以提升硬盘的数据传输速率，其记录密度同数据传输率成正比，因此单碟容量才是硬盘容量最重要的性能参数，目前最大的单碟容量为 1200GB。
- 盘片数。硬盘的盘片数一般为 1～10 个，在总容量相同的条件下，盘片数越少，硬盘的性能越好。

提示　**硬盘容量单位包括字节（B，byte）、千字节（KB，kilobyte）、兆字节（MB，megabyte）、吉字节（GB，gigabyte）、太字节（TB，terabyte）、拍字节（PB，petabyte）、艾字节（EB，exabyte）、泽字节（ZB，zettabyte）和尧字节（YB，yottabyte）等，它们之间的换算关系为 1YB=1024ZB；1ZB=1024EB；1EB=1024PB；1PB=1024TB；1TB=1024GB；1GB=1024MB；1MB=1024KB；1KB=1024B。**

2. 接口

目前机械硬盘的接口类型主要是 SATA。SATA 接口提高了数据传输的可靠性，还具有结构简单、支持热插拔的优点。目前主要使用的 SATA 包含 2.0 和 3.0 两种标准接口，SATA 2.0 标准接口的数据传输速率可达到 300MB/s，SATA 3.0 标准接口的数据传输速率可达到 600MB/s。

3. 传输速率

传输速率是衡量硬盘性能的重要指标之一，包括缓存、转速和接口速率 3 个参数。

- 缓存。缓存的大小与速度是直接关系到硬盘传输速率的重要因素，当硬盘存取零碎数据时，需要不断地在硬盘与内存之间进行数据交换，如果缓存较大，则可以将那些零碎数据暂存在缓存中，减小外系统的负荷，提高数据的传输速率。目前主流硬盘的缓存包括 8MB、16MB、32MB、64MB、128MB 和 256MB。

- 转速。转速是硬盘内电机主轴的旋转速度，也就是硬盘盘片在一分钟内所能完成的最大转数。转速的快慢是衡量硬盘档次和决定硬盘内部传输速率的关键因素之一。硬盘的转速越快，硬盘寻找文件的速度也就越快，相对的，硬盘的传输速率也就得到了提高。硬盘转速以每分钟多少转来表示，单位为 r/min（转每分钟），值越大越好。目前主流硬盘转速有 5400r/min、5900r/min、7200r/min 和 10000r/min 这 4 种。
- 接口速率。接口速率是指硬盘接口读写数据的实际速率。SATA 2.0 标准接口的实际读写速率是 300MB/s，带宽为 3Gbit/s；SATA 3.0 标准接口的实际读写速率是 600MB/s，带宽为 6Gbit/s，这也是 SATA 3.0 标准接口性能更优秀的原因。

任务实施

（一）选配常用机械硬盘

选配机械硬盘主要考虑的是大容量和相对较快的速度，并在这些性能一定的情况下，选择性价比较高的款式，下面来推荐两款主流的机械硬盘。

（1）西部数据蓝盘 1TB 7200 转 64MB SATA3。这款硬盘容量为 1TB，盘片数量为 1 片，缓存为 64MB，转速为 7200r/min，接口类型为 SATA 3.0，接口速率为 6Gbit/s，如图 2-68 所示。这款机械硬盘的性能稳定，质量可靠，噪声也不大，全负荷运行时功率为 7W 左右，温度为 46℃，可以享受 3 年保修，还有专用克隆软件可供使用，性价比较高。

图 2-68　西部数据蓝盘 ITB 7200 转 64MB SATA3

（2）希捷 BarraCuda 2TB 7200 转 256MB SATA3。这款硬盘容量为 2TB，盘片数量为 2 片，缓存为 256MB，转速为 7200r/min，接口类型为 SATA 3.0，接口速率为 6Gbit/s，如图 2-69 所示。这款机械硬盘的读写速度高达 220MB/s，且价格相对于其他相同容量的硬盘低，2TB 的容量也能胜任大型数据的存储工作。

（二）选配服务器用机械硬盘

服务器用机械硬盘与普通计算机用机械硬盘还是有一定区别的。首先，服务器通常是按照 7 天 × 24 小时不间断工作设计的，这要求服务器硬盘适用于大数据量、长时间的工作环境；其次，为了保证数据存取的速度和工作效率，服务器硬盘的转速要达到 10000r/min、15000r/min 甚至更高，但目前的服务器硬盘的转速以 7200r/min 为主；最后，为了更换方便，服务器硬盘需要支持热插拔，目前主流的服务器硬盘使用 SATA 接口，也符合这一要求。下面推荐两款主流的服务器用机械硬盘。

（1）希捷 4TB 7200 转 128MB。这款硬盘容量为 4TB，缓存为 128MB，转速为 7200r/min，接口类型为 SATA 3.0，带宽为 6Gbit/s，平均无故障时间为 200 万小时，如图 2-70 所示。这款机械硬盘的性能稳定，质量可靠，平均无故障运行时间长，适合小型公司服务器选配。

图 2-69　希捷 BarraCuda 2TB 7200 转 256MB SATA3

（2）西部数据 Ultrastar DC HC320 8TB 7200 转 128MB SATA3。这款硬盘容量为 8TB，缓存为 256MB，转速为 7200r/min，接口类型为 SATA 3.0，带宽为 6Gbit/s，平均无故障时间为 200 万小时，如图 2-71 所示。这款机械硬盘各项性能与希捷 4TB 7200 转 128MB 接近，且价格相差不多，除了功耗稍高外，性价比较高。

图 2-70　希捷 4TB 7200 转 128MB

图 2-71　西部数据 Ultrastar DC HC320 8TB 7200 转 128MB SATA3

（三）确认机械硬盘的基本信息

用户借助软件可以检测和确认机械硬盘的基本信息，了解机械硬盘的品牌、类型、容量、缓存和转速等详细的产品规格参数，用户借助软件可以选购合适的机械硬盘。HD Tune Pro 是一款小巧易用的硬盘工具软件，可以检测出机械硬盘的固件版本、序列号、容量、缓存大小，以及当前的 Ultra DMA 模式等，方法为启动 HD Tune Pro，在其操作界面中选择“信息”选项卡，即可查看机械硬盘的基本信息，如图 2-72 所示。

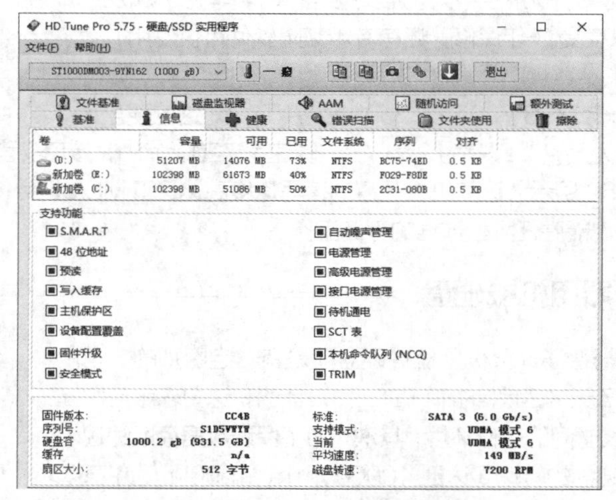

图 2-72　查看机械硬盘的基本信息

任务 2-5　选配固态硬盘

任务导入

公司一些部门的员工对计算机的读写文件速度要求较高，因此，即便米拉为公司的计算机选配了大容量的机械硬盘，但老洪还是要求米拉再为计算机选配一款固态硬盘作为系统盘。老洪还告诉米拉，固态硬盘与机械硬盘在外观结构、性能指标和选购技巧上都有较大的区别，需要认真对待。

任务分析

固态硬盘的读写速度通常高于机械硬盘，且功耗比机械硬盘低，比机械硬盘轻便，防震抗摔，目前通常作为计算机的系统盘进行选配和安装。选配固态硬盘的操作思路如下。

（1）熟悉固态硬盘的外观结构。固态硬盘的外观多种多样，有的像移动硬盘，有的像内存，有的像显卡，只有熟悉这些外观才能将其和其他硬件区分开。

（2）掌握固态硬盘的性能指标。固态硬盘的性能指标主要包括闪存颗粒的构架和接口类型两大部分，接口类型也可以划分到外观结构方面，但因为接口类型能够决定固态硬盘的数据输出速度等，所以这里将其划分到性能指标的范畴。

（3）掌握一些选配技巧。选配固态硬盘首先要了解固态硬盘的优缺点，然后根据自己的需求，以及主板所支持的接口类型选择不同的固态硬盘产品。

相关知识

（一）固态硬盘的外观结构

固态硬盘（Solid State Disk，SSD）是用固态电子存储芯片阵列制成的硬盘，区别于机械硬盘由盘片、磁头等机械部件构成，整个固态硬盘结构无机械装置，全部是由电子芯片及电路板组成的。固态硬盘的外观就目前来看，主要有以下 3 种样式。

- 与机械硬盘类似外观。这种固态硬盘比较常见，也是普通固态硬盘的外观，其外面是一层保护壳，其中是安装了电子存储芯片阵列的电路板，后面是数据线接口和电源线接口，如图 2-73 所示。
- 裸电路板外观。这种固态硬盘由直接在电路板上集成存储、控制和缓存的芯片与接口组成，如图 2-74 所示。
- 类显卡式外观。这种固态硬盘的外观类似于显卡，接口也可以使用显卡的 PCI-E 接口，安装方式也与显卡安装方式相同，如图 2-75 所示。

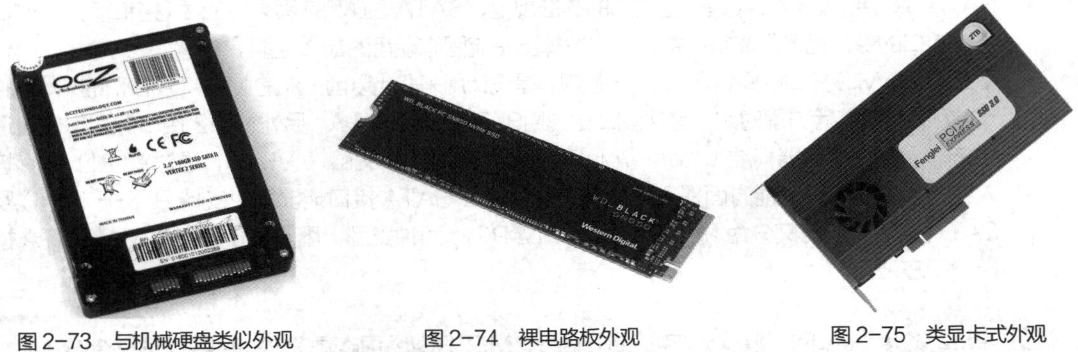

图 2-73　与机械硬盘类似外观　　图 2-74　裸电路板外观　　图 2-75　类显卡式外观

固态硬盘的内部有主控芯片、闪存颗粒和缓存单元 3 个重要的组成部分。

- 主控芯片。主控芯片是整个固态硬盘的核心器件，其作用是合理调配数据在各个闪存芯片上的负荷，以及承担整个数据中转、连接闪存芯片和外部接口的任务。当前主流的主控芯片厂商有 Marvell（俗称“马牌”）、SandForce、Silicon Motion（慧荣）、Phison（群联）、JMicron（智微）等。

- 闪存颗粒。存储单元是硬盘的核心器件，而在固态硬盘中，闪存颗粒替代机械磁盘成了存储单元。
- 缓存单元。缓存单元的作用表现在常用文件的随机性读写，以及碎片文件的快速读写上。缓存芯片的市场规模不算太大，主流的缓存品牌包括三星和金士顿等。

（二）固态硬盘的性能指标

1. 闪存颗粒的构架

固态硬盘成本的80%集中在闪存颗粒上，它不仅决定了固态硬盘的使用寿命，还对固态硬盘的性能影响非常大，而决定闪存颗粒性能的就是闪存构架。

固态硬盘中的闪存颗粒都是NAND闪存，因为NAND闪存具有非易失性存储的特性，即断电后仍能保存数据，所以被大范围运用。当前固态硬盘市场中，主流的闪存颗粒厂商主要有Toshiba（东芝）、SAMSUNG（三星）、intel、Micron（美光）、SKHynix（海力士）、Sandisk（闪迪）等。根据NAND闪存中电子单元密度的差异，将NAND闪存的构架分为SLC、MLC、TLC和QLC，这4种闪存构架在使用寿命以及造价上有着明显的区别。

- SLC（单层式存储）。其为单层电子结构，写入数据时电压变化区间小，使用寿命长，读写次数在10万次以上，造价高，多用于企业级高端产品。
- MLC（多层式存储）。其通过高低电压的不同构建双层电子结构，使用寿命长，造价可接受，多用于民用中高端产品，读写次数在5000次左右。
- TLC（三层式存储）。TLC是MLC闪存的延伸，TLC达到了3bit/cell（即每个单元存储3个数据）。TLC存储密度最高，容量是MLC的1.5倍；造价成本低，使用寿命短，读写次数为1000～2000次，是当下主流厂商首选闪存颗粒。
- QLC（四层式存储）。QLC出现时间很早，但一直未被关注，QLC达到了4bit/cell。QLC性能差，使用寿命短，只能经受1000次读写循环，但是容量得到了提升，成本也继续降低。如果能够提升读写次数，QLC就是未来的发展趋势。

2. 接口类型

固态硬盘的接口类型有很多，目前市面上包括SATA 3.0/2.0、M.2、Type-C、U.2、USB 3.1/3.0、PCI-E、SAS和PATA等多种，但普通家用计算机中常用的仍是SATA 3.0和M.2接口。

- SATA 3.0接口。SATA是硬盘接口的标准规范，SATA 3.0和前面介绍的硬盘接口完全一样。这种接口的最大优势是非常成熟，能够发挥出主流固态硬盘的最大性能。
- M.2接口。M.2接口的原名是NGFF接口，是设计用来取代以前主流的MSATA接口的。从规格尺寸和传输性能等方面对比，这种接口要比MSATA接口好很多。另外，M.2接口的固态硬盘还支持非易失性存储器标准（Non-Volatile Memory express，NVMe），通过新的NVMe接入的固态硬盘，在性能方面提升得非常明显。M.2 SATA接口能够同时支持PCI-E通道以及SATA通道，因此又分为M.2 SATA和M.2 PCIe两种类型。图2-76所示为M.2 SATA接口的固态硬盘。

提示 M.2的两种接口可以直接从外观上进行区分，M.2 PCIe固态硬盘的金手指只有两个部分，而M.2 SATA固态硬盘的金手指有3个部分，图2-77所示为M.2 PCIe接口的固态硬盘；其次，M.2 PCIe固态硬盘支持PCI-E通道，而PCI-E 5.0×16通道的理论带宽已经达到128Gbit/s，远远超过了SATA接口；最后，同等容量的固态硬盘，由于M.2 PCIe接口的性能更高，其价格也相对较高。

图 2-76　M.2 SATA 接口的固态硬盘

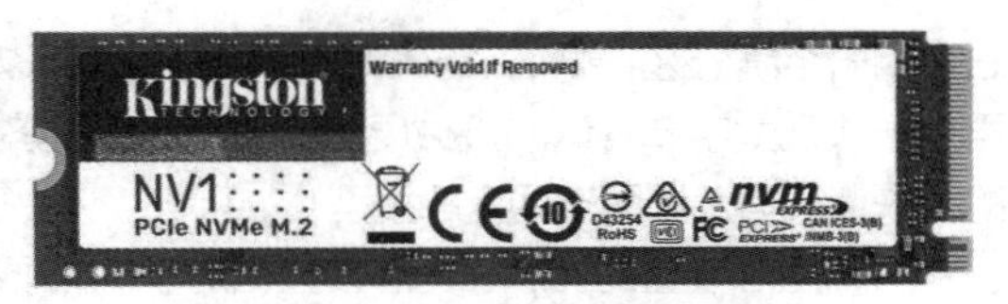

图 2-77　M.2 PCIe 接口的固态硬盘

- PCI-E 接口。这种接口对应主板上面的 PCI-E 插槽，与显卡的 PCI-E 接口完全相同。PCI-E 接口的固态硬盘最开始主要是在企业级市场上使用，因为它需要不同主控，所以在性能提升的基础上，成本也高了不少。在目前的市场上，PCI-E 接口的固态硬盘通常是企业或高端用户使用。图 2-78 所示为 PCI-E 接口的固态硬盘。
- 基于 NVMe 的 PCI-E 接口。NVMe 是面向 PCI-E 接口的固态硬盘，使用原生 PCI-E 通道与 CPU 直连可以免去 SATA 与 SAS 接口的外置控制器（PCH）与 CPU 通信所带来的延时。基于 NVMe 的 PCI-E 接口的固态硬盘其实就是将一块支持 NVMe 的 M.2 接口固态硬盘，安装在支持 NVMe 的 PCI-E 接口的电路板上组成的，如图 2-79 所示。这种固态硬盘的 M.2 接口通常支持 PCI-E 2.0×4 总线，理论带宽达到 2GB/s，远胜于 SATA 接口的 600MB/s。如果主板上有 M.2 插槽，便可以将 M.2 接口的固态硬盘主体拆下来直接插在主板上，不占用机箱其他内部空间，相当方便。

图 2-78　PCI-E 接口的固态硬盘

图 2-79　基于 NVMe 的 PCI-E 接口的固态硬盘

- Type-C 接口和 USB 3.1/3.0 接口。使用这 3 种接口的固态硬盘都被称为移动固态硬盘，移动固态硬盘可以通过主板外部接口中对应的接口连接计算机。
- U.2 接口。U.2 接口其实是 SATA 接口的衍生类型，可以看作 4 通道的 SATA 接口。U.2 接口的固态硬盘支持 NVMe，传输带宽理论上会达到 32Gbit/s，使用这种接口的固态硬盘需要主板上有专用的 U.2 插槽。
- SAS 接口。SAS 和 SATA 都是采用串行技术的数据存储接口，采用 SAS 接口的固态硬盘支持双向全双工模式，性能超过了 SATA 接口，但价格较高，产品定位于企业级。
- PATA 接口。PATA 就是并行 ATA 硬盘接口规范，也就是通常所说的 IDE 接口，定位于消费类和工控类，现在已经逐步淡出主流市场。

任务实施

（一）选配固态硬盘

固态硬盘通常比相同容量的机械硬盘贵，所以用户在组装计算机时应该尽量选择固态硬盘（系统盘）+机械硬盘（数据盘）的组合。以 240GB 固态硬盘为例（其实际容量为 230GB 左右），其中 80GB 左右会用于系统分区，剩下 150GB 用来安装软件以及存储重要资料。如果还需要存储大量资料，则可以再加一块几太字节容量的机械硬盘，这样比较经济实惠。选择固态硬盘首先要了解固态硬盘和机械硬盘的优缺点，再选择固态硬盘的类型。

（1）固态硬盘的优点。固态硬盘相对于机械硬盘的优点主要体现在以下 5 个方面。

- 读写速度快。固态硬盘采用闪存作为存储介质，读取速度相对机械硬盘更快。固态硬盘厂商大多会宣称自家的固态硬盘持续读写速度超过 500MB/s，而常见的 7200r/min 机械硬盘的平均读写速度通常为 60MB/s～170MB/s。
- 防震抗摔性。固态硬盘采用闪存作为存储介质，能防震抗摔。
- 低功耗。固态硬盘的功耗要低于传统硬盘。
- 无噪声。固态硬盘没有机械马达和风扇，工作时噪声值为 0 分贝，而且具有发热量小、散热快等特点。
- 轻便。固态硬盘在质量方面更轻，与常规机械硬盘相比，固态硬盘轻 20g～30g。

（2）固态硬盘的缺点。与机械硬盘相比，固态硬盘也有如下不足之处。

- 容量小。固态硬盘最大容量目前仅为 4TB。
- 使用寿命短。固态硬盘闪存具有擦写次数限制问题，SLC 构架的固态硬盘有 10 万次的写入寿命，成本较低的 MLC 构架的固态硬盘写入寿命仅有 1 万次，而廉价的 TLC 构架的固态硬盘写入寿命只有 500～1000 次。
- 售价高。相同容量的固态硬盘的价格比机械硬盘贵，有的甚至是机械硬盘价格的 10 倍到几十倍。

（3）选择固态硬盘的类型。了解了固态硬盘的各种优缺点和性能指标后，就需要了解选配的主板支持固态硬盘的哪些接口，支持 M.2 接口就选配 M.2 接口的固态硬盘，不支持 M.2 接口就选配 SATA 接口的固态硬盘。

（二）选配 SATA 接口的固态硬盘

相比于 M.2 接口的固态硬盘，SATA 接口的固态硬盘价格更低，非常适合商务办公，中小企业组装计算机时可以选配这种固态硬盘作为系统盘使用。下面推荐一款 SATA 接口的固态硬盘。

金士顿 A400（240GB）。这款固态硬盘容量为 240GB，接口类型为 SATA 3.0，读取速度为 500MB/s，写入速度为 350MB/s，闪存构架为 TLC，主控芯片为 Phison S11，如图 2-80 所示。这款固态硬盘的安装位置和安装方式与普通机械硬盘一致，非常方便，性能优良且工作状态稳定，价格也比较便宜，适合中小企业组装计算机时选配。

图 2-80　金士顿 A400（240GB）

（三）选配 M.2 接口的固态硬盘

M.2 接口的固态硬盘是目前的主流类型，但通常需要组装计算机的主板具备对应的 M.2 插槽。另外，M.2 接口分为 M.2 PCIe 和 M.2 SATA 两种类型，下面分别推荐一款其对应产品。

（1）三星 980 PRO NVMe M.2。这款固态硬盘接口类型为 M.2 PCIe，容量为 250GB，支持 PCI-E 4.0×4，读取速度为 6400MB/s，写入速度为 2700MB/s，闪存构架为 TLC，主控芯片为 Elpis，如图 2-81 所示。这款固态硬盘的性能稳定，质量可靠，平均无故障运行时间长达 150 万小时，散热性能强，兼容性也很好，通常安装后就能直接使用，非常方便。

（2）西部数据 BLUE SATA M.2 2280 8TB。这款固态硬盘接口类型为 M.2 SATA，容量为 500GB，读取速度为 560MB/s，写入速度为 530MB/s，如图 2-82 所示。这款固态硬盘的工作速度比普通机械硬盘快，比主流 M.2 PCIe 接口的固态硬盘慢，但容量更大，更具性价比。

图 2-81　三星 980 PRO NVMe M.2

图 2-82　西部数据 BLUE SATA M.2 2280 8TB

任务 2-6　选配显卡

任务导入

虽然米拉选配的 CPU 集成了显示芯片，但公司设计部门对计算机显示性能的要求较高，需要一批安装独立显卡的计算机。所以，米拉在组装计算机的过程中，仍然需要选配显卡。和其他硬件一样，米拉要通过外观结构认识显卡，并掌握显卡的性能指标和选购技巧等相关知识。

任务分析

显卡是一块独立的电路板，通过接口插入主板的插槽，接收由主机发出的控制显示系统工作的指令和显示内容的数字信号，并通过输出模拟信号或数字信号控制显示器显示各种字符和图形，它和显示器构成了计算机系统的图像显示系统。选配显卡的操作思路如下。

（1）熟悉显卡的外观结构。显卡的类型不多，但外部结构非常复杂，各种接口非常多，这些都需要了解和掌握，以便在组装计算机时能够正确地进行连接。

（2）掌握显卡的性能指标。显卡的性能指标比较多且复杂，主要分为显示芯片、显存规格、散热方式、多 GPU 技术和流处理器 5 个方面，掌握这些性能指标才能选配到符合工作要求的显卡。

（3）掌握一些选配技巧。显卡主要是根据工作的需求和预算进行选择的，选择时还要注意显卡的做工、选料和布线等因素，尽量选择主流品牌。

相关知识

（一）显卡的外观结构

从外观上看，显卡主要由显示芯片（GPU）、显存、金手指、DVI、HDMI、DP 接口和外接电源接口等几部分组成，如图 2-83 所示。

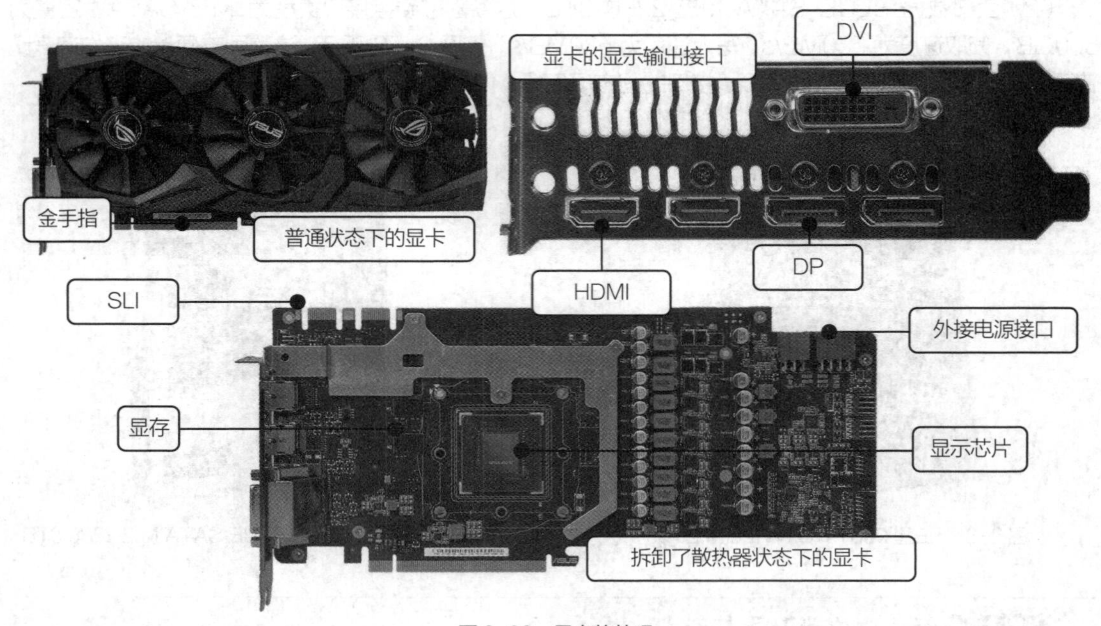

图 2-83　显卡的外观

- 显示芯片。显示芯片是显卡上最重要的部分，其主要作用是处理软件指令，让显卡能实现某些特定的绘图功能，它直接决定了显卡的性能。显示芯片发热量巨大，因此往往在其上会覆盖散热器进行散热。
- 显存。显存即显卡内存，是显卡中用来临时存储显示数据的部件，其容量与存取速度对显卡的整体性能有着举足轻重的影响，还将直接影响显示的分辨率和色彩位数。其容量越大，所能显示的分辨率及色彩位数就越高。
- 金手指。金手指是连接显卡和主板的通道，不同结构的金手指代表不同的主板接口，目前主流的显卡金手指为 PCI-E 接口类型。
- DVI（Digital Visual Interface）。DVI 即数字视频接口，它可将显卡中的数字信号直接传输到显示器中，从而使显示出来的图像更加真实自然。
- HDMI（High Definition Multimedia Interface）。HDMI 即高清晰度多媒体接口，它可以提供高达 5Gbit/s 的数据传输带宽，传送无压缩音频信号及高分辨率视频信号，也是目前使用最多的视频接口。
- DP（Display Port）。DP 是一种高清数字显示接口，可以连接计算机和显示器，也可以连接计算机和家庭影院，它是作为 HDMI 的竞争对手和 DVI 的潜在继任者而被开发出来的。DP 可提供的带宽高达 10.8Gbit/s，充足的带宽满足了大尺寸显示设备对更高分辨率的需求，目前大多数中高端显卡都配备了 DP。

> **提示**　**Type-C 接口是显卡中一种面向未来的 VR 接口，该接口可以连接一根 Type-C 线缆，传输 VR 眼镜需要的所有数据，包括高清的音频视频；也可以连接显示器中的 Type-C 接口，传输视频数据，如图 2-84 所示。**

- 外接电源接口。通常显卡通过 PCI-E 接口由主板供电，但现在的显卡很多有较大的功耗，所以需要外接电源独立供电。这时就需要在主板上设置外接电源接口，其通常是 8 针或 6 针，如图 2-85 所示。

图 2-84 Type-C 接口

图 2-85 外接电源接口

（二）显卡的性能指标

1. 显示芯片

显示芯片主要包括制程工艺、核心频率、芯片厂商和芯片型号 4 个参数。

- 制程工艺。显示芯片的制程工艺与 CPU 一样，也是用来衡量其加工精度的。制程工艺的提高意味着显示芯片的体积更小、集成度更高、性能更加强大、功耗更低，现在主流芯片的制程工艺为 28nm、16nm、14nm、12nm、8nm 和 7nm，数字越小，制程越精细。
- 核心频率。它是指显示核心的工作频率，在同样级别的芯片中，核心频率高的则性能较强。但显卡的性能由核心频率、显存、像素管线和像素填充率等多方面的因素决定，因此在芯片不同的情况下，核心频率高并不代表此显卡性能强。
- 芯片厂商。显示芯片主要有 NVIDIA 和 AMD 两个厂商。
- 芯片型号。不同的芯片型号，其适用的范围是不同的，目前显卡芯片型号分类如表 2-1 所示。

表 2-1 目前显卡芯片型号分类

	NVIDIA	AMD
入门	GTX 1650/1650 SUPER/1050Ti/1060 GT 1030	RX 560D/560/550
主流	RTX 2060 SUPER/2060/2070 GTX 1660 Ti /1660/1660 SUPER /1080/1070Ti/1070	RX 5700/5600 XT/5500 XT/560 XT/590/580/570
专业	RTX 3090/3080/3080Ti/3070/3070Ti/ 3060/3060Ti/2080Ti/2080 SUPER/2080 /2070 SUPER GTX 1080 Ti	RX 6900 XT/6800 XT/6700 XT/ 6800/5700 XT

2. 显存规格

显存是显卡的核心部件之一，它的品质和容量大小会直接关系到显卡的最终性能，如果说显示芯片决定了显卡所能提供的功能和基本性能，那么显卡性能的发挥很大程度上取决于显存，因为无论显示芯片的性能如何出众，最终其性能都要通过配套的显存来发挥。显存规格主要包括显存频率、显存容量、显存位宽、显存速度、最大分辨率和显存类型等参数。

- 显存频率。显存频率是指默认情况下，该显存在显卡上工作时的频率，以 MHz（兆赫兹）为单位。显存频率一定程度上反映了该显存的速度，其随着显存的类型和性能的不同而不同，同样类型下，频率越高，性能越强。

- 显存容量。从理论上讲，显存容量决定了显示芯片处理的数据量，显存容量越大，显卡性能就越好，目前市场上显卡的显存容量从 1GB 到 24GB 不等。
- 显存位宽。通常情况下可把显存位宽理解为数据进出通道的大小，在运行频率和显存容量相同的情况下，显存位宽越大，数据的吞吐量就越大，显卡的性能也就越好。目前市场上显卡的显存位宽从 64bit 到 4096bit 不等。
- 显存速度。显存的时钟周期就是显存时钟脉冲的重复周期，它是衡量显存速度的重要指标。显存速度越快，单位时间内交换的数据量就越大，在同等情况下显卡性能也就越强。显存频率与显存时钟周期之间为倒数关系（也可以说显存频率与显存速度之间为倒数关系），显存时钟周期越小，显存频率就越高，显存的速度就越快，显卡性能的表现也就越好。
- 最大分辨率。最大分辨率表示显卡输出给显示器，并能在显示器上描绘像素点的数量。分辨率越大，所能显示的图像的像素点就越多，并且能显示更多的细节，当然也就越清晰。最大分辨率在一定程度上和显存有着直接关系，因为这些像素点的数据最初都要存储于显存中，所以显存容量会影响到最大分辨率。现在显卡的最大分辨率通常为 2560 像素 × 1600 像素、3840 像素 × 2160 像素、4096 像素 × 2160 像素、7680 像素 × 4320 像素及以上。
- 显存类型。显存类型也是影响显卡性能的重要参数之一，目前市面上的显存主要有 HBM 和 GDDR 两种。GDDR 显存在很长一段时间内是市场上的主流类型，从过去的 GDDR1 一直到现在的 GDDR5 和 GDDR5X。HBM 显存是最新一代的显存，用来替代 GDDR。它采用了堆叠技术，减少了显存的体积，增加了位宽，其单颗粒的位宽是 1024bit，是 GDDR5 的 32 倍。同等容量的情况下，HBM 显存性能比 GDDR5 提升了 65%，功耗降低了 40%。最新的 HBM2 显存的性能可在原来的基础上翻一倍。

3. 散热方式

随着显卡核心工作频率与显存工作频率的不断提升，显卡芯片和显存的发热量也在增加，因而显卡都会进行必要的散热，所以优秀的散热方式也是选购显卡的重要指标之一。

- 主动式散热。这种方式是在散热片上安装散热风扇，也是显卡的主要散热方式，目前大多数显卡都采用了这种散热方式。
- 水冷式散热。这种散热方式的散热效果好，没有噪声，但因为散热部件较多，需要占用较大的机箱空间，所以成本较高。

4. 多 GPU 技术

在显卡技术发展到一定水平的情况下，利用“多 GPU”技术可以在单位时间内提升显卡的性能。“多 GPU”技术就是联合使用多个 GPU 核心的运算力，得到高于单个 GPU 的性能，提升计算机的显示性能。NVIDIA 的多 GPU 技术叫作 SLI，而 AMD 的叫作 CF。

- SLI。可升级连接接口（Scalable Link Interface，SLI）是 NVIDIA 公司的专利技术，它通过一种特殊的接口连接方式（称为 SLI 桥接器或者显卡连接器），在一块支持 SLI 技术的主板上同时连接并使用多块显卡，以提升计算机的图形处理能力。图 2-86 所示为双卡 SLI。
- CF。CF（CrossFire，交叉火力，简称交火）是 AMD 公司的多 GPU 技术，它通过 CF 桥接器使多张显卡同时在一台计算机上连接使用，以增加运算效能。图 2-87 所示为显卡上的 CF 接口，其通常位于显卡的顶部。

提示 

SLI/CF 桥接器是用于组建 SLI/CF 系统时，连接多张显卡的一种硬件设备，通过这个桥接器，连接在一起的多张显卡的数据可以直接进行相互传输。

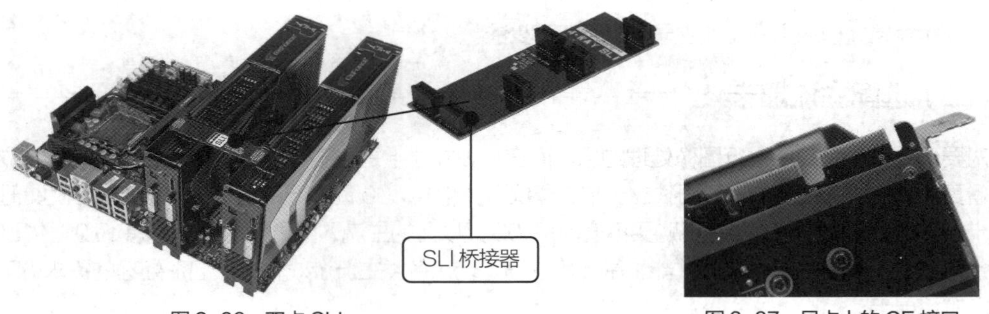

图 2-86　双卡 SLI　　　　图 2-87　显卡上的 CF 接口

- Hybird SLI/CF。它是通常所说的混合交火技术，利用核芯显卡和普通显卡进行交火，从而提升计算机的显示性能，最高可以提高计算机 150%左右的图形处理能力，但还达不到 SLI/CF 的 180%左右。相比于 SLI/CF，中低端显卡用户可以通过混合交火带来性价比的提升和使用成本的降低；高端显卡用户则可以在一些特定的模式下，通过混合交火支持的独立显示芯片休眠功能来控制显卡的功耗，节约能源。

5. 流处理器

流处理器（Stream Processor，SP）对显卡性能有决定性作用，可以说高中低端的显卡除了显示核心不同外，最主要的差别就在于流处理器数量，流处理器个数越多，显卡的图形处理能力就越强，一般成正比关系。流处理器很重要，但 NVIDIA 和 AMD 同样级别的显卡的流处理器数量相差巨大，这是因为这两种显卡使用的流处理器种类不一样。

- AMD。AMD 公司的显卡使用的是超标量流处理器，其特点是浮点运算能力强大，表现在图形处理上则是偏重于图像的画面和画质。
- NVIDIA。NVIDIA 公司的显卡使用的是矢量流处理器，其特点是每个流处理器都具有完整的算术逻辑单元（Arithmetic and Logic Unit，ALU）功能，表现在图形处理上则是偏重于处理速度。
- NVIDIA 和 AMD 的区别。通常认为，NVIDIA 显卡的流处理器图形处理速度快，AMD 显卡的流处理器图形处理画面好。NVIDIA 显卡的 1 个矢量流处理器可以完成约 5 个 AMD 显卡的超标量流处理器的工作任务，也就是 1：5 的换算关系。如果某 AMD 显卡的流处理器数量为 480 个，则其性能大概相当于具有 96 个流处理器的 NVIDIA 显卡。

任务实施

（一）确定显卡类型

现在一些 APU 核芯显卡性能已经可以媲美中低端独立显卡，另外，intel 核芯显卡在性能上也已经可以和以前的诸多入门独立显卡相抗衡了。例如，AMD Ryzen 5700G 内置的 Vega 8 核芯显卡性能与入门级的 GTX 750Ti 独立显卡相当，超越了 GTX 750Ti 以下独立显卡的性能，也就是说，如果要组装 5700G 及以上性能处理器的计算机，那么 GTX 750Ti 以下的显卡显然没有购买意义，因为它无法提升计算机的显示性能。

组装计算机时一定要根据对显卡的需求来选择使用核芯显卡还是独立显卡。对于入门或者办公用户而言，使用核芯显卡就足够了，这样可降低组装计算机的成本，同时核芯显卡具有更好的稳定性。例如，intel Core i3 系列的 9100CPU，其集成的 intel UHD Graphics 630 集成显卡具有 350MHz 的显示频率、64GB 的显存、4096 像素 × 2304 像素的最大分辨率，完全能够满足普通用户的基本显示要求，甚至对于基本的图形图像处理及主流的网络游戏都能轻松应付。而对于主流学生用户或者要进行图形图像处理、视频编辑处理的用户，独立显卡是必不可少的。

（二）选配主流显卡

对要玩儿主流游戏或进行图像处理的用户而言，独立显卡是必不可少的，毕竟目前主流的独立显卡才具备真正的主流游戏性能。对于独立显卡，建议不要购买 500 元以下的入门独立显卡，因为处理器核心显卡的性能都与之相近，多花钱购买不值得；500 元以上的主流入门显卡才值得考虑。700～1500 元这个价位的显卡一般均具有较强性能，基本可以满足玩儿各类主流游戏和图形图形处理的需求。下面推荐两款主流显卡。

（1）七彩虹 iGame GeForce GTX 1650 Ultra 4G。这款显卡的显示芯片为 GeForce GTX 1650，制作工艺为 12nm，核心频率为 1485/1665MHz，显存频率为 8000MHz，显存类型为 GDDR5，显存容量为 4GB，显存位宽为 128bit，最大分辨率为 7680 像素 × 4320 像素，散热方式为双风扇+热管，显示输入接口为 HDMI/DP/DVI，电源接口为 6Pin，流处理器为 896 个，如图 2-88 所示。这款显卡性能强劲，外表美观；无论是做工、性能，还是造型，均是同系列产品中出类拔萃的；待机温度较低，一键超频很方便，性价比非常高。

（2）蓝宝石 RX 590 8G D5 超白金 极光特别版。这款显卡的显示芯片为 Radeon RX 590，制作工艺为 12nm，核心频率为 1545MHz，显存频率为 8000MHz，显存类型为 GDDR5，显存容量为 8GB，显存位宽为 256bit，散热方式为双风扇，显示输入接口为 2HDMI/DVI/2DP，外接电源接口为 6Pin+8Pin，流处理器为 2304 个，支持 CF 和 VR Ready，如图 2-89 所示。这款显卡性能稳定，外观漂亮，具有 LED 风扇灯效，在同价位中属于顶尖产品。

图 2-88　七彩虹 iGame GeForce GTX 1650 Ultra 4G

图 2-89　蓝宝石 RX 590 8G D5 超白金 极光特别版

（三）确认显卡的基本信息

通过软件，用户可以检测和确认显卡的基本信息，了解显卡的品牌、类型、显存、显示芯片和驱动版本等详细的产品规格参数，有助于选购合适的显卡。普通的显卡测试软件（如鲁大师）可以检测计算机硬件，并确认显卡的相关信息，但无法给出显卡的位宽、显存类型、最大分辨率等详细的性能参数，所以检测显卡还是需要使用专业的显卡识别软件。GPU-Z 是目前比较先进的显卡识别软件，可以显示硬件信息、BIOS 版本、驱动信息、显存类型和频率信息等，如图 2-90 所示。普通软件是依靠显卡 ID 来识别显卡的，而实际上，显卡 ID 是能够在刷新 BIOS 的时候编辑并修改的，GPU-Z 软件通过更为底层的信息来识别显卡，更容易判定显卡的真伪。

图 2-90　使用 GPU-Z 检测显卡信息

（四）测试显卡的性能

微课 2-3：测试显卡的性能

利用软件对计算机的硬件进行测试通常称为跑分，用户可以根据测试结果给出的分数来了解硬件的性能高低。尤其是 CPU、显卡这些计算机核心硬件，跑分似乎已经成为了所有购买新产品的用户，甚至于每一款新产品上市之前必须经过的一个环节。下面就利用跑分的方式来测试显卡性能，3DMark 是业内公认的专业图形性能测试工具软件，是所有硬件网站的测试标准，也是衡量市面上所有显卡和计算机平台性能的标准型测试软件，具体操作如下。

（1）启动 3DMark，进入其基础测试界面，选择“Advanced”选项卡，进入 3DMark 的高级选项设置界面，这里保持默认的设置，单击“运行 Performance”按钮，如图 2-91 所示。

（2）3DMark 开始按照前面的选项运行不同的场景 Demo（演示），首先是“DEEP SEA”（深海），如图 2-92 所示。

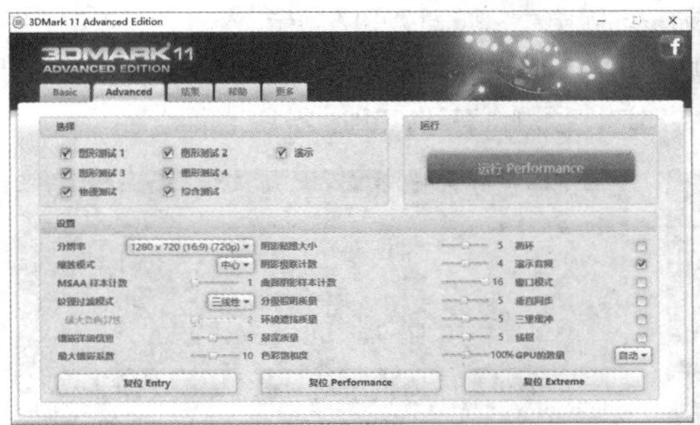

图 2-91　高级选项设置界面

图 2-92　演示 1

（3）其次是“HIGH TEMPLE”（高阶神庙），这一幕 Demo 着重演示光影及特效，如图 2-93 所示。

（4）接着开始正式的显卡测试，先是“GRAPHICS TEST 1”，基于“DEEP SEA”场景运行，主要测试计算机的阴影及体积光照处理能力，未加入曲面细分功能，如图 2-94 所示。

图 2-93　演示 2

图 2-94　图形测试 1

（5）再是“GRAPHICS TEST 2”，基于“DEEP SEA”场景运行，阴影及体积光照的等级有所上升，要求 GPU 有较强的处理能力，还加入了中等等级的曲面细分，如图 2-95 所示。

（6）接着是“GRAPHICS TEST 3”，基于“HIGH TEMPLE”场景运行，加入中等等级的曲面细分，用定向光源形成比较真实的阴影，还应用了较高等级的体积光照技术，可根据不同的媒介材质实现不同的光影效果，如图 2-96 所示。

图 2-95　图形测试 2

图 2-96　图形测试 3

（7）最后是“GRAPHICS TEST 4”，基于“HIGH TEMPLE”场景运行，采用了高级曲面细分、体积光照及后处理特效技术，对 GPU 的性能要求比前一场景更高，如图 2-97 所示。

（8）开始物理测试（PHYSICS TEST），物理测试场景不再支持 PhysX 物理技术，而是对 CPU 的物理计算性能提出要求，更高的主频和更多的线程会对这一项测试有利，如图 2-98 所示。

图 2-97　图形测试 4

图 2-98　物理测试

（9）进行综合测试（COMBINED TEST），同时对 CPU 和 GPU 进行测试。其中，物体的下落和倒塌将完全由 CPU 进行物理计算，而植物、旗帜等物体将由 DirectCompute 技术计算；GPU 则负责进行画面渲染工作以及完成曲面细分等，如图 2-99 所示。

（10）返回 3DMark 软件主界面，显示最终的测试结果，如图 2-100 所示。

图 2-99　综合测试

图 2-100　最终的测试结果

任务 2-7 选配显示器

任务导入

米拉在选配显示器时，发现网上商城的显示器类型很多，包括曲面、5K、4K、2K、广视角、护眼和触摸等，自己并不了解这些类型，只好向老洪请教。老洪的经验是选配显示器的操作同样需要了解显示器的外观结构和性能指标，再根据自己的需求进行综合对比后购买。

任务分析

计算机的图像输出系统是由显卡和显示器组成的，显卡处理的各种图像数据最后都通过显示器呈现在用户眼前，显示器的好坏直接影响用户的使用体验。选配显示器的操作思路如下。

（1）熟悉显示器的外观结构。显示器的外观多种多样，但通常需要注意的是显示器外部的各种按钮和接口，按钮包括调节按钮和电源按钮，接口包括电源接口和显示接口。

（2）掌握显示器的性能指标。显示器的性能指标是选配显示器的主要参考项目，包括尺寸、比例、面板、对比度、亮度、可视角度和刷新率等。

（3）掌握一些选配技巧。通常需要根据组装计算机的不同目的选配不同的显示器，例如，如果是用于家庭和办公，则建议购买 LED 显示器，环保无辐射，性价比高；如果是用于游戏或娱乐，则可以考虑购买曲面显示器，颜色鲜艳，视角清晰；如果是用于图形图像设计，则最好使用大屏幕高清、超高清显示器，图像色彩鲜艳，画面逼真。除了了解具体的产品推荐外，还可以学习测试坏点的方法。

相关知识

（一）显示器的外观结构

现在市面上的显示器都是液晶显示器（Liquid Crystal Display，LCD），它具有无辐射危害、屏幕不会闪烁、工作电压低、功耗小、质量轻和体积小等优点。显示器通常分为正面和背面，还有各种控制按钮和接口，如图 2-101 所示。

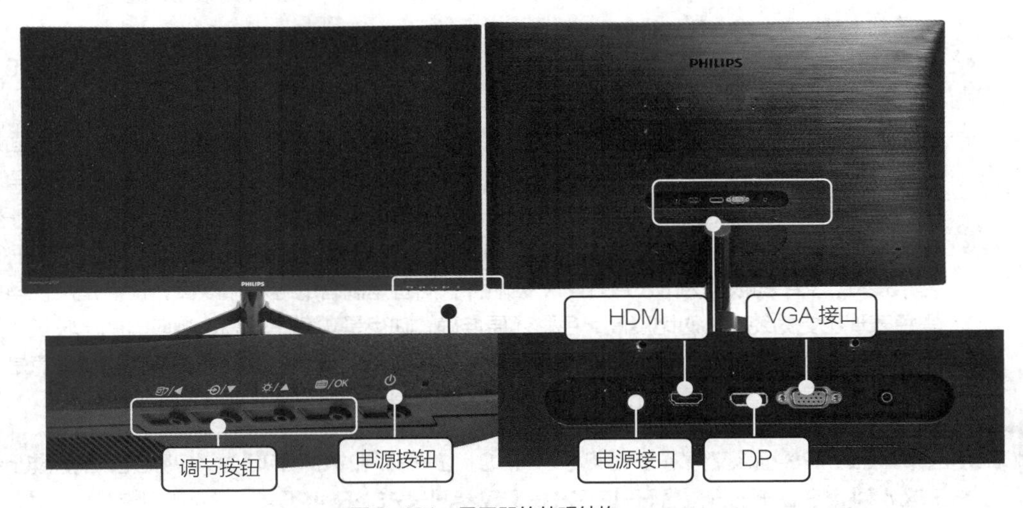

图 2-101 显示器的外观结构

现在市面上的LCD主要分为以下2种类型。

- LED显示器。LED就是发光二极管，LED显示器是由发光二极管组成显示屏的LCD。LED显示器在亮度、功耗、可视角度和刷新率等方面都更具优势，其单个元素反应速度是LCD屏的1000倍，在强光下也非常清楚，并且能适应-40℃的低温。
- 曲面显示器。曲面显示器是指面板带有弧度的LCD，如图2-102所示。曲面屏幕的弧度可以保证眼睛的距离均等，从而带来比普通显示器更好的感官体验。曲面显示器不仅具有与普通LCD完全相同的所有功能，还可以带来更好的影音游戏体验。

图2-102　曲面显示器

提示　**目前市面上对显示器的分类标准并不统一，还有一种常用的分类方式是根据安装最大分辨率进行分类，例如，将分辨率达到5K标准的显示器称为5K显示器。分辨率是指显示器所能显示的像素有多少，通常用显示器在水平和垂直显示方向能够达到的最大像素点来表示。标清720P为1280像素×720像素，高清1080P为1920像素×1080像素，超清1440P为2560像素×1440像素，2K为3440像素×1440像素，4K为4096像素×2160像素，5K为5120像素×2880像素，6K为6016像素×3384像素，而8K为7680像素×4320像素。**

（二）显示器的性能指标

显示器的主要性能指标包括以下几个。

- 显示屏尺寸。显示屏尺寸包括20英寸（显示屏对角线折合约51cm）以下、20～22英寸（51～56cm）、23～26英寸（58～66cm）、27～30英寸（69～76cm）及30英寸（约76cm）以上等。
- 屏幕比例。屏幕比例是指显示器屏幕画面纵向和横向的比例，包括普屏4：3、宽屏16：9和16：10、超宽屏21：9和32：9这5种类型。
- 面板类型。目前市面上主要有TN、ADS、PLS、VA和IPS这5种类型。其中，TN面板应用于入门级产品，优点是响应时间短，辐射水平很低，眼睛不易产生疲劳感，缺点是可视角度受到了一定的限制，无法超过160°；ADS面板并不多见，其他各项性能指标通常略低于IPS，由于其价格比较低廉，也被称为廉价IPS；PLS面板主要用在三星显示器上，其性能与IPS面板非常接近；VA面板分为MVA和PVA两种，后者是前者的继承和改良，优点是可视角度大、黑色表现也更为纯净、对比度高、色彩还原准确，缺点是功耗比较高、响应时间比较长、面板的均匀性一般、可视角度比IPS面板稍差；IPS面板是目前显示器面板的主流类型，优点是可视角度大、色彩真实、动态画质出色、节能环保，缺点是可能出现大面积的边缘漏光。

提示　**市面上的IPS面板又分为S-IPS、H-IPS、E-IPS和AH-IPS这4种类型，从性能上看，这4种IPS面板的排位是H-IPS>S-IPS>AH-IPS>E-IPS。**

- 对比度。对比度越高，显示器的显示质量就越高，特别是玩儿游戏或观看影片时，更高对比度的显示器可得到更好的显示效果。
- 动态对比度。动态对比度指液晶显示器在某些特定情况下测得的对比度数值，其目的是保证明亮场景的亮度和昏暗场景的暗度。所以动态对比度对于那些需要频繁在明亮场景和昏暗场景切换的应用有较为明显的实际意义，如看电影时。
- 亮度。亮度越高，显示画面的层次就越丰富，显示质量也就越高。亮度单位为 cd/m^2，市面上主流的显示器的亮度为 $250cd/m^2$。需要注意的是，亮度高的显示器不一定就是好的产品，因为画面过亮容易引起视觉疲劳，同时会使纯黑与纯白的对比降低，影响色阶和灰阶的表现。
- 可视角度。可视角度指站在位于显示器旁的某个角度时仍可清晰看见影像的最大角度。由于每个人的视力不同，因此以对比度为准，在最大可视角度时所量到的对比度越大越好，主流显示器的可视角度都在 160° 以上。
- 灰阶响应时间。当玩儿游戏或看电影时，显示器屏幕内容不可能只做最黑与最白之间的切换，而是在五颜六色的多彩画面或深浅不同的层次之间变化，这些都是在做灰阶间的转换。灰阶响应时间短的显示器画面质量更好，尤其是在播放运动图像时，目前主流的显示器的灰阶响应时间一般控制在 6ms 以下。
- 刷新率。刷新率是指电子束对屏幕上的图像重复扫描的次数。刷新率越高，所显示的图像（画面）稳定性就越好。只有在高分辨率下达到高刷新率的显示器才是性能优秀的显示器。市面上的显示器刷新率有 75Hz、120Hz、144Hz、165Hz 和 200Hz 及以上等多种类型。

任务实施

（一）选配主流显示器

选配显示器前一定要注意显示器的显示接口与主板或显卡上的显示接口是否匹配，显示器接口的匹配是指显示器上的显示接口至少应该和显卡或主板上的显示接口有一个相同，这样才能通过数据线连接在一起。如果某台显示器有 VGA 和 HDMI 两种显示接口，而连接的计算机显卡上只有 VGA 和 DVI 这两种显示接口，虽然也能够通过 VGA 接口进行连接，但显示效果没有将 DVI 或 HDMI 一起连接的效果好。另外，在选购显示器的过程中，用户应该买大不买小，通常 16：9 的大尺寸产品更具有购买价值，是用户选购时最值得关注的显示器规格。下面分别推荐两款主流的显示器产品。

（1）AOC 27B1H。这款显示器类型为曲面/护眼/广角，屏幕尺寸为 27 英寸，最佳分辨率为 1920 像素 x1080 像素，屏幕比例为 16：9，面板类型为 IPS，动态对比度为 2000 万：1，静态对比度为 1000：1，灰阶响应时间为 7ms，亮度为 $250cd/m^2$，可视角度为 178/178°，视频接口为 VGA/HDMI，如图 2-103 所示。这款显示器色彩鲜艳，清晰度不错，价格便宜，也能用来进行图形图像处理，且具有过滤蓝光、不闪屏的护眼功能，非常适合商务办公使用。

（2）AOC AG273QXP。这款显示器类型为 LED/2K/广角，屏幕尺寸为 27 英寸，最佳分辨率为 2560 像素 x1440 像素，屏幕比例为 16：9，面板类型为 IPS，动态对比度为 2000 万：1，静态对比度为 1000：1，灰阶响应时间为 1ms，亮度为 $350cd/m^2$，可视角度为 178/178°，视频接口为 2DP/2HDMI/4USB，如图 2-104 所示。这款显示器外观酷炫（背光效果），接口齐全，颜色鲜艳，高刷新率情况下能够有很好的显示效果，标配了环境遮光罩，罩内面为黑色吸光植绒材质，可以控制环境光、炫光对屏幕造成的影响，可以作为电竞或图形图像设计的显示器使用。

图 2-103　AOC 27B1H

图 2-104　AOC AG273QXP

（二）测试显示器的坏点

微课 2-4：测试显示器的坏点

显示器屏幕一旦出现坏点，不管显示屏所显示出来的图像如何，显示屏上的某一点永远显示同一种颜色。此外，坏点是无法维修的，只有更换整个显示屏才能解决问题，通常情况下超过 3 个坏点的显示屏最好就不要购买了。所以下面使用 Defpix 来测试显示器的坏点，具体操作如下。

（1）启动 Defpix，在其操作界面中单击“开始测试”按钮，如图 2-105 所示。

（2）整个显示器进入红色的界面，通过肉眼查找其他颜色的色点，如果找到，则找到的色点就是显示器的坏点，如图 2-106 所示。

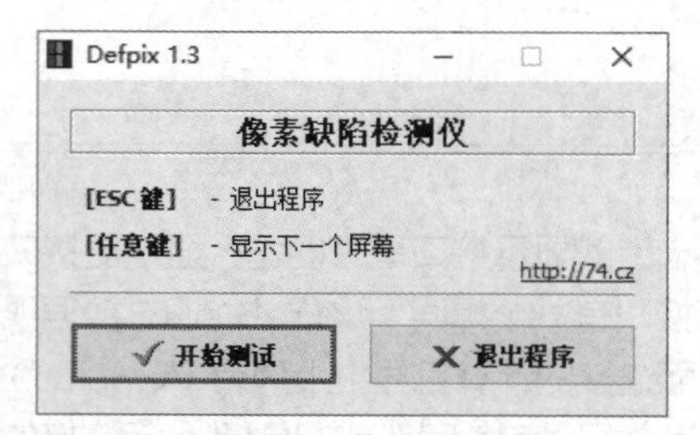

图 2-105　开始测试

图 2-106　查找坏点

（3）检测完红色背景的坏点后，按【Enter】键，进入绿色的界面，继续查找除绿色外的其他坏点；并按【Enter】键，进入蓝色的界面，继续查找除蓝色外的其他坏点。

（4）按【Enter】键，进入白色的界面，查找显示屏是否存在黑色的坏点（也称暗点）；按【Enter】键，进入黑色的界面，查找显示屏是否存在白色的坏点（也称亮点）。

（5）按【Esc】键，关闭坏点检测软件，完成显示器坏点的检测。

任务 2-8　选配机箱和电源

任务导入

计算机的硬件已经选配得差不多了，米拉很高兴，但老洪告诉她，还有两个非常重要的硬件需要选配，那就是机箱和电源。如果说机箱像人体的外表和骨骼一样保护和装配着计算机的各种硬件，那么电源像人的心脏一样为整个计算机系统提供了动力。机箱和电源通常安装在一起出售，但也可根据用户需求单独购买，所以在选购时需要问清楚两者是否捆绑销售。作为组装计算机的一个重要组成部分，选配机箱和电源同样需要学习两种硬件的外观结构和性能指标，并了解如何选配符合组装需求的机箱和电源。

任务分析

机箱的主要作用是放置、固定和保护各计算机硬件，并屏蔽电磁辐射。电源的作用是为计算机提供动力。选配机箱和电源的操作思路主要如下。

（1）熟悉机箱和电源的外观结构。机箱的外观更多元化，且机箱的外观结构更加复杂，各种接口和支架都需要了解，这样才能在组装计算机的过程中将各种硬件正确地安装到机箱内。电源的外观结构同样需要熟悉，主要是熟悉各种电源线的安装和连接方式。

（2）掌握机箱和电源的性能指标。性能指标是选配硬件主要的参考内容，机箱的性能指标主要包括机箱的功能、摆放方式、类型和其他参数，电源的性能指标则包括一些基本参数和安规认证。熟悉这些性能指标后，才能在选购机箱和电源时做到有的放矢，选择适合自己的硬件产品。

（3）掌握一些选配技巧。选配技巧是在选配机箱和电源的实际操作过程中的一些方法，包括如何计算计算机的耗电量，如何判断机箱和电源的做工和用料等。

相关知识

（一）机箱的外观结构

从外观上看，机箱一般为矩形框架结构，主要用于为主板、各种输入卡或输出卡、硬盘驱动器、光盘驱动器、电源等部件提供安装支架。图 2-107 所示为机箱的外观结构和内部结构。

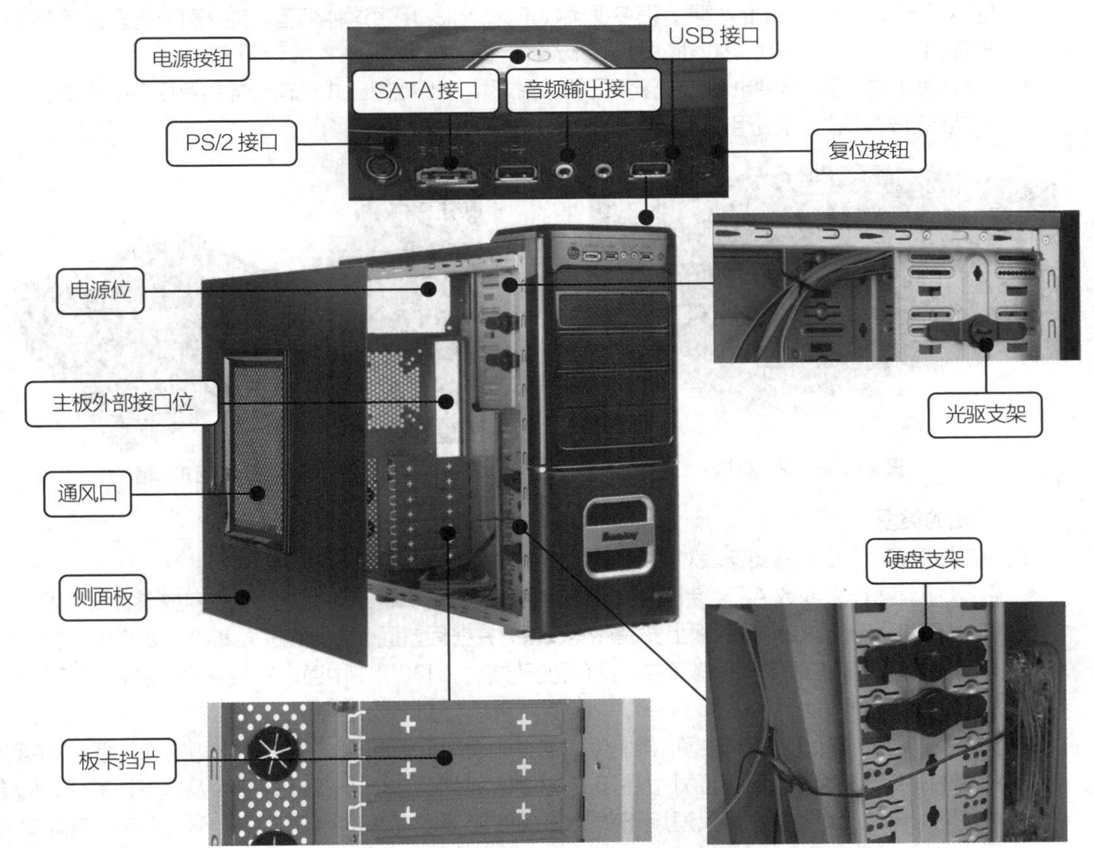

图 2-107　机箱的外观结构和内部结构

（二）机箱的性能指标

1. 机箱的功能

机箱的主要功能是为计算机的核心部件提供保护。如果没有机箱，CPU、主板、内存和显卡等部件就会裸露在空气中，不仅不安全，空气中的灰尘还会影响其正常工作，这些部件甚至会氧化和损坏。机箱的具体功能主要有以下 4 个方面。

- 机箱面板上有许多指示灯，用户可更方便地观察系统的运行情况。
- 机箱面板上的电源按钮可使用户方便地控制计算机的启动和关闭。
- 机箱为 CPU、主板、各种板卡和存储设备，以及电源提供了放置空间，并通过其内部的支架和螺钉将这些部件固定，形成一个集装型的整体，起到了保护罩的作用。
- 机箱坚实的外壳不但能保护其中的设备，包括防压、防冲击和防尘等，还能起到防电磁干扰和防辐射的作用。

2. 机箱的摆放方式

机箱的摆放方式主要有立式、卧式和立卧两用式，具体介绍如下。

- 立式机箱。主流计算机的机箱外形大部分为立式，立式机箱的电源在上方或下方，其散热性比卧式机箱好。立式机箱没有高度限制，理论上可以安装比卧式机箱更多的驱动器或硬盘，并使计算机内部设备安装的位置分布得更科学，散热性更好。
- 卧式机箱。这种机箱外形小巧，整台计算机外观的一体感也比立式机箱强，占用空间相对较少。随着高清视频播放技术的发展，很多视频娱乐计算机采用了这种机箱，其外面板还设计了视频播放插口，非常时尚美观，如图 2-108 所示。
- 立卧两用式机箱。这种机箱适用于不同的放置环境，既能像立式机箱一样具有更多的内部空间，又能像卧式机箱一样占用较少的外部空间，如图 2-109 所示。

图 2-108　卧式机箱

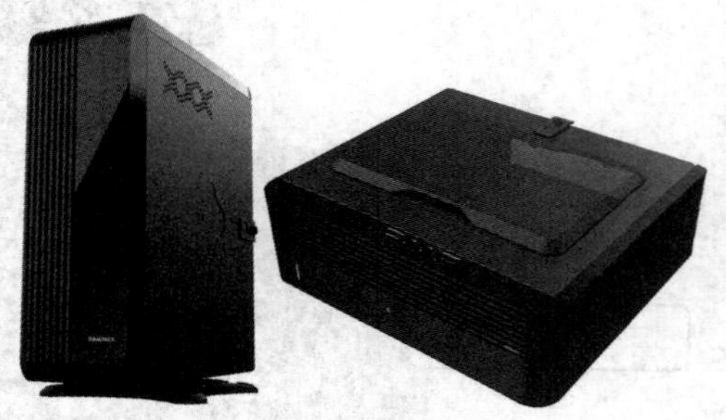

图 2-109　立卧两用式机箱

3. 机箱的类型

不同结构类型的机箱中需要安装对应结构类型的主板，机箱的结构类型如下。

- ATX 机箱。在大多数 ATX 结构的机箱中，主板安装在机箱的左上方，且纵向放置，而电源安装在机箱的后下部，在前置面板上安装存储设备，并在后置面板上预留了各种外部端口的位置，这样可使机箱内的空间更加宽敞简洁，且有利于散热。ATX 机箱中通常安装 ATX 主板。图 2-110 所示为 AXT 机箱。
- MATX 机箱。MATX 结构也称 Mini ATX 或 Micro ATX 结构，是 ATX 结构的简化版。MATX 机箱的主板尺寸和电源空间更小，生产成本也相对较低。其一般仅支持 4 个及以下扩充槽，机箱体积较小，扩展性有限，只适用于对计算机性能要求不高的用户。MATX 机箱中通常安装 M-ATX 主板。图 2-111 所示为 MATX 机箱。

图 2-110　ATX 机箱

图 2-111　MATX 机箱

- ITX 机箱。ITX 机箱代表计算机微型化的发展方向，这种结构的机箱大小大概相当于两块显卡的大小。但为了外观的精美，ITX 机箱的外观样式也并不完全相同，除了安装对应主板的空间一样外，ITX 机箱可以有很多形状。HTPC 通常使用的就是 ITX 机箱，ITX 机箱中通常安装 Mini-ITX 主板。图 2-112 所示为 ITX 机箱。
- RTX 机箱。RTX 机箱主要是通过巧妙的主板倒置，以配合电源下置和背部走线系统。这种机箱结构可以提高 CPU 和显卡的热效能，解决以往背线机箱需要超长线材电源的问题，使空间利用率更高，但由于空间利用率太高，容易出现硬件之间相互影响散热的问题。图 2-113 所示为 RTX 机箱。

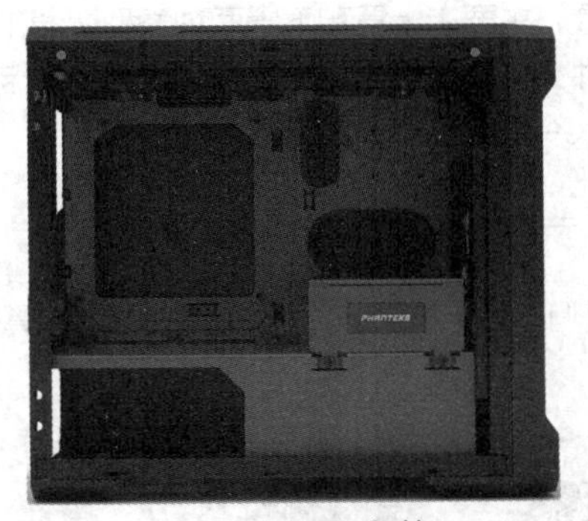

图 2-112　ITX 机箱

图 2-113　RTX 机箱

提示　**家用台式机箱主要以立式机箱为主，也称为塔式机箱，可分为全塔、中塔、Mini 和开放式 4 种类型。通常，全塔机箱拥有 4 个以上的光驱位，中塔机箱拥有 3 个或 4 个光驱位，而 Mini 机箱仅有 1 个或 2 个光驱位。全塔机箱很大，有最好的散热空间，可以安装服务器用主板和 E-ATX 主板。日常生活中常见的机箱都属于中塔，可以支持普通 ATX 主板和 E-ATX 主板。**

4. 机箱的其他参数

在选配机箱时，还可以参考以下性能指标。

- 侧透。侧透机箱是指可以充分展现机箱内硬件灯效的时尚机箱类型，选购侧透机箱最重要的标准是侧透板的好坏，其直接影响机箱的质感以及灯光展示效果。目前主流的侧透机箱通常采用钢化玻璃和亚克力材质制作侧透面板。从质感和透光性上看，钢化玻璃侧透机箱明显优于亚克力侧透机箱，且钢化玻璃较大的自重也可以提升整机的稳固性，让机箱不会被轻易碰倒。但是钢化玻璃有一个致命的缺点——易碎，因为玻璃是脆性材料，所以如果不小心用尖锐的物品刺碰了机箱侧板，则很容易造成玻璃的破碎。图 2-114 所示为玻璃侧透机箱的时尚效果。另外一种侧透机箱采用深黑色或者茶色的亚克力材质作为侧透板，这一类的侧透板会过滤一部分灯光，让灯光看起来没有那么刺眼。但是亚克力材质的侧透板拥有一个缺点，即耐磨性差，使用一段时间以后就会产生大量划痕，影响机箱外部观感。

图 2-114 玻璃侧透机箱的时尚效果

- 电源类型。机箱的电源类型主要有两种，一种是标配电源，另一种是选配电源，选配电源需要用户自己选择并购买电源。通常标配电源与机箱的结合更紧密，并能更加有效地利用空间。
- 显卡限长。机箱显卡限长也被称为显卡最长支持，指的是计算机机箱显卡位的空间长度，大致就是机箱硬盘支架到机箱后面挡板的距离。这项指标主要是考虑显卡长度不能超过硬盘支架，否则会影响硬盘的各类接线。一般机箱的显卡限长在机箱参数中会有标明。目前主流机箱的显卡限长有 200mm 以下、200～300mm、300～400mm 和 400mm 以上等标准。
- CPU 散热器限高。CPU 散热器限高主要是指对 CPU 散热器的高度限制，目前主流机箱的 CPU 散热器限高有 140mm 以下、141～150mm、151～160mm、161～170mm 和 170mm 以上等标准。
- 电源设计。电源设计主要是指机箱中电源位的位置，主要有上置和下置两种类型。通常情况下，下置电源机箱内的风道更加通畅，机箱内散热条件会有所改善，特别是安装了独立显卡的机箱，下置电源会使得显卡下方的空间变大，更容易吸入冷风，显卡的工作会更加稳定。

（三）电源的外观结构

电源为计算机工作提供动力，电源的优劣不仅直接影响计算机的工作稳定程度，还与计算机使用寿命息息相关。图 2-115 所示为电源的外观结构。

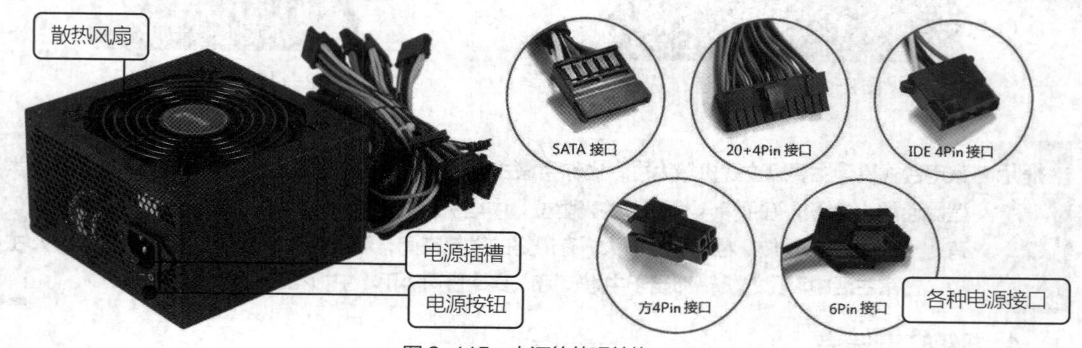

图 2-115 电源的外观结构

- 电源插槽。电源插槽是专用的电源线连接口，通常是一个三针的接口。需要注意的是，电源线所插入的交流插线板的接地插孔必须已经接地，否则计算机中的静电将不能有效释放，这可能导致计算机硬件被静电烧坏。
- SATA 电源插头（SATA 接口）。SATA 接口一般是为硬盘提供电能供应的通道。它比 D 形电源插头要窄一些，但安装起来更加方便。

- 24 针主板电源插头（20+4Pin 接口）。该插头是提供主板所需电能的通道。在早期，主电源接口是一个 20 针的插头，为了满足 PCI-E×16 和 DDR2 内存等设备的电能消耗，目前主流的电源主板接口都在原来 20 针插头的基础上增加了一个 4 针的插头以加强供电。
- 辅助电源插头。辅助电源插头是为其他硬件提供电能供应的通道，它有 4Pin 接口、6Pin 接口和 8Pin 接口等类型，可以为 CPU 和显卡等硬件提供辅助电源。

（四）电源的性能指标

1. 基本参数

影响电源性能指标的基本参数包括风扇性能、额定功率和出线类型。

- 风扇性能。电源的散热方式主要是风扇散热，风扇的大小有 8cm、12cm、13.5cm 和 14cm 这 4 种，风扇越大、转速越高，相对的散热效果越好。
- 额定功率。额定功率指支持计算机正常工作的功率，是电源的输出功率，单位为 W（瓦特）。市面上电源的功率从 250W 到 2000W 不等，由于计算机的配件较多，一般需要 300W 以上的电源才能满足需要。根据实际测试，计算机进行不同操作时，其实际功率不同，且电源一般在 50% 负载下转换效率最高。
- 出线类型。目前，市场上的电源有模组、半模组和非模组 3 种出线类型，其主要区别如下：模组所有的线缆都是以接口的形式存在，可以拆掉；半模组除主板供电和 CPU 供电集成外，其他供电都是模组形式；非模组则是所有线缆都集成在电源上。同等规格下，模组电源的用料都比较豪华，稳定性、散热性都会更好，所以模组电源也更受高要求的用户欢迎。

2. 安规认证

安规认证包含了产品安全认证、电磁兼容认证、环保认证、能源认证等各方面，是基于保护使用者与环境安全和保证质量的一种产品认证。能够反映电源产品质量的安规认证包括 80PLUS、3C、CE 和 RoHS 等，对应的标志通常在电源铭牌（见图 2-116）上标注。

- 80PLUS 认证。80PLUS 是为改善未来环境与节省能源而建立的一项严格的节能标准，通过 80PLUS 认证的产品，出厂后会带有 80PLUS 的认证标志。其认证按照 20%、50%和 80%这 3 种负载下的产品效率划分等级，要求在这些负载下转换效率均超过一定标准才能颁发认证，从低到高分为白牌、铜牌、银牌、金牌、白金和钛金 6 个认证标准，钛金牌等级最高，效率也最高，如图 2-117 所示。

图 2-116　电源的铭牌

认证标志	80 PLUS	80 PLUS BRONZE	80 PLUS SILVER	80 PLUS GOLD	80 PLUS PLATINUM	80 PLUS TITANIUM
标志名称	白牌	铜牌	银牌	金牌	白金	钛金
负载	转换效率					
20%	80%	82%	85%	87%	90%	92%
50%	80%	85%	88%	90%	92%	94%
100%	80%	82%	85%	87%	89%	90%

图 2-117　80PLUS 认证

- 3C 认证。中国国家强制性产品认证（China Compulsory Certification，3C 认证）包括原来的电工认证、电磁兼容认证和新增加的进出口检疫认证，正品电源都应该通过 3C 认证。

任务实施

（一）选配主流机箱

对企业来说，选配机箱主要考虑的是外观和价格，外观要美观大方，具有一定的商务特征，最好与办公环境适配。下面分别推荐两款主流的机箱产品。

（1）Tt 启航者 F1。这款机箱类型为台式机箱（中塔），摆放方式为立式，机箱样式为亚克力侧透，机箱结构为 MATX，适合使用 MATX 和 MINI-ITX 主板，驱动器仓位有 4 个，扩展插槽有 4 个，采用下置电源设计，显卡限长 390mm，CPU 散热器限高 165mm，如图 2-118 所示。这款机箱支持前、后、顶 3 个方向的散热风扇，且可以选配水冷散热，散热性能极佳，用料也扎实，板材厚度达到了 0.6mm，顶部为磁吸式防尘设计，底部为方便拆卸式防尘网，1.6cm 金属质感底脚，提升了机箱的质感，有黑色和白色两种颜色，价格也便宜，非常适合商务办公使用。

（2）航嘉暗影猎手 5。这款机箱类型为台式机箱（中塔），摆放方式为立式，机箱样式为玻璃侧透，机箱结构为 ATX，适合使用 ATX、MATX 和 MINI-ITX 主板，驱动器仓位有 4 个，扩展插槽有 7 个，采用下置电源设计，显卡限长 320mm，CPU 散热器限高 165mm，如图 2-119 所示。这款机箱支持前、后、顶加电源位 4 个方向的散热风扇，且可以选配水冷散热，散热性能极佳；采用 SPCC（轧碳钢薄板及钢带）材质，板材厚度为 0.5mm，空间很大，可以安装多种硬件；简约时尚，低调不张扬，棱角分明，价格便宜，适合中小公司选配。

图 2-118　Tt 启航者 F1

图 2-119　航嘉暗影猎手 5

（二）选配主流电源

办公用的计算机其实对电源的要求并不是很高，只要能保证电流稳定，价格合适即可。下面推荐两款主流的电源产品。

（1）长城 HOPE-6000DS。这款电源为台式机电源，出线类型为非模组，额定功率为 500W，使用 12cm 风扇，电源接口包括 20+4Pin 主板接口、4+4Pin CPU 接口、2 个 6+2Pin 显卡接口、5 个硬盘接口和 3 个大 4Pin 接口，安规认证为 3C，转换效率为 85%，支持 intel 和 AMD 全系列 CPU，如图 2-120 所示。这款电源的电源线很长，接口多，线的材质很好，实际供电稳定，风扇声音不算大，且价格适中，非常适合商务办公使用。

（2）鑫谷 GP600G 黑金版。这款电源为台式机电源，出线类型为非模组，额定功率为 500W，使用了 12cm 风扇，电源接口包括 20+4Pin 主板接口、4+4Pin CPU 接口、2 个 6+2Pin 显卡接口、4 个硬盘接口和 3 个大 4Pin 接口，安规认证为 3C 和 80PLUS 金牌认证，转换效率为 91%，支持 intel 和 AMD 全系列 CPU，如图 2-121 所示。这款电源的选材用料扎实，内部做工优秀，价格较低，性价比高，是一款接口充足、节能省电、静音环保的好电源。

图 2-120　长城 HOPE-6000DS

图 2-121　鑫谷 GP600G 黑金版

（三）计算计算机的耗电量

微课 2-5：计算计算机的耗电量

电源的额定功率是一定的，如果计算机中各种硬件的总耗电量超过了选购电源的额定功率，就会导致计算机运行不稳定和出现各种故障，所以在选购电源前，用户应该计算计算机的耗电量。计算机的耗电量是计算机中主要硬件的耗电量总和，包括CPU、内存、显卡及散热器、主板、硬盘、独立声卡、独立网卡、鼠标、键盘、CPU散热器和机箱风扇等的耗电量。通常情况下，计算机满负荷运行时，其耗电量大约是正常状态的 3 倍，也就是说，选购的电源额定功率至少应该是计算出的计算机耗电量的两倍。下面通过网上的航嘉功率计算器来计算计算机的耗电量，具体操作如下。

（1）打开航嘉的官方主页，选择“功率计算器”选项卡，如图 2-122 所示。

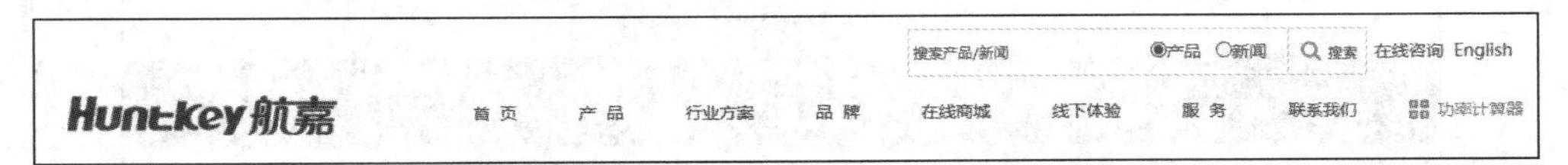

图 2-122　选择“功率计算器”选项卡

（2）在“功率计算器”列表框中选择需要计算的计算机硬件，这里选配的 CPU、主板、内存和硬盘为 intel Core i3 8100、技嘉 H110M-S2、金士顿骇客神条 FURY 8GB DDR4 2666 和西部数据蓝盘 1TB 7200 转 64MB SATA3，在中间的列表框中选择对应的选项，右侧的列表框中将显示其对应的功率，如图 2-123 所示。

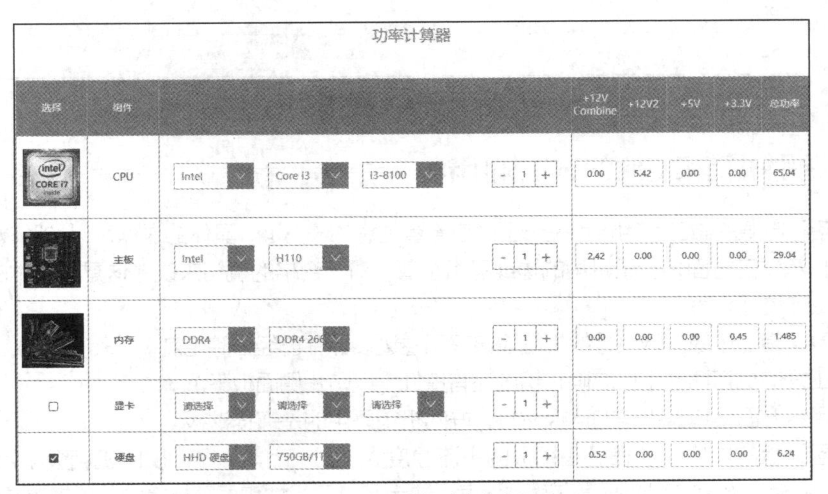

功率计算器

选择	组件				数量	+12V Combine	+12V2	+5V	+3.3V	总功率
	CPU	Intel	Core i3	i3-8100	1	0.00	5.42	0.00	0.00	65.04
	主板	Intel	H110		1	2.42	0.00	0.00	0.00	29.04
	内存	DDR4	DDR4 266		1	0.00	0.00	0.00	0.45	1.485
☐	显卡	请选择	请选择	请选择	1					
☑	硬盘	HHD 硬盘	750GB/1T		1	0.52	0.00	0.00	0.00	6.24

图 2-123　选择对应的产品

（3）选中 CPU 风扇、机箱风扇和键盘对应的复选框，单击“确定”按钮，完成产品设置，如图 2-124 所示。

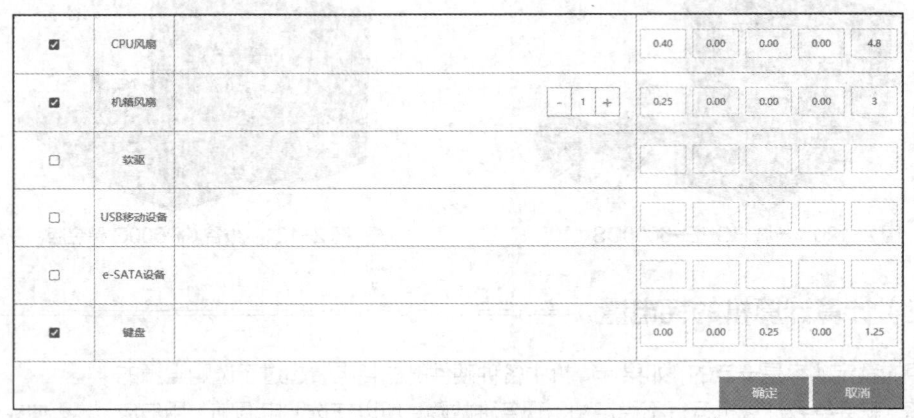

图 2-124　完成产品设置

（4）功率计算器将计算出计算机中的硬件总功率，这里约为 110.86W，如图 2-125 所示；加上一个 M.2 接口的固态硬盘，功率大约为 6W；再加上其他硬件设备，预估计算机的总功率不会超过 200W。选购一个 250W 额定功率的电源基本上能满足日常使用，在条件允许的情况下，可以选配 300W 或者更大功率的电源。

功率计算器

您选择的电脑配件的总功率为：**110.86W**

配件名	+12V Combine	+12V2	+5V	+3.3V	总功率
CPU	0.00	5.42	0.00	0.00	65.04
主板	2.42	0.00	0.00	0.00	29.04
内存	0.00	0.00	0.00	0.45	1.485
硬盘	0.52	0.00	0.00	0.00	6.24
CPU风扇	0.40	0.00	0.00	0.00	4.8
机箱风扇	0.25	0.00	0.00	0.00	3
键盘	0.00	0.00	0.25	0.00	1.25

图 2-125　电源功率计算结果

（四）鉴别机箱和电源的做工和用料

鉴别机箱和电源的做工和用料也是选配时应着重注意的一方面，具体的操作可以按照以下步骤进行。

（1）在机箱做工方面，查看机箱的边缘是否垂直，对于合格的机箱来说，这是最基本的标准，边缘垂直的机箱做工较好。

（2）查看机箱的边缘，做工好的机箱应该采用卷边设计并已经去除毛刺。

（3）做工好的机箱插槽定位准确，箱内还有撑杠，以防止侧面板下沉。

（4）在用料方面，查看机箱的钢板材料，好的机箱采用的是镀锌钢板。

（5）查看钢板的厚度，现在机箱钢板的主流厚度为 0.6mm，一些优质的机箱会采用 0.8mm 或 1mm 厚度的钢板。机箱的钢板厚度在某种程度上决定了其可靠性和屏蔽机箱内外部电磁辐射的能力。

（6）判断一款电源做工的好坏可先从质量开始，一般高档电源质量比次等电源重，因为其用料扎实，所以质量较重。

（7）优质电源使用的电源输出线一般较粗；且从电源上的散热孔观察其内部，可看到体积和厚度都较大的金属散热片和各种电子元件，优质的电源用料较多，这些部件排列得也较为紧密。

任务 2-9　选配键盘和鼠标

任务导入

老洪对米拉选配的计算机硬件进行了统计，发现还有两个计算机必备硬件没有选配，那就是键盘和鼠标，这两个硬件是目前计算机的主要输入设备，计算机的各种操作和信息输入主要是依靠这两个硬件进行的。所以在组装计算机之前，米拉还要了解键盘和鼠标的外观结构和性能指标，并学会如何选配与测试键盘和鼠标。

任务分析

键盘和鼠标是计算机的主要输入设备，虽然现在有触摸式计算机，但是对于各种操作和文字输入，使用键盘和鼠标会更方便快捷。选配键盘和鼠标的操作思路如下。

（1）熟悉键盘和鼠标的外观结构。键盘和鼠标的外观结构比较简单，了解按键的基本功能即可。

（2）掌握键盘和鼠标的性能指标。性能指标是选配硬件主要的参考内容，键盘的性能指标主要包括产品定位、连接方式、接口类型、按键数和其他参数，鼠标的性能指标则包括大小、适用类型、工作方式、连接方式、接口类型、按键数和其他参数。只有熟悉这些性能指标，才能在选配键盘和鼠标时做到有的放矢，选择适合自己的硬件产品。

（3）掌握一些选配技巧。选配技巧需要了解一些选配过程中的实用知识，并掌握一些测试键盘和鼠标的方法。

相关知识

（一）键盘和鼠标的外观结构

1. 键盘的外观结构

键盘主要用于文本输入和程序编辑，此外，通过组合键还能加快操作。虽然现在键盘的很多操作可由鼠标或手写板等设备完成，但在文字输入方面的方便快捷性决定了键盘仍然占有重要位置。键盘的外观结构如图 2-126 所示。

图 2-126　键盘的外观结构

2. 鼠标的外观结构

鼠标对于计算机的重要性甚至超过了键盘，因为所有的操作都可以通过鼠标进行，即使是文本输入也可以通过鼠标进行。鼠标是计算机的两大输入设备之一，因其形似老鼠，所以得名为鼠标。鼠标可完成单击、双击、选择等一系列操作。图 2-127 所示为鼠标的外观结构。

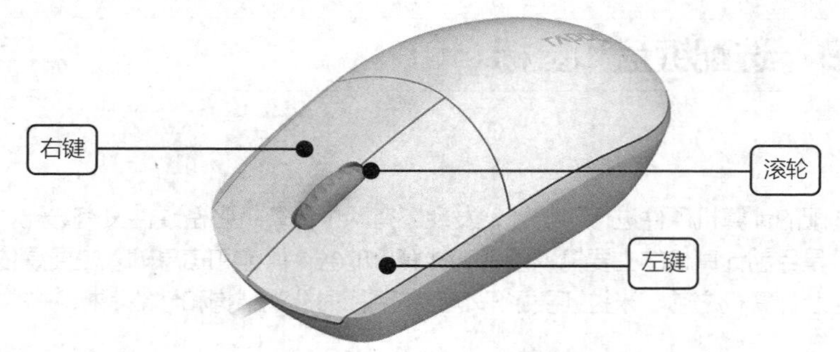

图 2-127　鼠标的外观结构

（二）键盘和鼠标的性能指标

1. 键盘的基本指标

键盘的基本指标包括以下 4 个方面。

- 产品定位。根据功能、技术类型和用户需求的不同，键盘分为机械、超薄、平板、多功能、经济实用和数字等类型。
- 连接方式。现在键盘的连接方式主要有有线、无线两种，无线又可分为红外和蓝牙等。
- 接口类型。键盘的接口类型主要有 PS/2、USB 和 USB+PS/2 双接口 3 种，其连接方式都是有线。
- 按键数。按键数是指键盘中按键的数量，标准键盘为 104 键，现在市场上还有 87 键、64 键和 107 键等类型。

2. 键盘的技术参数

键盘的主要技术参数包括以下几个方面。

- 按键使用寿命。按键使用寿命是指键盘中的按键可以敲击的次数，普通键盘的按键使用寿命都在 1000 万次以上。如果按键的力度大、频率快，则按键使用寿命会缩短。
- 按键行程。按键行程是指按下一个键到恢复正常状态的时间。如果敲击键盘时感到按键上下起伏比较明显，则说明它的按键行程较长。按键行程的长短关系到键盘的使用手感，按键行程较长的键盘会让人感到弹性十足，但比较费劲；按键行程适中的键盘则让人感到柔软舒服；按键行程较短的键盘，长时间使用会让人感到疲惫。
- 按键技术。按键技术是指键盘按键所采用的工作方式，目前主要有机械轴、光轴、X 架构和火山口架构 4 种。机械轴是指键盘的每一个按键都由一个单独的开关来控制闭合，这个开关就是"轴"，使用机械轴的键盘也被称为机械键盘，机械轴又包含黑轴、红轴、茶轴、青轴、白轴等类型。光轴键盘是近年来的新型键盘，它是在传统机械键轴技术基础之上，加入全新光学感应识别技术，通过替换传统机械轴开关结构内的触发金属拨片为红外线光学感应组件，触发按键信号指令的新型按键方式键盘。X 架构又称剪刀脚架构，它使用平行四连杆机构代替开关，在很大程度上保证了键盘敲击力道的一致性，使作用力平均分布在键帽的各个部分，敲击力道小而均衡，噪声小、手感好、价格稍高。火山口架构主要由卡位来实现开关的功能，2 个卡位的键盘相对便宜，且设计简单，但容易造成掉键和卡键问题；4 个卡位的键盘比 2 个卡位的键盘有着更好的稳定性，不容易出现掉键问题，但成本略高。

- 防水功能。水一旦进入键盘内部，就可能造成键盘损坏。具有防水功能的键盘的使用寿命比不防水的键盘更长。图 2-128 所示为硅胶防水键盘。
- 手托。键盘手托是为了适应人体工学的需求，提升键盘的使用舒适度而制作出来的，目前主要有一体式手托和可拆卸式手托两种类型。图 2-129 所示为手托键盘。手托材质包括实木、记忆海绵、硅胶和塑料等。通常 104 键、107 键的键盘适用的手托尺寸长度是 44～45cm，宽度是 8cm，厚度大多在 2cm 左右；87 键的键盘适用的手托除了长度变为 36cm 左右之外，宽度和厚度基本保持不变。

图2-128　硅胶防水键盘

图2-129　手托键盘

- 背光功能。背光功能主要体现在键盘按键或者面板发光上，在夜晚不开灯的情况下也能清楚地看到按键字母。其原理是将高亮度白色发光二极管嵌入设计好的键盘卡槽，当计算机接收到键盘敲击指令时，计算机通过指令控制发光二极管发光。目前，键盘主要有单色背光和多色背光两种类型。图 2-130 所示为多色背光键盘。
- 多媒体快捷键。多媒体快捷键是在传统的键盘基础上增加的快捷键或音量调节装置，收发电子邮件、打开浏览器或启动多媒体播放器等操作都只需按一个特定按键。多媒体快捷键一般需要在安装了键盘驱动程序后才能使用。图 2-131 所示为多媒体快捷键键盘。

图 2-130　多色背光键盘

图 2-131　多媒体快捷键键盘

3. 鼠标的基本指标

鼠标的基本指标包括以下 6 个方面。

- 鼠标大小。根据鼠标长度来划分鼠标大小——大鼠（>120mm）、普通鼠（100～120mm）、小鼠（<100mm）。
- 适用类型。针对不同类型的用户划分鼠标的适用类型，如经济实用、移动便携、商务舒适、游戏竞技和个性时尚等。

- 工作方式。工作方式指鼠标的工作原理，有光电、激光和蓝影 3 种，激光鼠标和蓝影鼠标从本质上说也属于光电鼠标。光电鼠标是通过红外线来检测鼠标的位移，将位移信号转换为电脉冲信号，再通过程序的处理和转换来控制屏幕上的鼠标指针移动的鼠标类型，光电鼠标又可以分为蓝光、针光和无孔等类型；激光鼠标则是使用激光作为定位的照明光源的鼠标类型，特点是定位更精确，但成本较高；蓝影鼠标则是普通光电鼠标配有蓝光二极管照到透明的滚轮上的鼠标类型，蓝影鼠标性能优于普通光电鼠标，但低于激光鼠标。
- 连接方式。鼠标的连接方式主要有有线、无线和双模式（具有有线和无线两种使用模式）3 种。其中，无线方式又分为蓝牙和多连（几个具有多连接功能的同品牌产品通过一个接收器进行操作的能力）两种。图 2-132 所示为常见的无线鼠标及其无线信号接收器。

提示　无线鼠标通常通过安装 5 号或 7 号电池为其提供动力，如图 2-133 所示。同样，无线键盘的动力来源也是 5 号或 7 号电池。

图 2-132　常见的无线鼠标及其无线信号接收器

图 2-133　无线鼠标安装电池

- 接口类型。鼠标的接口类型主要有 PS/2、USB 和 USB+PS/2 双接口 3 种。
- 按键数。按键数是指鼠标按键的数量，现在的按键数已经从两键、三键，发展到了四键、八键乃至更多键，一般来说，按键数越多的鼠标价格就越高。

4. 鼠标的技术参数

鼠标的技术参数包括最高分辨率、分辨率可调、微动开关的使用寿命和人体工学 4 个参数。

- 最高分辨率。鼠标的分辨率越高，在一定距离内定位的定位点就越多，能更精确地捕捉到用户的微小移动，有利于精准定位；另外，dpi（每英寸像素数）越高，鼠标在移动相同物理距离的情况下，计算机中鼠标指针移动的逻辑距离会越远。目前主流鼠标的分辨率都在 2000dpi 以上，最高可达 16000dpi 以上。
- 分辨率可调。分辨率可调是指可以通过选择档位来切换鼠标的分辨率，也就是切换鼠标指针的移动速度。现在市面上的鼠标分辨率可调最高可以到 6 档及以上。
- 微动开关的使用寿命（按键使用寿命）。微动开关的作用是将用户按键的操作传输到计算机中。优质鼠标要求每个微动开关的正常使用寿命都不低于 10 万次的单击且手感适中，不能太软或太硬。劣质鼠标按键不灵敏，会给操作带来诸多不便。
- 人体工学。人体工学是指使用工具的使用方式尽量适合人体的自然形态，在工作时身体和精神不需要任何的主动适应，从而减少因适应使用工具造成的疲劳感。鼠标的人体工学设计主要是造型设计，分为对称设计、右手设计和左手设计 3 种类型。

任务实施

（一）选配主流键盘

因每个人的手形、手掌大小均不同，所以在选购键盘时，不仅需要考虑功能、外观和做工等多方面的因素，还应对产品进行试用，从而找到适合自己的产品。优质键盘的面板颜色清爽、字迹显眼，键盘背面有产品信息和合格标签；用手敲击各按键时，弹性适中，回键速度快且无阻碍，声音小，键位晃动幅度小；抚摸键盘表面会有类似于磨砂玻璃的质感，且表面和边缘平整，无毛刺。下面分别推荐两款主流的键盘产品。

（1）飞利浦 SPK6212B 有线办公键盘。这款键盘的连接方式为 USB 有线，按键为 104 个，支持人体工学和防水功能，如图 2-134 所示。这款键盘造型时尚；为了提升用户体验度，每个按键都严格遵循人体工学；键帽采用 U 形面设计；字体采用激光镭雕，不容易褪色；配有稳固键帽设计，经久耐用；表面使用钢琴烤漆，稳重大气，非常适合商务办公选配。

（2）雷柏 E1050 无线键盘。这款键盘的连接方式为无线（蓝牙），按键为 104 个，按键技术为火山口架构，按键行程长，支持多媒体快捷键、防水和人体工学功能，如图 2-135 所示。这款键盘具有 12 个多功能快捷键，能快速进行多种日常操作，为日常办公节省时间；低功耗设计，可以节约用电，免去经常更换电池的麻烦；按键回弹轻盈，基本无声音，为用户提供安静的办公环境。

图 2-134　飞利浦 SPK6212B 有线办公键盘

图 2-135　雷柏 E1050 无线键盘

（二）选配主流鼠标

在选购鼠标时，首先可以从选择适合自己手形的鼠标入手，然后考虑鼠标的功能、性能指标和品牌等。鼠标的外形决定了其手感，用户在购买时应试用后再做选择。手感的标准包括鼠标表面的舒适度、按键的位置分布，以及按键与滚轮的弹性、灵敏度和力度等。对于采用人体工学设计的鼠标，还需要测试鼠标的外形是否利于抓握。下面分别推荐两款主流的鼠标产品。

（1）双飞燕 OP-550NU 针光鼠标。这款鼠标的大小为普通鼠，工作方式为光电（针光），连接方式为 USB 有线，按键为 3 个，最高分辨率为 1000dpi，人体工学为对称设计，如图 2-136 所示。这款鼠标外形简约，材料磨砂亲肤；滚轮采用防尘设计，使用寿命较长；双键 500 万次使用寿命，持久耐用；价格便宜，非常适合商务办公选配。

（2）华硕 WT420 节能无线鼠标。这款鼠标的大小为小鼠，工作方式为光电，连接方式为无线，按键为 3 个，最高分辨率为 1000dpi，人体工学为对称设计，如图 2-137 所示。这款鼠标小巧玲珑，反应灵敏，定位准确，大小合适，握持舒适，做工也不错，按键声音清脆；为了降低功耗，其会在不用时自动进入节电模式，适合长期使用。

图 2-136　双飞燕 OP-550NU 针光鼠标

图 2-137　华硕 WT420 节能无线鼠标

（三）测试键盘按键

微课 2-6：测试键盘按键

选配键盘时，可以利用键盘按键检测软件，以最短的时间来检验键盘上的键位是否有效。下面利用键盘按键检测软件 Keyboard Test Utility 来测试键盘按键，具体操作如下。

（1）启动 Keyboard Test Utility，进入图 2-138 所示的操作界面，按键盘上的按键，界面中对应的按键将显示为黄色。

（2）如果存在不正常的按键，则界面中对应的按键将标识为其他颜色。多测试几次该按键，如果其仍然标识为其他颜色，则确定该键位存在问题，需要选配其他键盘产品。

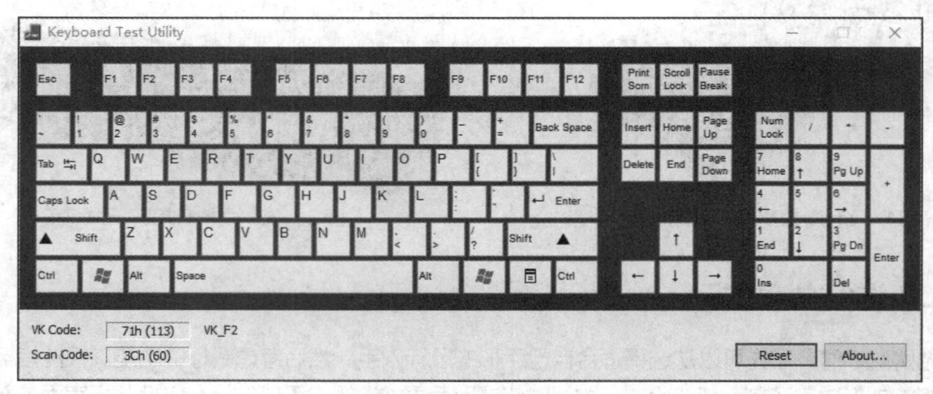

图 2-138　测试键盘按键

（四）测试鼠标按键

微课 2-7：测试鼠标按键

选配鼠标时，可以利用鼠标按键检测软件，以最短的时间来检验鼠标上的按键能否正常工作。下面利用鼠标按键检测软件 Mouse Test 来测试鼠标按键，这款鼠标按键检测软件支持画线检测、按键检测和滚轮检测，具体操作如下。

（1）启动 Mouse Test，单击鼠标左键，界面中将显示单击的次数（LB1/0），并在界面中鼠标左键的位置高亮显示，如图 2-139 所示。

（2）如果鼠标左键正常，则显示单击成功（LB1/1）。单击鼠标右键，界面中将显示单击的次数（RB1/0），并在界面中鼠标右键的位置高亮显示，如图 2-140 所示。

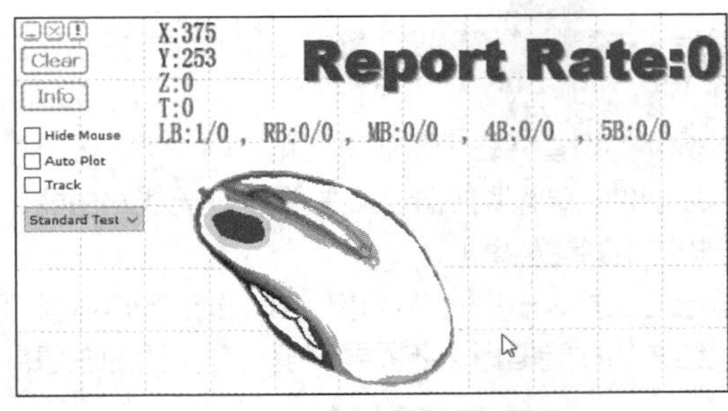

图 2-139　测试鼠标左键

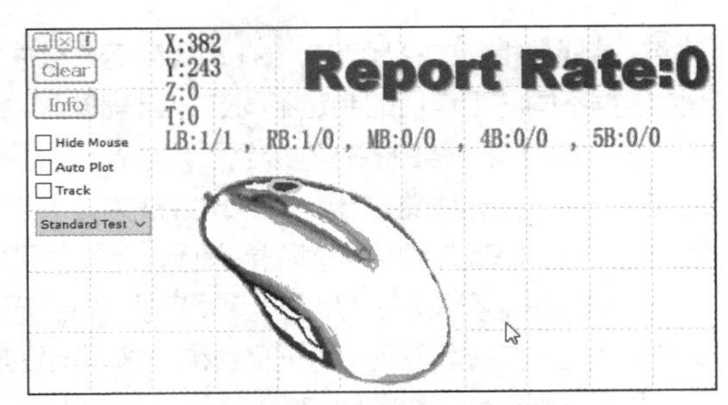

图 2-140　测试鼠标右键

（3）如果鼠标右键正常，则显示单击成功（RB1/1）。单击鼠标滚轮，界面中将显示单击的次数（MB1/0），并在界面中鼠标滚轮的位置高亮显示，如图 2-141 所示。

（4）如果鼠标滚轮正常，则显示单击成功（MB1/1）。按住鼠标左键画线，界面中将显示画出的线条，如图 2-142 所示。

（5）如果这些操作都正常，则说明鼠标没有问题，可以放心选配。

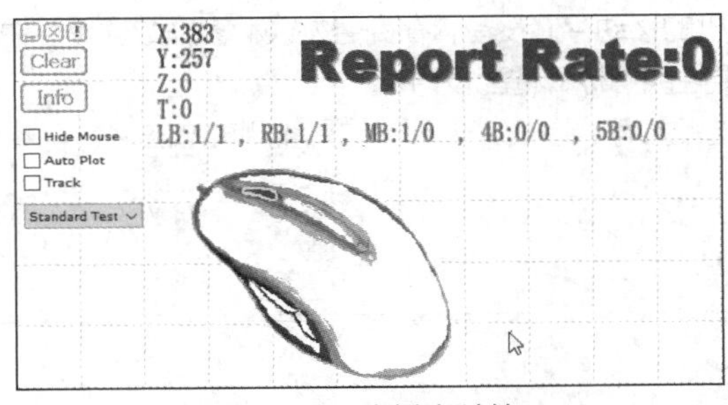

图 2-141　测试鼠标滚轮

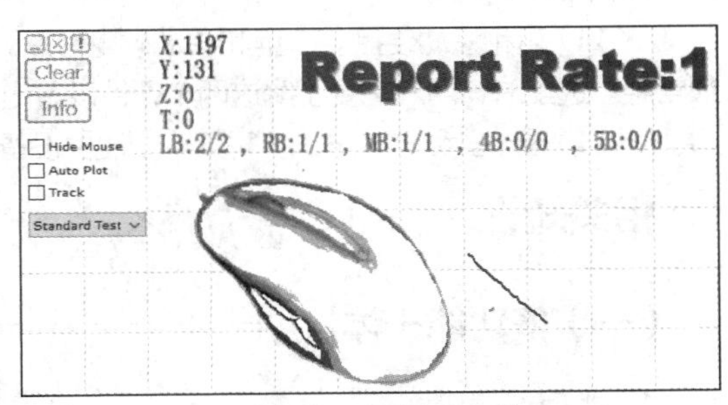

图 2-142　测试鼠标画线

任务 2-10　选配其他硬件设备

任务导入

米拉认为自己已经选配好了计算机的所有硬件，将配置单交给老洪审核。老洪告诉她，公关部需要具备打印和扫描功能的多功能一体机以及投影仪；技术部需要配备多台无线路由器，每台新的计算机还需要配备一个耳机和一个数码摄像头；另外，为了保存和转存数据，公司还需要采购一批 U 盘和移动硬盘，这些都是组装计算机的工作任务，所以米拉还需要了解和学习选配这些硬件设备的相关知识。

任务分析

多功能一体机、投影仪、路由器、音箱、耳机、摄像头、U 盘和移动硬盘等硬件设备对计算机的正常工作起到了一定的辅助作用，所以在组装计算机的过程中，用户可以按照具体的工作需要，选配对应的硬件设备，其操作思路如下。

（1）多功能一体机。现代人的生活、工作以及学习中，对于打印、复印、扫描和传真的使用需求较多，但单独购买 4 种设备需要花费大量金钱，于是集成多种功能的一体机就产生了。通常具有以上功能中的两种及以上的硬件设备就可被称为多功能一体机。选配多功能一体机时需要了解多功能一体机的类型、基本性能指标，以及打印、复印和扫描等具体功能的性能指标、介质规格等。

（2）投影仪。投影仪是一种可以将图像或视频投射到幕布上的设备，其通过不同的接口同计算机相连接，并播放相应的视频信号，在现代商务办公中很常用。选配投影仪需要了解投影仪的性能指标，并需要根据不同的工作目的制定不同的选配策略。

（3）路由器。路由器是连接互联网中各局域网和广域网的设备，在企事业单位和家庭中都已经被广泛应用，特别是无线路由器，几乎已经成为计算机的标配硬件。选配路由器主要是指选配无线路由器，用户不仅要了解其外观结构和性能指标，还需要了解一些使用的注意事项。

（4）音箱。音箱其实就是将音频信号进行还原并输出的工具，一些企业或单位中需要进行广播就可以选配音箱。选配音箱时，用户不仅要了解音箱的外观结构和性能指标，还需要了解一些实用的注意事项，保证选到符合工作需要的音箱。

（5）耳机。虽然都是音频输出工具，但耳机和音箱不同，耳机可以在不影响旁人的情况下，让使用者独自听声音，还可隔开周围环境的声响，对在录音室、旅途、健身房等吵闹环境下听音乐的人很有帮助。选配耳机需要了解耳机的外观结构、性能指标和一些实用技巧。

（6）摄像头。摄像头是计算机的视频输入设备，普通用户可以通过摄像头在线上进行有影像的交谈和沟通，摄像头在视频会议、远程医疗和实时监控等领域被广泛运用。选配摄像头需要注意其主要的性能指标和各种实用知识。

（7）U 盘和移动硬盘。U 盘和移动硬盘都是计算机的移动存储设备，在商务办公和家庭数据保存中很常用。选配时，用户需要了解这两个硬件设备的主要性能指标和选配技巧。

（8）掌握一些测试方法。了解某一个硬件设备的选配推荐，以及某个硬件的具体测试方法。

相关知识

（一）多功能一体机

1. 类型

打印是多功能一体机的基础功能，因为复印功能和接收传真功能的实现都需要打印功能的支持，所以多功能一体机的类型通常按照打印方式进行划分，有喷墨、墨仓式、激光和页宽 4 种。

- 喷墨多功能一体机。喷墨多功能一体机通过喷墨头喷出的墨水实现数据的打印，其墨水滴的密度完全达到了铅字质量。其使用的耗材是墨盒，墨盒内装有不同颜色的墨水。其主要优点是体积小、操作简单方便、打印噪声低，使用专用纸张时能打印出效果和照片相媲美的图片。图 2-143 所示为喷墨多功能一体机。
- 墨仓式多功能一体机。墨仓式多功能一体机是指支持超大容量墨仓，可实现单套耗材超高打印量和超低打印成本的多功能一体机。与喷墨多功能一体机最大的不同在于，墨仓式多功能一体机支持大容量墨盒（也称外墨盒或墨水仓，是原厂生产装配的连续供墨系统），用户可享受包括打印头在内的原厂整机保修服务，彻底解决了多功能一体机打印时使用成本居高不下的问题。图 2-144 所示为墨仓式多功能一体机。

图 2-143　喷墨多功能一体机

图 2-144　墨仓式多功能一体机

- 激光多功能一体机。激光多功能一体机利用激光束进行打印活动，其原理是一个半导体滚筒在感光后刷上墨粉再在纸上滚一遍，最后通过高温定型将文本或图形印在纸张上，使用的耗材是硒鼓和墨粉。图 2-145 所示为激光多功能一体机。激光多功能一体机分为黑白激光多功能一体机和彩色激光多功能一体机两种类型，其中，黑白激光多功能一体机只能打印黑白文本和图像；彩色激光多功能一体机则可以打印黑白或彩色的图像和文本。黑白激光多功能一体机具有高效、实用、经济等诸多优点；而彩色激光多功能一体机虽然使用成本较高，但工作效率高，输出效果也更好。
- 页宽多功能一体机。页宽多功能一体机是指具备页宽打印技术的一体机。页宽打印技术是集喷墨和激光技术的优势为一体的全新一代技术。页宽打印使列印面更宽阔，节省了墨头来回打印的时间，配合高速传输的纸张，具有比激光打印更快的输出速度，理论上能降低单位时间内的打印成本，有成为主流一体机类型的趋势。图 2-146 所示为页宽多功能一体机。

图 2-145　激光多功能一体机

图 2-146　页宽多功能一体机

2. 基础性能指标

多功能一体机的基础性能指标包括以下 4 个。

- 产品定位。产品定位主要有多功能商用一体机和多功能家用一体机两种。
- 涵盖功能。目前市面上主要有两种多功能一体机，一种涵盖打印、扫描和复印功能；另一种涵盖打印、复印、扫描和传真功能。
- 最大处理幅面。幅面是指纸张的大小，目前主要包括 A4 和 A3 两种。对于个人、家庭用户或规模较小的办公用户来说，使用 A4 幅面的多功能一体机绰绰有余；对于使用频繁或需要处理大幅面的办公用户或单位用户来说，可以考虑选择使用 A3 幅面甚至更大幅面的多功能一体机。
- 耗材类型。目前，市面上主要有 4 种，一种是鼓粉分离，硒鼓和墨粉盒是分开的，当墨粉用完而硒鼓有剩余时，更换墨粉盒即可，能够节省费用；一种是鼓粉一体，硒鼓和墨粉盒为一体设计，优点是更换方便，但墨粉用完、硒鼓有剩余时，需整套更换；一种是分体式墨盒，将喷头和墨盒分开，不允许用户随意添加墨水，因此重复利用率不高，但价格较为便宜；一种是一体式墨盒，将喷头集成在墨盒上，输出质量较高，但价格也高。

3. 打印功能指标

打印功能指标是指多功能一体机进行信息打印时的性能指标。

- 打印速度。打印速度表示打印机每分钟可输出多少页面，通常用 ppm 和 ipm 这两个单位来衡量。这个指标数值越大越好，越大表示多功能一体机的工作效率越高。打印速度又可具体分为黑白打印速度和彩色打印速度两种类型，通常彩色打印速度要慢一些。
- 打印分辨率。打印分辨率是判断打印输出效果好坏的一个直接依据，也是衡量打印输出质量的重要参考标准。通常分辨率越高的多功能一体机，打印效果越好。
- 预热时间。预热时间是指多功能一体机从接通电源到加热至正常运行温度所消耗的时间。通常个人型激光多功能一体机或者普通办公型激光多功能一体机的预热时间在 30s 左右。

- 打印负荷。打印负荷是指打印工作量，这一指标决定了多功能一体机的可靠性。这个指标通常以月为衡量单位，打印负荷多的多功能一体机比打印负荷少的多功能一体机可靠性要高许多。

4. 复印功能指标

多功能一体机的复印功能的性能指标主要包含以下 4 个。

- 复印分辨率。复印分辨率是指每英寸复印对象由多少个点组成，其直接关系到复印输出文字和图像的清晰度。
- 连续复印。连续复印是指在不对同一复印原稿进行多次设置的情况下，多功能一体机可以一次连续完成复印的最大数量。连续复印的标识方法为“1–X 张”，“X”代表该多功能一体机连续复印的最大数量，连续复印的张数和产品的性能有直接的关系。
- 复印速度。复印速度是指多功能一体机在进行复印时每分钟能够复印的张数，单位是张每分钟。多功能一体机的复印速度通常和打印速度一样，一般不超过打印速度。
- 缩放范围。缩放范围是指多功能一体机能够对复印原稿进行放大和缩小的比例范围，使用百分比表示。市场上主流的多功能一体机的常见缩放范围有 25%～200%、50%～200%、25%～400%和 50%～400%等。

5. 扫描功能指标

扫描功能指标是指多功能一体机进行信息扫描时的性能指标，主要包括以下指标。

- 扫描类型。通常按扫描介质和用途的不同进行划分，扫描类型一般有平板式、书刊、胶片、馈纸式和 3D 等类型，多功能一体机主要以平板式为主。
- 扫描元件。扫描元件的作用是将扫描的图像光学信号转换成电信号，再由模拟数字转换器将这些电信号转变成计算机能识别的数字信号。目前多功能一体机采用的扫描元件有电荷耦合元件（Charge-Coupled Device，CCD）和接触式图像传感器（Contact Image Sensor，CIS）两种，其生产成本相对较低，扫描速度相对较快，扫描效果能满足大部分工作的需要。
- 光学分辨率。光学分辨率是指多功能一体机在实现扫描功能时，通过扫描元件将扫描对象每平方英寸表示成的点数，其单位为 dpi，dpi 数值越大，扫描的分辨率越高，扫描图像的品质就越好。光学分辨率通常用垂直分辨率和水平分辨率相乘表示，如某款产品的光学分辨率标识为 600dpi×1200dpi，表示可以将扫描对象每平方英寸的内容表示成水平方向 600 点、垂直方向 1200 点，两者相乘共 720000 个点。
- 色彩深度和灰度值。色彩深度是指多功能一体机所能辨析的色彩范围。较高的色彩深度位数可保证扫描保存的图像色彩与实物的真实色彩尽可能一致，且图像色彩更加丰富。灰度值则是进行灰度扫描时对图像由纯黑到纯白整个色彩区域进行划分的级数，编辑图像时一般使用 8bit，即 256 级，而主流多功能一体机通常为 10bit，最高可达 12bit。
- 扫描兼容性。扫描兼容性是指扫描产品共同遵循的规格，是应用程序与影像捕捉设备间的标准接口。目前的扫描类产品都要求能够支持 TWAIN（Technology Without An Interesting Name）的驱动程序，只有符合 TWAIN 要求的产品才能够在各种应用程序中正常使用。

6. 介质规格

多功能一体机的主要介质就是纸，因此纸的各种规格就成了一体机的性能指标。

- 介质类型。介质类型就是多功能一体机所支持的纸的类型，包括普通纸、薄纸、再生纸、厚纸、标签纸和信封等。
- 介质尺寸。介质尺寸是指多功能一体机最大能够处理的纸张的大小，一般多用纸张的规格来标识，如 A3、A4 等。
- 介质质量。介质质量是指纸的质量，通常以 g/m^2 为单位。

- 供纸盒容量。纸盒是指多功能一体机上用来装打印纸的部件，能够存放纸张，并在多功能一体机工作时自动进纸进行打印。供纸盒容量是指供纸盒能够装的纸张数量，该指标是多功能一体机纸张处理能力大小的评价标准之一，还可间接衡量多功能一体机自动化程度的高低。
- 输出容量。输出容量是指多功能一体机输出的纸张数量，使用不同的纸张，输出容量也不同。

（二）投影仪

1. 投影技术

投影技术是指投影仪所采用的投影技术原理，目前市面上主流的投影技术分为以下三大系列。

- LCD 投影仪。LCD 投影仪采用透射式投影技术，目前最为成熟。其优点是投影画面色彩还原、真实鲜艳，色彩饱和度高，光利用效率很高。LCD 投影仪比用相同功率光源灯的 DLP 投影仪有更高的 ANSI 流明光输出，目前市场上高流明的投影仪主要以 LCD 投影仪为主。LCD 投影仪按照液晶板的片数又分为 3LCD 和 LCD 两种类型，目前市面上较多的是 3LCD 投影仪的产品。
- DLP 投影仪。DLP 投影仪采用反射式投影技术，是现在高速发展的投影技术，可以使投影图像灰度等级、图像信号噪声比大幅度提高，画面质量细腻稳定，尤其在播放动态视频时图像流畅，没有像素结构感，形象自然，数字图像还原真实精确。在投影仪市场，单片式 DLP 投影仪凭借性价比高的优势统领了大部分低端市场，而在高端市场中 3DLP 技术掌握着绝对的话语权。在目前日益流行的 LED 微型投影仪中，也大多采用 DLP 技术。
- LCOS 投影仪。LCOS 是一种全新的数码成像技术，它采用半导体 CMOS 集成电路芯片作为反射式 LCD 的基片，能够实现更大的光输出和更高的分辨率。LCOS 投影技术为反射式技术，可产生较高的亮度；因为 LCOS 光学引擎产品零件简单，所以具有低成本的优势。

2. 光源类型

投影仪光源是投影仪的重要组成部分，主要是指投影灯泡。作为投影仪的主要消耗品，投影仪灯泡使用寿命是选购投影仪时必须要考虑的重要因素。

- 氙灯。氙灯是一种演色性相当好的光源，在使用寿命上，氙灯比超高压汞灯和金属卤素灯短，但是其超高亮度与宽广的输出功率范围使其可以应用在高端或大型的投影仪上。
- 超高压汞灯。超高压汞灯的优点为发光亮度强，使用寿命长，所以目前市面上的 LCD 投影仪大多采用超高压汞灯。
- 金属卤素灯。金属卤素灯的优点为色温高、使用寿命长与发光效率高，缺点是功率大和能耗高。目前金属卤素灯的点灯方式分为交流、直流和高频 3 种。
- LED。LED 光源投影仪更加便携，同时 LED 光源的使用寿命较长，一般在上万小时。目前市场上以几百流明高清 LED 投影仪为主，可为小型商务、个人娱乐带来很大的便利。
- 激光。激光光源具有波长可选择性大和光谱亮度高等特点，能实现非常好的色彩还原。同时，激光光源还有超高的亮度和较长的使用寿命，大大降低了后期的维护成本。由于技术和成本问题，目前市面上主要使用的是单蓝色激光光源（RGB 三色激光造价过高，仅在专业领域有所使用），同时由于定价过高，普及程度并不理想。

3. 其他性能指标

其他性能指标也能作为投影仪选购的参考标准，如亮度、对比度和灯泡使用寿命等。

- 亮度。亮度是投影仪的重要技术指标，通常以光通量来表示，单位是流明。LCD 投影仪依靠提高光源效率、减少光学组件能量损耗、提高液晶面板开口率和加装微透镜等技术手段来提高亮度；DLP 投影仪通过改进色轮技术、改变微镜倾角和减少光路损耗等手段来提高亮度。目前大多数投影仪的亮度已经达到 2000 流明以上。

提示 使用环境的光线条件、屏幕类型等因素同样会影响投影仪亮度，同样的亮度，在不同环境的光线条件下和不同的屏幕类型上都会产生不同的显示效果。由于投影仪的亮度很大程度上取决于投影仪中的灯泡，而灯泡的亮度输出会随着使用时间的增加而衰减，这必然会造成亮度下降。

- 对比度。对比度对视觉效果的影响非常大，通常对比度越大，图像越清晰醒目，色彩也越鲜明艳丽；而对比度小会让整个画面灰蒙蒙的。高对比度对于图像的清晰度、细节表现、灰度层次表现都有很大帮助。目前大多数 LCD 投影仪的对比度都在 400：1 左右，而大多数 DLP 投影仪的对比度都在 1500：1 以上，通常对比度越高的投影仪价格越高。但如果仅仅用投影仪演示文字和黑白图片，则对比度在 400：1 左右的投影仪就可以满足日常需要；如果用来演示色彩丰富的照片和播放视频动画，则最好选择对比度在 1000：1 以上的投影仪。
- 标准分辨率。标准分辨率是指投影仪投出的图像原始分辨率，也称真实分辨率和物理分辨率。和其对应的是压缩分辨率，决定图像清晰程度的是标准分辨率，决定投影仪的适用范围的是压缩分辨率。通常用标准分辨率来评价 LCD 投影仪的档次，目前市场上应用最多的为标清（800 像素 ×600 像素、1024 像素 ×768 像素）、高清（1920 像素 ×1080 像素、1280 像素 ×800 像素、1280 像素 ×720 像素）和超高清（4096 像素 ×2160 像素、1920 像素 ×1200 像素）。
- 灯泡使用寿命。灯泡是投影仪的唯一消耗材料，在使用一段时间后亮度会迅速下降，直到无法正常使用。一般的投影仪灯泡使用寿命在 2000～4000 小时，LCD 投影仪灯泡使用寿命在 2 万小时以上。
- 变焦比。变焦比是指变焦镜头的最短焦点和最长焦点之比，通常变焦比越大，投影出的画面就越大。
- 投影比。投影比主要是指投影仪到屏幕的距离与投影画面大小的比值，通过投影比，用户可以直接换算出某一投影尺寸下的投影距离。例如，投影比为 1.2，投射 100 英寸（约 254cm）画面时的距离大概是 100cm × 1.2cm × 2.54cm，通常情况下，投影比越小，投影距离越短。
- 投影距离。投影距离指投影仪镜头与屏幕之间的距离，在实际应用中，要在狭小的空间获取大画面，就需要选用配有广角镜头的投影仪，这样就可以在较短的投影距离内获得较大的投影画面尺寸。普通的投影仪为标准镜头，适合大多数用户使用。

（三）路由器

1. 外观结构

路由器的主要工作就是为经过路由器的每个数据帧寻找一条最佳传输路径，并将该数据有效地传送到目的站点。通俗地说，就是路由器将连接到其中的非对称数字用户线路（Asymmetric Digital Subscriber Line，ADSL）和计算机连接起来，实现计算机联网的目的。路由器最重要的部分就是接口，如图 2-147 所示。

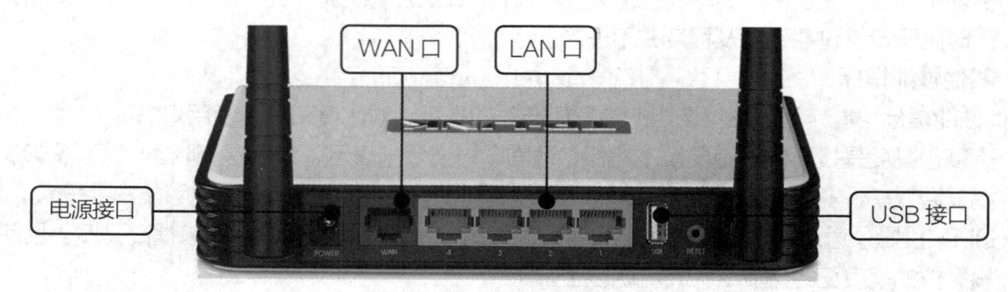

图 2-147 路由器的外观结构

- WAN 口。WAN 是 Wide Area Network 的缩写，代表广域网，主要用于连接外部网络，如 ADSL、DDN、以太网等各种接入线路。
- LAN 口。LAN 是 Local Area Network 的缩写，代表局域网，用来连接内部网络，主要与局域网中的交换机、集线器或计算机相连。

现在使用较多的是宽带路由器，它在一个紧凑的箱子中集成了路由器、防火墙、带宽控制和管理等功能，集成 10/100Mbit/s 宽带的以太网 WAN 接口，并内置多口 10/100Mbit/s 自适应交换机，方便多台计算机连接内部网络与互联网，可广泛应用于家庭、学校、办公室、小区、政府和企业等场所。现在多数路由器具备有线接口和无线天线，用户可以通过路由器建立无线网络，帮助手机和平板等设备连接到互联网。

2. 性能指标

路由器的性能主要体现在品质、接口数量和传输速率等方面。

- 品质。在衡量一款路由器的品质时，可先考虑其品牌。名牌产品拥有更高的品质，并拥有完善的售后服务和技术支持，还可进行相关认证和监管机构的测试等。
- 接口数量。LAN 口数量只要能够满足需求即可，家用计算机的数量不会太多，一般选择 4 个 LAN 口的路由器，且家庭宽带用户和小型企业用户只需要一个 WAN 口。
- 传输速率。信息的传输速率往往是用户最关心的问题。目前主流路由器以百兆和千兆为主，也有万兆的，为了以后升级方便，用户应尽量选购千兆或万兆的产品。

无线路由器是目前市场上的主流产品，下面介绍无线路由器的性能指标。

- 网络标准。用户在选购路由器时必须考虑产品支持的 WLAN 标准是 IEEE 802.11ax/ac，还是 IEEE 802.11n 等。
- 频率范围。无线路由器的射频（Radio Frequency，RF）系统需要工作在一定的频率范围之内，这样才能够与其他设备相互通信。不同的产品采用了不同的网络标准，故采用的工作频率范围也不太一样。目前的无线路由器产品主要有单频、双频和三频 3 种。
- 天线类型。路由器的天线类型主要有内置和外置两种，通常外置天线性能更好。
- 天线数量。理论上，天线数量越多，无线路由器的信号就越好。但事实上，多天线无线路由器信号只比单天线无线路由器的信号强 10%～15%，最直接的表现就是单天线无线路由器的信号在经过一堵墙后，在手机上显示的信号只剩下一格，而多天线无线路由器的无线信号则徘徊在一格与两格之间。
- 功能参数。功能参数是指无线路由器所支持的各种功能，功能越多，路由器的性能就越强。常见的功能参数包括 VPN（虚拟网络技术）支持、QoS（网络的一种安全机制，是用来解决网络延迟和阻塞等问题的一种技术）支持、防火墙功能、WPS（Wi-Fi 安全防护设定标准）功能、WDS（延伸扩展无线信号）功能和无线安全。

（四）音箱

1. 外观结构

普通的计算机音箱由功放和两个卫星音箱组成。图 2-148 所示为普通音箱的外观结构。

- 功放。功放就是功率放大器，其功能是将低电压的音频信号经过放大后推动音箱扬声器工作。由于计算机音箱的特殊性，通常也将各种接口和按钮集成在功放上。
- 卫星音箱。卫星音箱的功能是将电信号通过机械运动转换成声能，通常至少有两个，分别输出左右声道的信号。

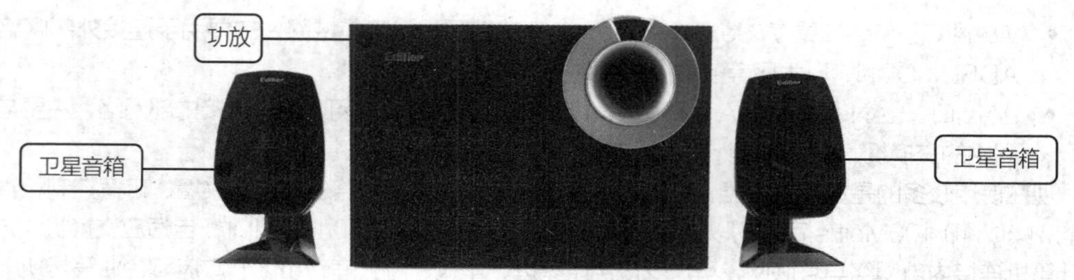

图 2-148　普通音箱的外观结构

2. 性能指标

音箱的性能指标包括以下 8 个。

- 声道系统。音箱所支持的声道数是衡量音箱性能的重要指标之一，从单声道到环绕立体声，这一参数与声卡的基本一致。
- 有源无源。有源音箱又称为“主动式音箱”，通常是指带有功放的音箱。无源音箱又称为“被动式音箱”，指内部不带功放的普通音箱。有源音箱的音质通常比同价位的无源音箱好。
- 控制方式。控制方式是指音箱的控制和调节方法，它关系到用户的使用体验。其主要有 3 种类型，第一种是最常见的，分为旋钮式和按键式，也是造价最低的；第二种是信号线控制设备，原理是将音量控制和开关放在音箱信号输入线上，成本不会增加很多，但操控很方便；第三种也是最优秀的控制方式，原理是使用一个专用的数字控制电路来控制音箱的工作，并使用一个外置的独立线控或遥控器来控制该电路。
- 频响范围。频响范围是考察音箱性能优劣的一个重要指标，它与音箱的性能和价位有着直接的关系，其频率响应的分贝值越小，说明音箱的频响曲线越平坦、失真越小、性能越强。从理论上讲，20～20000Hz 的频响范围就足够了。
- 扬声器材质。低档塑料音箱因其箱体单薄、无法克服谐振，无音质可言（也有部分设计好的塑料音箱要远远好于劣质的木制音箱）；木制音箱降低了箱体谐振所造成的音染，音质普遍好于塑料音箱。
- 扬声器尺寸。扬声器尺寸越大越好，因为大口径的低音扬声器能在低频部分有更好的表现。普通多媒体音箱低音扬声器的喇叭多为 3～5 英寸。
- 信噪比。信噪比是指音箱回放的正常声音信号与无信号时噪声信号（功率）的比值，用 dB 表示。信噪比数值越高，噪声越小。
- 阻抗。它是指扬声器输入信号的电压与电流的比值。高于 16Ω的是高阻抗，低于 8Ω的是低阻抗，音箱的标准阻抗是 8Ω，建议不要购买低阻抗的音箱。

（五）耳机

耳机的优点是可以在不影响旁人的情况下，独自聆听声音，还可隔开周围环境的声响。耳机的性能指标包括以下 4 个。

- 频响范围。频响范围指耳机发出声音的频率范围，与音箱的频响范围一样，通常看两端的数值即可大约猜测到这款耳机在哪个频段音质较好。
- 阻抗。耳机的阻抗是交流阻抗，阻抗越小，耳机越容易出声、越容易驱动。和音箱不同，普通耳机和专业耳机的阻抗一般在 100Ω以下，有些专业耳机的阻抗在 200Ω以上。
- 灵敏度。灵敏度是指耳机的灵敏度级，单位是 dB/mW。灵敏度高意味着达到一定的声压级所需功率小，现在动圈式耳机的灵敏度一般在 90dB/mW 以上，如果用户是为随身听选耳机，则灵敏度最好在 100dB/mW 左右或更高。

- 信噪比。信噪比数值越高，耳机中的噪声越小。

（六）摄像头

选配摄像头时，重要的是参考其各种性能指标。

- 感光元件。感光元件分为 CCD 和 CMOS 两种，CCD 成像水平和质量要高于 CMOS，但价格较高，常见的摄像头多用价格相对低廉的 CMOS 作为感光器。
- 像素。像素是区分摄像头好坏的重要因素，市面上主流摄像头产品的像素多在 100 万左右，在大像素的支持下，摄像头工作时的分辨率可以达到 1280 像素 × 720 像素。
- 镜头。摄像头的镜头一般由玻璃镜片或塑料镜片组成，玻璃镜片比塑料镜片成本高，但在透光性以及成像质量上都有较大优势。
- 最大帧数。帧数就是在 1s 内传输图片的张数，通常用 f/s（Frames Per Second）表示，帧数越高，显示的动作越流畅。主流摄像头的最大帧数为 30f/s。
- 对焦方式。对焦方式主要有固定、手动和自动 3 种。其中，手动对焦通常需要用户对摄像头的对焦距离进行手动选择；而自动对焦则是摄像头对拍摄物体进行检测，确定物体的位置并驱动镜头的镜片进行对焦。
- 视场。视场代表着摄像头能够观察到的最大范围，视场越大，观测范围越大。
- 其他参数。因为摄像头的用处非常广泛，所以一些实用的功能也可以作为选购时的参考因素，如夜视功能、遥控功能、快拍功能和防盗功能等。

（七）U 盘

U 盘的全称是 USB 闪存盘，它是一种使用 USB 接口的、无须物理驱动器的微型高容量移动存储设备，通过 USB 接口与计算机进行连接，实现即插即用。它具有以下性能指标。

- 接口类型。U 盘的接口类型主要包括 USB 2.0/3.0/3.1、Type-C 和 Lightning 等。
- 小巧便携。U 盘体积很小，仅大拇指般大小，质量极轻，一般在 15g 左右，特别适合随身携带，可以把它挂在胸前、吊在钥匙串上，甚至放进钱包中。
- 存储容量大。一般的 U 盘容量有 4GB、8GB、16GB、32GB 和 64GB，还有 128GB、256GB、512GB、1TB 等。
- 防震。U 盘中无任何机械式装置，抗震性能极强。
- 其他。U 盘还具有防潮防磁、耐高低温等特性，安全可靠性较好。

（八）移动硬盘

移动硬盘是以硬盘为存储介质，与计算机之间交换大容量数据，强调便携性的存储产品。移动硬盘的主要性能参数和普通硬盘相差不大，只是在容量上更胜一筹。

- 容量大。市场上的移动硬盘能提供最高达 12TB 的容量。其容量通常有 500GB 及以下、1TB、2TB、3TB、4TB 和 5TB 及以上等，其中 TB 级容量已经成为市场主流。
- 体积小。移动硬盘的尺寸分为 1.8 英寸（约 5cm）（超便携）、2.5 英寸（约 6cm）（便携式）和 3.5 英寸（约 9cm）（桌面式）3 种。
- 接口丰富。现在市面上的移动硬盘分为无线和有线两种，有线的移动硬盘采用 USB 2.0/3.0、eSATA 和 Thunderbolt 接口。
- 良好的可靠性。移动硬盘多采用硅氧盘片，这是一种比铝、磁更为坚固耐用的盘片材质，并具有更大的存储量和更好的可靠性。

提示 还有一些硬件设备也需要连接计算机进行使用，例如，用于手写输入和计算机绘图的数位板，用于专业视频录制和编辑的视频采集卡等。

任务实施

（一）选配商务办公硬件产品

在组装计算机的过程中，特别是组装商务办公用的计算机时，通常需要选配很多辅助硬件，如多功能一体机、投影仪、路由器、音箱、耳机、摄像头、U 盘和移动硬盘等。下面针对中小型企业选配这些硬件设备，分别推荐一款主流的产品。

（1）HP Laser MFP 136W。这款多功能一体机的类型为黑白激光，产品定位为商用，功能包括打印、复印、扫描，最大处理幅面为 A4，支持无线、有线网络打印，黑白、彩色打印速度为 20ppm、21ppm，打印分辨率为 1200dpi×1200dpi，月打印负荷约为 10000 页，复印速度为 20/21ppm，复印分辨率为 600dpi×600dpi，连续复印为 1～99 页，缩放范围为 25%～400%，扫描类型为平板+馈纸式，光学分辨率为 600dpi×600dpi，最大分辨率为 4800dpi×4800dpi，色彩深度为 16 位，介质类型为纸张、标签、信封、卡片，介质质量为 60～163g/m^2，供纸盒容量为 150 页，支持 Windows 7、Windows 8、Windows 10，具备 2 行 LCD，接口类型为 USB 2.0，标配 128MB 内存，产品质量为 7.46kg，功率为 300W，如图 2-149 所示。这款多功能一体机的打印、扫描和复印效果都非常清晰，适用于 A4 纸大小的文件处理，外观漂亮、操作简单、实惠实用，且能够无线操作，完全满足中小型办公的需求。

（2）优派 M1 mini Plus。这款投影仪的投影技术为 DLP，对比度为 1000：1，灯泡功率为 30W，灯泡使用寿命最长为 30000 小时、经济模式为 10000 小时，变焦比为 1.1X，投影比为 1.55～1.7，投影尺寸为 60～120 英寸，屏幕比例为 16：10，支持 HDMI、USB 接口，产品噪声最大 26dB，产品质量为 0.3kg。这款投影仪属于智能微型投影仪，采用固定焦距，最佳投影距离达到了 2.66m，投影尺寸为 60～100 英寸；色彩相当不错，白天拉上窗帘也能使用；体积小，非常适合小型企业使用。

（3）腾达 W18E。这款路由器的类型为无线、有线，支持目前主流网络标准，传输速率为 10/100/1000Mbit/s，有 4 个广域网接口，能够支持多达 80 台终端，其中无线带机 50 台终端，配备 2 根 2.4GHz 5Bi 全向高增益天线，无线速率为 300Mbit/s（2.4G）和 867Mbit/s（5G），如图 2-150 所示。这款路由器具备 4 个千兆有线端口，极大地提升了上网体验，而且具备 3 个 WAN 口，可以同时接入 3 根宽带进行网速叠加，并有专用财务通道，能够保证财务和金融安全，其信号范围能够达到 300m^2，同时保证 80 台终端上网办公不卡顿，非常适合中小企业选用。

图 2-149 HP Laser MFP 136W

图 2-150 腾达 W18E

（4）漫步者 R201T06。这款音箱的声道系统为 2.1，有源，调节方式为旋钮，输出功率为 28W，扬声器单元为 5 英寸+2×3 英寸，信噪比为 85dB，音频接口为 RCA 接口，音箱材质为木质。这款音箱外观简洁大气，低音强劲，卫星音箱体积小巧，能够满足中小企业对音箱的大部分需求。

（5）硕美科 G923。这款耳机的连接方式为 3.5mm 立体声插头，发声原理为动圈式，佩戴方式为头戴式，频响为 15～25000Hz，产品阻抗为 32Ω，灵敏度为 98dB，如图 2-151 所示。这款耳机音源定位清晰准确，佩戴舒适，音质很好，价格便宜，性价比超高。

（6）蓝色妖姬 S1 诱惑。这款摄像头产品类型为高清摄像头，感光元件为 CMOS，像素为 720 万，动态分辨率为 640dpi×480dpi，接口类型为 USB 2.0，如图 2-152 所示。这款摄像头成像很清晰，支持一键快拍，有魔幻视频特效功能，能放在桌面，也能锁在显示屏后面，适合商务办公使用。

图 2-151　硕美科 G923

图 2-152　蓝色妖姬 S1 诱惑

（7）雷克沙 M45。这款 U 盘的存储容量为 64GB，接口类型为 USB 3.0，数据传输速率为 120MB/s，如图 2-153 所示。这款 U 盘外观漂亮、质感和手感都很好，做工精致，体积小巧、别致，便于携带，不易丢失，价格也便宜，非常适合商务办公选配。

（8）希捷 Backup Plus Slim。这款移动硬盘的存储容量为 1TB，接口类型为 USB 3.0，硬盘尺寸为 2.5 英寸（约 6cm），如图 2-154 所示。这款移动硬盘容量大，数据传输速率快，性能稳定，外壳材质是金属，静音且发热量不大，价格也便宜，适合中小企业作为保存数据的设备。

图 2-153　雷克沙 M45

图 2-154　希捷 Backup Plus Slim

（二）测试音箱

音箱的测试可以直接在 Windows 操作系统中进行，具体操作如下。

（1）将音箱的音频线插入计算机的音频输出接口，通电后安装好驱动程序，单击“开始”按钮，在弹出的菜单中选择“设置”命令，如图 2-155 所示。

（2）打开“设置”窗口，单击“系统”按钮，进行系统设置，如图 2-156 所示。

（3）在左侧的窗格中选择“声音”选项卡，在右侧展开的“声音”窗格中单击“管理声音设备”超链接，如图 2-157 所示。

微课 2-8：测试音箱

图 2-155　选择操作

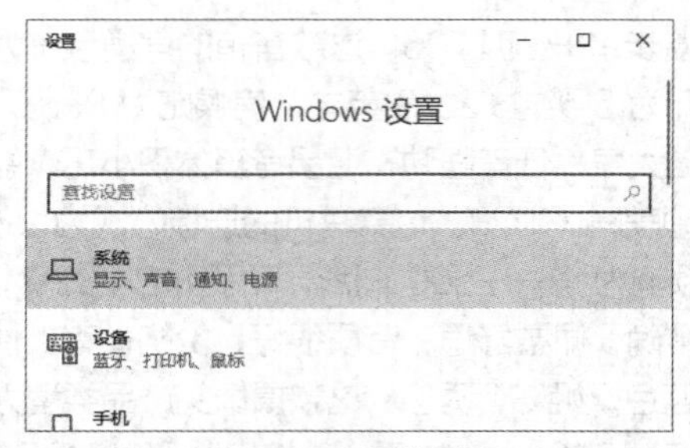

图 2-156　系统设置

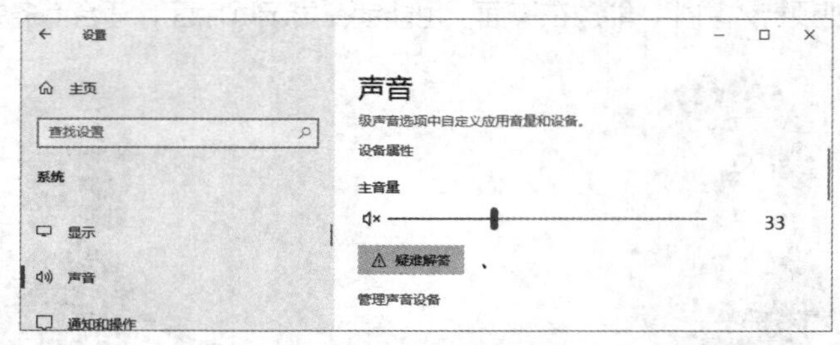

图 2-157　管理声音设备

（4）打开“管理声音设备”窗口，在“输出设备”选项组中单击“扬声器”按钮，进入音频测试状态，单击“测试”按钮，如图 2-158 所示，此时音箱将播放测试音频，有声音则表示音箱正常。

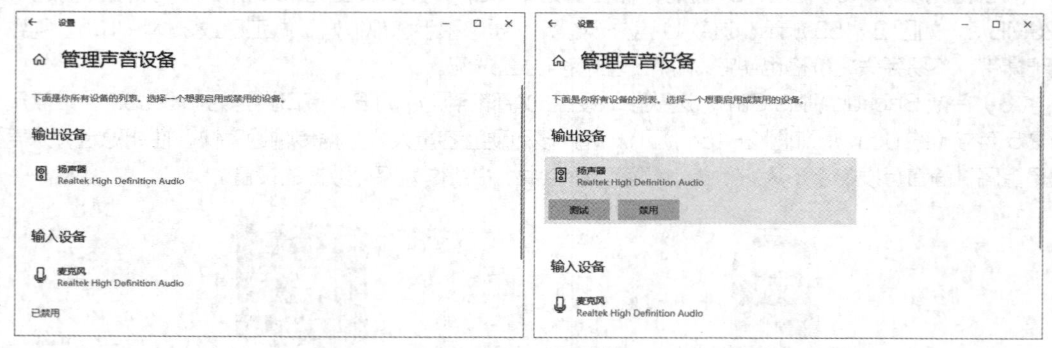

图 2-158　测试音箱

（三）测试移动硬盘

微课 2-9：测试移动硬盘

对于新的移动硬盘，用户可以通过测试软件检测硬盘的容量等信息。下面利用 DiskGenius 测试移动硬盘是否存在坏道，具体操作如下。

（1）将移动硬盘连接到计算机的 USB 接口中，启动 DiskGenius，进入其操作界面，在左侧的任务窗格中选择移动硬盘对应的选项，在上面的数据展示区域中即可看到移动硬盘的信息，如图 2-159 所示。

（2）在 DiskGenius 操作界面中选择“硬盘”/“坏道检测与修复”命令，如图 2-160 所示。

（3）打开“坏道检测与修复”对话框，单击“开始检测”按钮，开始检测坏道，如图 2-161 所示。

（4）DiskGenius 开始检测移动硬盘是否有坏道，并显示检测进度，如图 2-162 所示，检测完成后将显示检测结果。

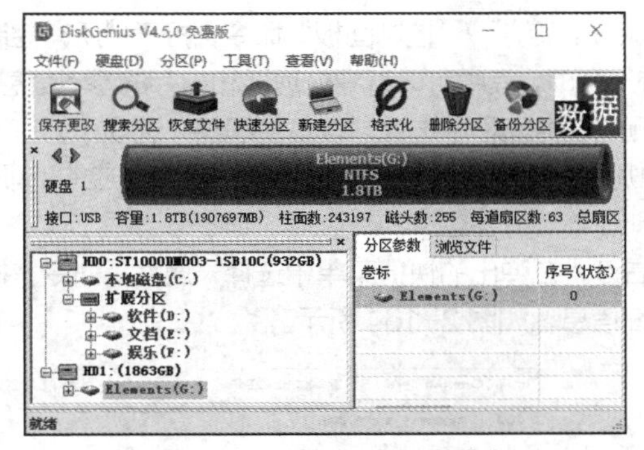

图 2–159　查看移动硬盘的信息

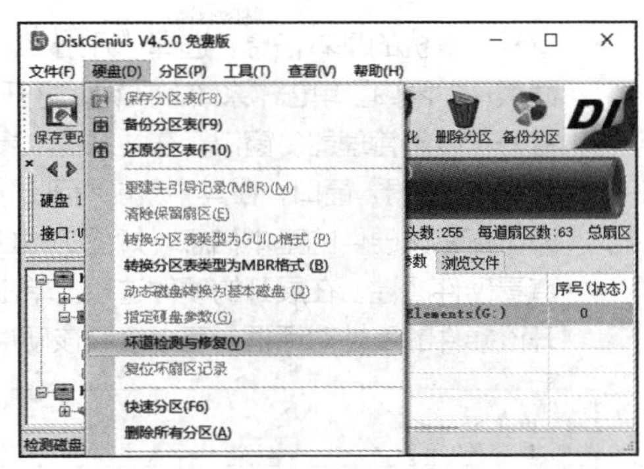

图 2–160　选择操作

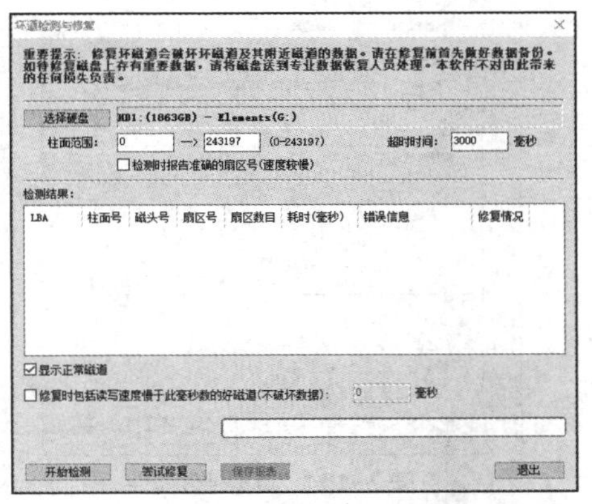

图 2–161　开始检测坏道

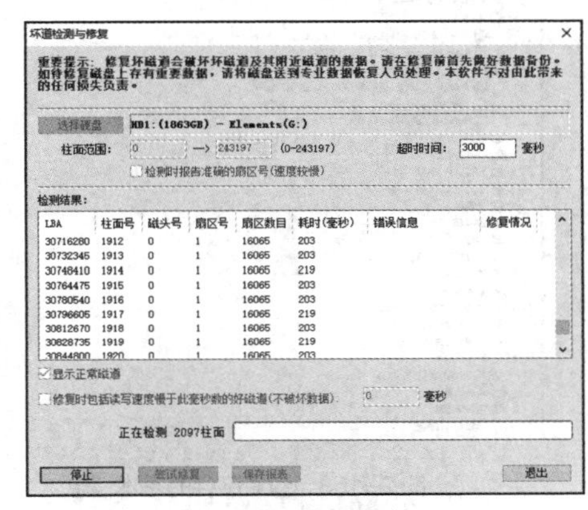

图 2–162　检测进度

注意　现在硬盘容量都比较大，所以检测坏道会花费比较长的时间，在这个时间段内，计算机最好不要运行其他程序，且保证不断电，以免出现错误导致系统故障。

实训

（一）在 Windows 10 操作系统中查看计算机硬件

1. 实训目的

（1）熟悉计算机的主要硬件设备。

（2）掌握利用操作系统查看计算机硬件的方法。

（3）能够通过操作系统查看计算机硬件。

2. 实训要求

（1）按照实训内容逐步查看计算机硬件。

（2）查看每个硬件的详细信息，不明白的信息内容通过网络搜索并了解。

3. 实训内容

（1）通过设备管理器查看。

在 Windows 10 操作系统的设备管理器中，可以查看计算机中硬件设备的相关信息。查看计算机硬件设备的操作提示如下。

- 查看计算机的基本信息。选择“开始”/“Windows 系统”/“控制面板”命令，打开“所有控制面板项”窗口，单击“系统”按钮，打开“系统”窗口，其中可以查看处理器和内存的基本信息。
- 打开“设备管理器”窗口。在“系统”窗口左侧的任务窗格中选择“设备管理器”选项卡，打开“设备管理器”窗口，在其中就能看到计算机中几乎所有的硬件设备，选择某个设备对应的选项，即可查看该硬件的基本信息，如图 2-163 所示。
- 查看硬件属性。在展开的硬件选项上单击鼠标右键，在弹出的快捷菜单中选择“属性”命令，打开该硬件的属性对话框，可以查看该硬件的详细信息，如图 2-164 所示。

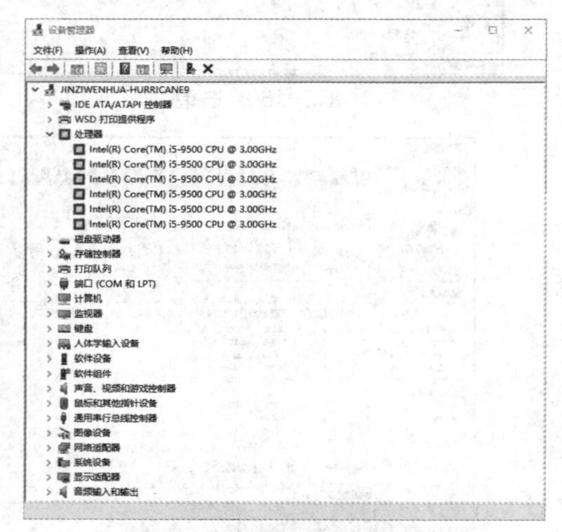

图 2-163　查看硬件的基本信息

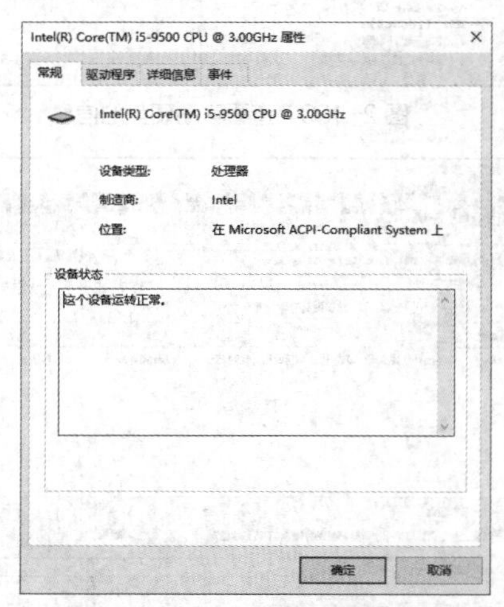

图 2-164　查看硬件属性

（2）通过 DirectX 诊断工具查看。

DirectX 诊断工具也能查看计算机中主要硬件设备的相关信息，其操作提示如下。

- 按【Windows+R】组合键，打开“运行”对话框，在“打开”文本框中输入“dxdiag”，单击“确定”按钮。
- 打开“DirectX 诊断工具”对话框，在“系统”选项卡中可以查看 CPU 和内存的信息；选择“显示”选项卡，可以查看显示设备的信息，如图 2-165 所示；选择“声音”选项卡，可以查看声卡设备的信息；选择“输入”选项卡，可以查看鼠标和键盘等输入设备的信息，以及与输入相关的设备的信息。

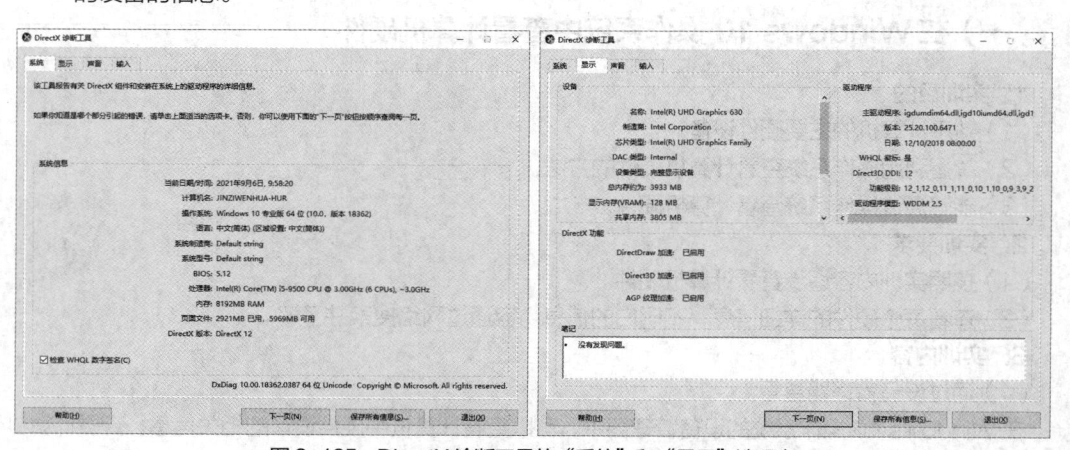

图 2-165　DirectX 诊断工具的“系统”和“显示”选项卡

（二）使用鲁大师测试计算机性能

1. 实训目的

（1）了解计算机硬件设备。

（2）掌握测试计算机性能的相关操作。

（3）能够独立测试计算机的性能。

2. 实训要求

（1）通过 360 安全卫士安装鲁大师软件。

（2）使用鲁大师测试和检测计算机硬件。

3. 实训内容

（1）安装鲁大师。

在计算机中安装 360 安全卫士，并启动 360 安全卫士，在其工作界面中单击“功能大全”按钮，在打开的“功能大全”窗口中选择左侧的“系统工具”选项卡，选择“鲁大师”选项，该软件将自动安装鲁大师。

（2）使用鲁大师进行测试。

其操作提示如下。

- 硬件检测。进入鲁大师的工作界面，单击“硬件检测”按钮，可以查看相关的硬件设备信息，选择左侧任务窗格中的选项卡，还可以查看单个硬件的详细信息，如图 2-166 所示。
- 性能测试。单击“电脑性能测试”按钮，可以对计算机的 CPU、显卡、内存和硬盘的性能进行测试，选择对应的选项卡，即可测试对应的硬件，如图 2-167 所示。

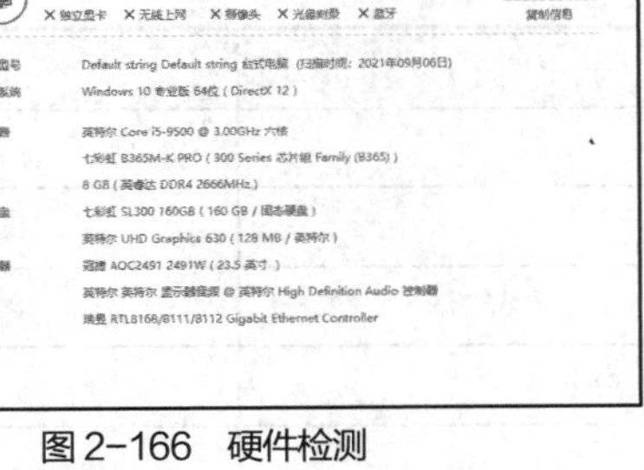

图 2-166　硬件检测

图 2-167　硬件测试性能

（三）设计计算机配置方案

1. 实训目的

（1）了解计算机组装的各种硬件设备。

（2）掌握各种硬件的外观结构和性能参数。

（3）能够选配符合组装需求的计算机硬件。

2. 实训要求

（1）为某小型企业设计一个计算机配置方案，其中主机只配置一个固态硬盘，以及一台千兆无线路由器和一个耳机。

（2）为专门用于玩儿游戏的计算机设计一个配置方案，需要独立显卡和水冷散热器，价格控制在 1 万元以内。

3. 实训内容

（1）商务办公方案。

商务办公方案可以按照表 2-2 进行选配。

表 2-2 商务办公计算机配置表

硬件	型号	价格
CPU		
主板		
内存		
固态硬盘		
显示器		
电源		
机箱		
键盘		
鼠标		
路由器		
耳机		

（2）游戏娱乐方案。

游戏娱乐方案可以按照表 2-3 进行选配。

表 2-3 游戏娱乐计算机配置表

硬件	型号	价格
CPU		
水冷散热器		
主板		
内存		
固态硬盘		
机械硬盘		
显卡		
显示器		
电源		
机箱		
键盘		
鼠标		
耳机		

拓展知识

（一）独立网卡和声卡

通常将独立网卡分为有线和无线两种。有线网卡是必须连接网络连接线才能访问网络的网卡，主要有 PCI 和 USB 两种类型。PCI 网卡的接口类型为 PCI，分为 PCI、PCI-E 和 PCI-X 这 3 种，具有价格低廉和工作稳定等优点。PCI 网卡主要由网络芯片（用于控制网卡的数据交换，对数据信号进行编码传送和解码接收等）、网线接口和金手指等组成。网卡的常见网络接口是 RJ45，用于双绞线的连接，现在很多网卡也采用光纤接口（有 SFP 和 LC 两种接口类型）。USB 网卡的特点是体积小巧，携带方便，可以插在计算机的 USB 接口中，并通过 RJ45 或光纤接口连接网线进行使用，非常适合经常出差、使用笔记本电脑或平板的用户。无线网卡同样有 PCI 和 USB 两种接口类型， PCI 无线网卡需要安装在主板的 PCI 插槽中使用，USB 无线网卡可直接插入计算机的 USB 接口。

声卡除主板集成芯片外，还有 PCI 和外置两种类型。PCI 声卡通过 PCI 总线连接计算机，有独立的音频处理芯片，负责所有音频信号的转换工作，减少了占有的 CPU 资源，并且结合功能强大的音频处理软件，可对几乎所有音频信息进行处理，适合对声音品质要求较高的用户使用。PCI 声卡根据总线类型的不同，又可以分为 PCI 和 PCI-E 两种类型。外置声卡常通过 USB 接口与计算机连接，具有使用方便、便于移动等优势。这类声卡通常集成了解码器和耳机放大器等元件，音质比内置声卡更好，价格也比内置声卡高。

（二）网上选配硬件的注意事项

在网上购买硬件时，要注意以下几点。

- 型号不完整，差价=利润。商家经常会在配置单上将很多复杂的配置名称简写，简写的程度也各自不一。消费者会根据简写的配置进行搜索，这样消费者总是以为商家给的是最好的，但其实买到的永远都是最差的。
- 配置不正常，清库存=利润。计算机中的机箱电源、散热器等部件很容易被商家利用，如给 i3 CPU 装上水冷散热器，将其称为水冷主机，但其实它只是好看而已；而在电源方面使用不知名小厂生产出来的产品，这些东西常常会给计算机带来很多潜在隐患，因此需要特别注意。
- 二手当全新，残次品=利润。二手商品当全新的商品销售，商家下手的主要领域是主板和显卡，很多不良商家会把已经停产的配件硬塞到消费者购买的主机中。
- 货比三家。不同的商家，出售同样的硬件也可能有不同的价格，多对比才能选择出更好的商品。
- 便宜莫贪。通常硬件的价格都很透明，但有的商家会故意把某几样硬件的价格报得比较低，而偷偷抬高其他硬件的价格，因此选购时要注意评估整机价格。
- 尽量找代理。如果想购买七彩虹的硬件，则应尽量找代理这个品牌的专卖店或柜台，否则很多商家会推荐一些利润高但不出名的品牌；如果用户坚持购买七彩虹的产品，商家就会提出到其他公司调货的建议，借机增加该产品的价格。

项目3
组装计算机

03

项目情景

米拉通过网络购物平台，货比三家，完成了所有计算机硬件选配工作，然后将选配的所有计算机硬件整理成一张配置表格，并对应到各个部门和使用人员，以便后面收货后再次核对，以及组装计算机时再次查验，老洪表扬了米拉工作中的细心。没过几天，采购的计算机硬件就到货了，米拉与老洪一起按照计算机组装的流程，将采购回来的各种硬件连接在一起，完成组装计算机的物理过程。

项目目标

• 了解组装计算机的常用工具、基本流程和注意事项等相关知识	• 熟练掌握组装计算机前的准备工作 • 熟练掌握组装计算机的各项操作

素养目标

- 理解工匠精神，并能应用于实践。

任务 3-1 做好准备工作

任务导入

老洪让米拉准备好常用的组装工具，并在办公室清理出一张办公桌作为组装计算机的工作台。在收到所有硬件产品后，他们开始拆箱，将所有硬件都拿出来，做好组装计算机前的准备。

任务分析

组装计算机前需要做好准备工作，其操作思路主要如下。

（1）市场调查与采购。选配好硬件后，根据硬件的配置清单，采购所有的硬件设备。采购时需要通过硬件市场或购物网站对各种硬件进行质量和价格的对比，再下单购买。

（2）准备工具和工作台。组装计算机有一整套工具，需事先准备好，并需要一个干净且安静的组装环境，最好清理出一个组装计算机的工作台。

（3）硬件开箱。当购买的硬件全部准备好后，需要将这些硬件从包装盒中拿出来，将包装和运输保护装置等去除，将各种数据线和电源线等线材以及各种附件整理好，如主板的外部扩展接口挡片、硬件安装螺钉等，做好组装的准备。

相关知识

组装计算机的常用工具

组装计算机时需要用到一些工具来完成硬件的安装，如螺钉旋具、尖嘴钳和镊子等。

- 螺钉旋具。螺钉旋具是计算机组装与维护过程中使用最频繁的工具，其主要功能是安装或拆卸各计算机部件之间的固定螺钉。由于计算机中的固定螺钉都是十字槽的，因此常用的螺钉旋具是十字螺钉旋具，如图 3-1 所示。
- 尖嘴钳。尖嘴钳用来拆卸一些半固定的计算机部件，如机箱中的主板支撑架和挡板等，或者将捆扎线缆的扎带剪短等，如图 3-2 所示。

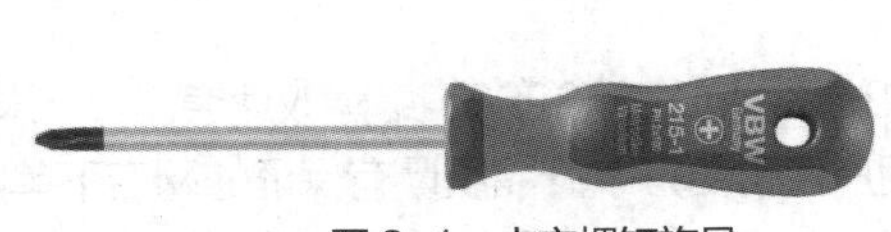

图 3-1　十字螺钉旋具

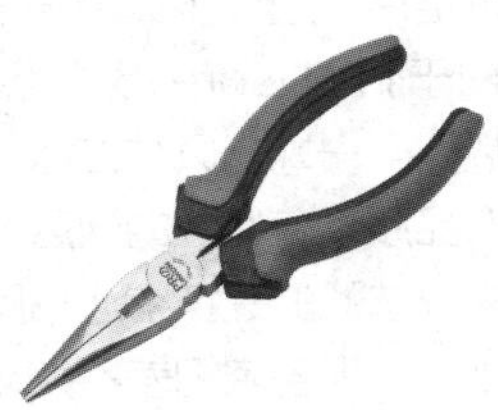

图 3-2　尖嘴钳

提示　**计算机机箱内空间狭小，因此应尽量选用带磁性的螺钉旋具，这样可避免螺钉脱落，但螺钉旋具的磁性也不宜过大，否则可能会损坏部分硬件，磁性的强度以能吸住螺钉且不脱离为宜。另外，现在机箱内部需要安装的硬件很多，某些硬件由于安装角度或质量等原因使用普通螺钉旋具安装会比较麻烦，为了提升安装的效率，很多专业人员会配备电动螺钉旋具，甚至可变角度的电动螺钉旋具。**

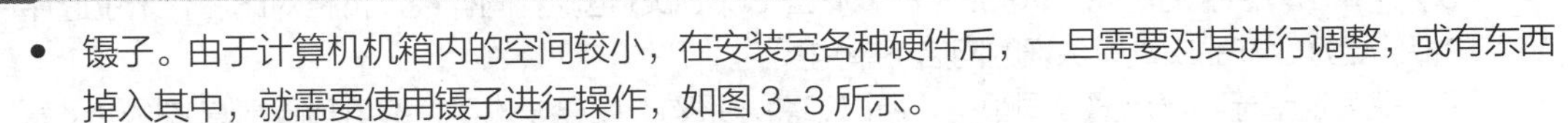

- 镊子。由于计算机机箱内的空间较小，在安装完各种硬件后，一旦需要对其进行调整，或有东西掉入其中，就需要使用镊子进行操作，如图 3-3 所示。
- 扎带。扎带用于捆扎线缆，以整理机箱内部的空间，如图 3-4 所示。

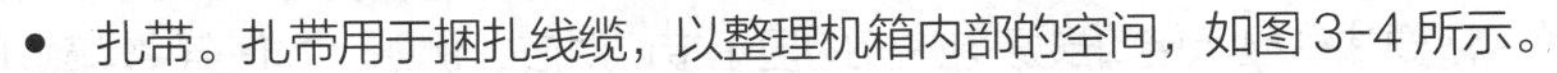

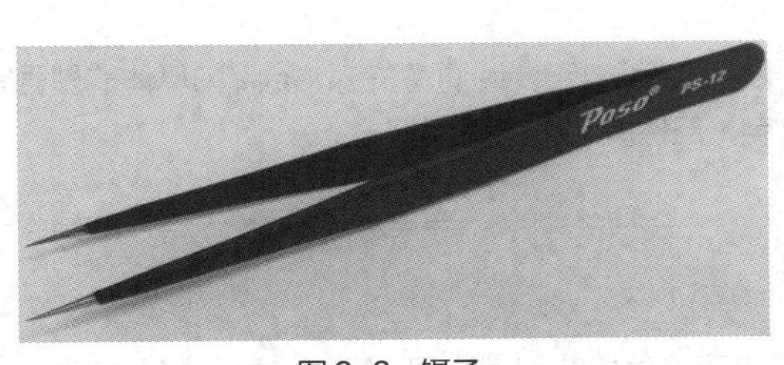

图 3-3　镊子

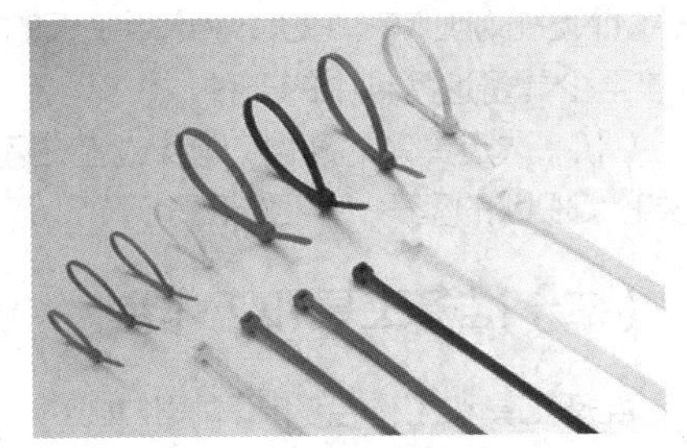

图 3-4　扎带

任务实施

（一）市场调查与采购

市场调查与采购主要包括调查和采购两个步骤。首先，根据选配的计算机配置单，到专业的计算机零售市场，或者直接在购物网站上对比价格，在网上购买时还可以通过购买过产品的用户的评价来评估产品的好坏。其次，选定具体的硬件，直接购买或者在网上下单购买，下单前一定要问清楚货源、品牌和具体的型号等。在网上采购硬件的具体操作如下。

（1）采购 CPU。虽然是商务办公用，但涉及图像制作和视频编辑，所以选配的是自带性能强劲的图形芯片 intel UHD Graphics 750 的 intel Core i5 11600 CPU。米拉在多个购物网站发现该型号的产品缺货，为了保证图形图像处理的质量，所以选择了 intel Core i5 11600K。

（2）主板需要支持 CPU，所以选择具备 LGA 1200 CPU 插槽的主板，米拉选择集成了 Realtek ALC897 7.1 声道音效芯片、板载千兆网卡和 intel B560 芯片组，并出自主板的一线品牌华硕的产品——华硕 TUF GAMING B560M-PLUS 重炮手主板。

（3）经过多个购物网站的价格对比，米拉发现有华硕 TUF GAMING B560M-PLUS 重炮手主板+intel Core i5 11600K CPU 的 CPU 主板套装，其价格比单独购买两个产品更低，于是在多个购物网站对比套装价格后，选择了其中一个购物网站下单购买。

（4）由于 intel Core i5 11600K CPU 的功耗较高，为了保证其正常工作，米拉专门为其选配了一款风冷散热器——九州风神玄冰 400，经过网上价格对比，发现各家相差不大，于是选择了一家用户评价更好、产品质量有保证的网店下单购买。

（5）内存选配的是英睿达铂胜游戏 16GB（2×8GB）DDR4 3200，组建双通道内存，米拉经过网上价格对比，发现各家相差不大，于是选择了一家用户评价更好、产品质量有保证的网店下单购买。

（6）固态硬盘选配的是西部数据 BLACK SN750（500GB），采用 M.2 接口，数据传输速率更快，且比该型号 250GB 容量的产品更具性价比。机械硬盘则选择西部数据蓝盘 1TB 7200 转 64MB SATA3，经过网上价格对比，米拉发现价格差距较大，于是选择了价格较实惠、用户评价好、产品质量有保证的网店下单购买。

（7）机箱选配的是 Tt 启航者 F1，该机箱有黑色和白色两种外观，由于公司办公室整体设计为浅色，所以选择了白色外观。另外，因为该机箱对 CPU 散热器限高，所以要对比选配的 CPU 散热器的高度，米拉对比后发现不影响安装。最后对比机箱价格，选择实惠且产品质量有保证的网店下单购买。

（8）计算已有硬件的功耗，选配长城 HOPE-6000DS 电源，同样经过价格对比后，米拉选择了一家用户评价更好、产品质量有保证的网店下单购买。

（9）键盘、鼠标和显示器公司都有，所以不需要采购。如果要购买，键盘和鼠标套装性价比高，采购显示器时除了注意价格外，还要注意显示接口最好与主板的显示接口对应，例如，本任务中华硕 TUF GAMING B560M-PLUS 重炮手主板的显示接口有 HDMI 和 DP 两种，那么采购的显示器的显示接口应该至少具备这两种中的一种。

（10）选定具体的硬件，购买或者在网上下单购买，下单前一定要问清楚货源、品牌和具体的型号等，例如，CPU 的型号 11700 和 10700，只差一个数字，但性能和价格差了很多。

（二）准备工具和工作台

准备工具和工作台的具体操作如下。

（1）准备工具主要是选购螺钉旋具和扎带等，通常可以直接在网上购买。螺钉旋具最好是带磁性的，通常准备一把即可，也可以选配螺钉旋具套装。扎带也不需要买很多，通常 10 根就足够了，如果选配的机箱具有线槽和卡扣，则不需要购买扎带。

（2）组装计算机需要有一个干净整洁的工作台，要有良好的供电系统，并远离强电场和强磁场，且工作台要采光良好，面积足够大，能够在其中完成组装计算机的全部操作。这里直接将一个办公桌清理干净作为工作台，并拉出一个电源插座为组装计算机供电。

（三）准备硬件

准备硬件的具体操作如下。

（1）将收到的所有硬件放置在一起，特别是同时组装多台同样配置的计算机时，最好将不同计算机的硬件分开放置。图 3-5 所示为购买的硬件产品。

（2）将购买的硬件产品分别拆包，从包装盒中取出，同时需要将各种配件，包括线缆、螺钉等全部分类整理好，如图 3-6 所示。

图 3-5　购买的硬件产品

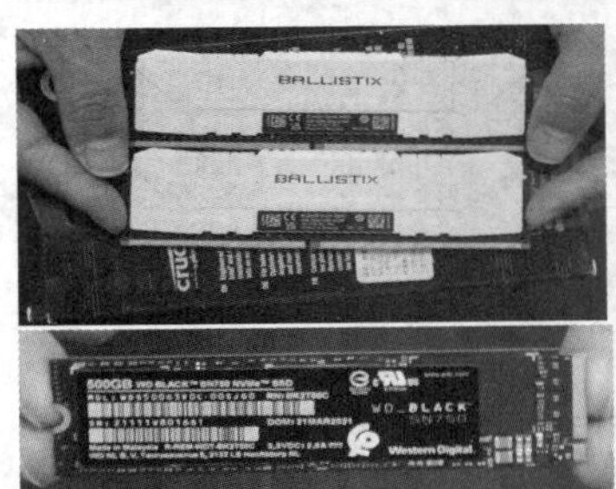

图 3-6　硬件拆箱并整理配件

（3）查看各硬件的说明书，特别是主板、硬盘和 CPU 散热器，熟悉这些硬件的安装操作，并了解主板上各种插槽和接口的对应位置，为接下来的组装操作做好准备。

任务 3-2 组装一台计算机

任务导入

米拉在做好了准备工作后，就开始组装计算机了。她按照计算机组装的基本流程，先组装计算机的主机，也就是安装机箱中的各种硬件，再将主机和显示器、键盘、鼠标连接起来，最后通电开机，完成了一台计算机的组装操作。

任务分析

本任务只是将一台计算机的各种硬件装配和连接起来，也就是通常所说的物理连接，主要硬件包括 CPU、CPU 散热器、主板、内存、硬盘、电源、机箱、显示器、键盘和鼠标，其操作思路如下。

（1）了解组装流程和注意事项。组装计算机前，需要了解组装的基本流程和注意事项。

（2）组装计算机。通常按照以下流程进行组装：先将 CPU 安装到主板上，并安装 CPU 散热器，再将 M.2 接口的固态硬盘和内存安装到主板上，然后将主板安装到机箱中，接下来安装电源、SATA 固态和机械硬盘，接着连接和整理机箱中的各种线缆，最后连接显示器、鼠标、键盘，通电自检。

相关知识

（一）组装计算机的基本流程

虽然组装计算机的流程并不是固定的，但通常可以按照以下流程进行组装。

（1）安装机箱内部的各种硬件，包括以下几项。

- 安装 CPU 和 CPU 散热风扇。
- 安装内存。
- 安装主板。
- 安装电源。
- 安装硬盘（固态硬盘和机械硬盘）。
- 安装其他硬件，如独立的显卡、声卡和网卡。

（2）连接机箱内的各种线缆，包括以下几项。

- 连接主板电源线。
- 连接内部控制线和信号线。
- 连接硬盘数据线和电源线。

（3）连接主要的外部设备，包括以下几项。

- 连接显示器。
- 连接键盘和鼠标。
- 连接主机电源。

（二）组装计算机的注意事项

组装计算机的注意事项主要有以下几点。

- 通过洗手或触摸接地金属物体的方式释放身上所带的静电，防止静电伤害硬件。在组装过程中，手和各部件的不断摩擦也会产生静电，因此建议多次释放静电。
- 在拧各种螺钉时，不能拧得太紧，拧紧后应向反方向拧半圈。
- 各种硬件要轻拿轻放，特别是硬盘。
- 插板卡时一定要对准插槽均衡向下用力，且要插紧；拔卡时要均衡用力地垂直拔出，不能左右晃动，更不能盲目用力，以免损坏板卡。
- 安装主板、内存等部件时应平稳安装，并将其固定牢靠，对于主板，应尽量安装绝缘垫片。

任务实施

（一）安装 CPU

计算机的机箱通常比较小巧，机箱内的空间有限，在其中安装各种硬件设备的操作比较复杂。为了保证组装计算机的任务顺利进行，通常是先将 CPU、CPU 散热器、M.2 接口的固态硬盘和内存等硬件安装到主板上，再将主板固定到机箱中。下面就来将 CPU 安装到主板上，具体操作如下。

微课 3-1：安装 CPU

（1）将主板放置在包装盒上（有条件的可以放置在绝缘垫上），推开主板上的 CPU 插槽固定杆，如图 3-7 所示。

（2）取下 CPU 插槽上的 CPU 插槽防尘盖，如图 3-8 所示。防尘盖在安装好 CPU 后就没有用处了。

图 3-7　推开 CPU 插槽固定杆

图 3-8　取下 CPU 插槽防尘盖

（3）打开 CPU 插槽上的 CPU 固定挡板，使 CPU 插槽完全裸露出来，如图 3-9 所示。

（4）将 CPU 两侧的缺口对准插槽缺口，将其垂直放入 CPU 插槽，如图 3-10 所示。

图 3-9　打开 CPU 固定挡板

图 3-10　放入 CPU

注意 CPU 的一角上有一个小三角形标记，主板的 CPU 插槽上也有一个白色三角形标记，其作用是防止 CPU 安装错误，如图 3-11 所示。将 CPU 有三角形标记的一角对准主板 CPU 插槽上的三角形标记放入 CPU 即可安装成功。

（5）此时不可用力按压，应使 CPU 自动滑入插槽内，再盖好 CPU 固定挡板并压下固定杆，使 CPU 固定挡板和固定杆恢复到最初的状态，完成 CPU 的安装，如图 3-12 所示。

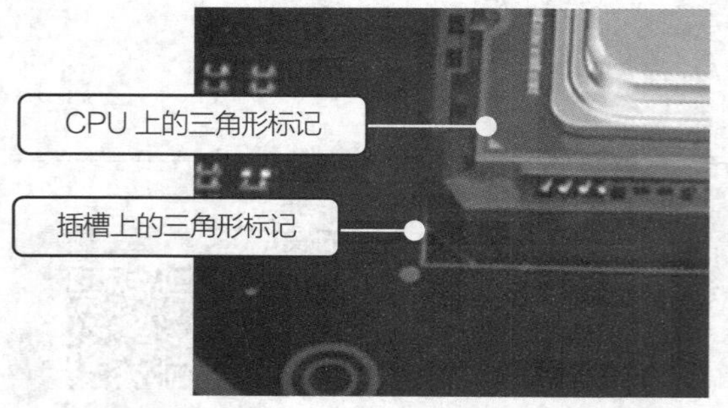

图 3-11 CPU 和主板 CPU 插槽上的三角形标记

图 3-12 固定 CPU

注意 CPU 固定挡板上通常也有一个三角形标记，同样用于防止 CPU 安装错误。

（二）安装 CPU 散热器支架

微课 3-2：安装 CPU 散热器支架

下面来为 CPU 散热器安装支架，具体操作如下。

（1）取出 CPU 散热器的安装背板，将螺钉固定在 4 个角中，如图 3-13 所示，需要查看说明书以分辨背板的正反面。

（2）将主板翻面，在其底部找到安装支架的 4 个孔，并将背板上的 4 个螺钉放入安装孔，如图 3-14 所示。

图 3-13 在安装背板上固定螺钉

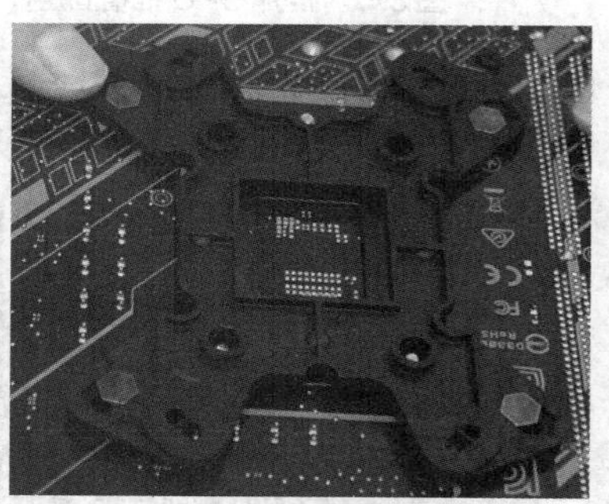

图 3-14 安装背板

（3）将主板翻回正面，为 4 个螺钉安装防震垫片，如图 3-15 所示。

（4）为 4 个螺钉安装固定螺母，如图 3-16 所示，完成 CPU 散热器固定支架的安装。散热器较大，因此将会在安装好 M.2 接口的固态硬盘和内存后再进行安装。

图 3-15　安装防震垫片

图 3-16　安装固定螺母

（三）安装固态硬盘

微课 3-3：安装固态硬盘

如果是其他接口的固态硬盘，则需要在安装好主板后进行安装，这里安装的是 M.2 接口的固态硬盘，具体操作如下。

（1）找到主板上靠近 CPU 插槽的 M.2 插槽上的散热片，用螺钉旋具将其拆卸下来，如图 3-17（a）所示，图 3-17（b）所示为拆卸后的效果。

（a）

（b）

图 3-17　拆卸掉 M.2 插槽上的散热片

（2）将固态硬盘的金手指对准 M.2 插槽，将固态硬盘插入插槽，如图 3-18 所示。

（3）将固态硬盘轻轻按平，并将散热片重新安装好，如图 3-19 所示。

图 3-18　插入固态硬盘

图 3-19　重新安装散热片

（四）安装内存

内存也可以预先安装在主板上，其安装方法比较简单，但在安装内存时需要注意多通道的问题。

内存插槽一般用不同的颜色来表示不同的通道，例如，需要安装两条内存来组成双通道时，就需要将两条内存插入相同颜色的插槽。下面来安装双通道的内存，具体操作如下。

微课 3-4：安装内存

（1）将两个灰色的内存插槽上的固定卡座向外轻微用力扳开，打开内存插槽的卡扣，如图 3-20 所示。

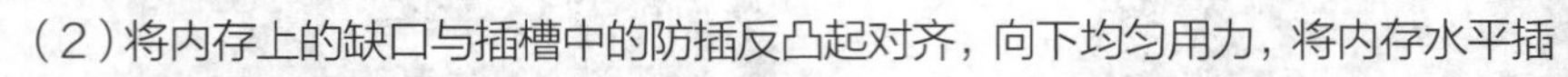

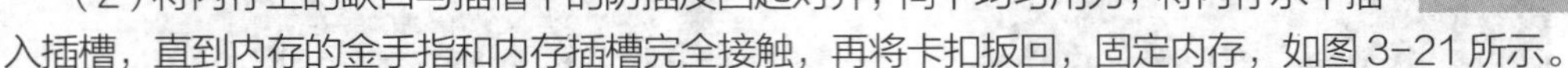

（2）将内存上的缺口与插槽中的防插反凸起对齐，向下均匀用力，将内存水平插入插槽，直到内存的金手指和内存插槽完全接触，再将卡扣扳回，固定内存，如图 3-21 所示。

图 3-20　打开内存插槽的卡扣

图 3-21　安装双通道内存

（五）安装 CPU 散热器

接下来就需要将 CPU 散热器安装到散热器支架上，具体操作如下。

微课 3-5：安装 CPU 散热器

（1）将导热硅脂挤出到 CPU 正面中心，并将导热硅脂均匀涂抹到整个 CPU 正面，如图 3-22 所示。

（2）在散热器的左右两侧安装好固定支架挡片，如图 3-23 所示。

（3）撕下散热器底部与 CPU 正面接触位置的保护贴纸，如图 3-24 所示。

图 3-22　涂抹导热硅脂

图 3-23　安装固定支架挡片

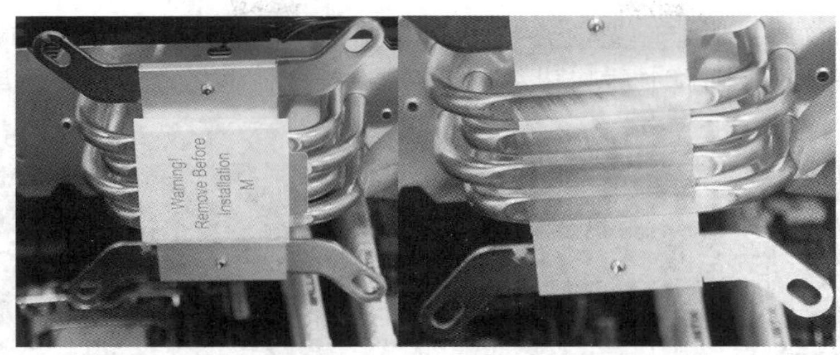

图 3-24　撕下保护贴纸

（4）将散热器放置到支架上，注意，保护贴纸应该与 CPU 正面完全接触，支架上的 4 个螺钉正对挡片的 4 个开口，如图 3-25 所示。

（5）将 4 颗固定螺帽安装到支架螺钉上，固定 CPU 散热器。但由于散热器上的风扇挡住了两颗螺帽的安装，这里需要先将风扇拆下，再将所有螺帽安装好，如图 3-26 所示。

图 3-25　安放 CPU 散热器

图 3-26　固定 CPU 散热器

（6）将风扇重新安装到 CPU 散热器上，如图 3-27 所示。

（7）将风扇的电源插头插入主板的 CPU 散热器供电插槽，如图 3-28 所示。

图 3-27　安装风扇

图 3-28　连接散热器电源

（六）拆卸机箱并安装电源

微课 3-6：拆卸机箱并安装电源

安装好主板上的硬件后，需要将机箱侧面板拆卸下来，并将电源安装到其中，具体操作如下。

（1）将机箱放在工作台上，用手或十字螺钉旋具拧下机箱后部的固定螺钉（通常是 4 颗，每侧 2 颗），如图 3-29 所示。

（2）在拧下机箱盖一侧的两颗螺钉后，按住该机箱侧面板向机箱后部滑动，拆卸掉侧面板。

（3）将两侧的侧面板都拆卸掉后，将机箱中的线缆插头整理好，为后面的安装做好准备，如图 3-30 所示。

图 3-29　拧下固定螺钉

图 3-30　拆卸侧面板

（4）将电源有开关和插座的一面朝向机箱背面的预留孔，并将其放置在机箱的电源固定架上，将电源上的螺钉孔与机箱上的孔位对齐，安装 4 颗固定螺钉，以固定电源，如图 3-31 所示。

（5）利用螺钉将电源固定在机箱的固定架上后，可以用手上下晃动电源，观察其是否稳固，或者将机箱正放，查看电源是否稳固，如图 3-32 所示。

注意　**现在机箱的电源固定架通常在机箱底部，对应电源的散热孔也在机箱底部，电源的散热风扇应正对散热孔。**

图 3-31　固定电源

图 3-32　查看电源是否稳固

（七）安装主板

接下来就可以将主板安装到机箱中了，具体操作如下。

微课 3-7：安装主板

（1）如果机箱内没有固定主板的螺栓，那么需要观察主板螺钉孔的位置，并根据该位置将六角螺栓安装在机箱内。先用手将六角螺栓拧入机箱的螺钉孔，再使用尖嘴钳将其固定，安装好所有的六角螺栓，并确定其对应主板上的螺钉孔位置，如图 3-33 所示。

（2）将主板平稳地放入机箱，使主板上的螺钉孔与机箱上的六角螺栓对齐，以固定主板，如图 3-34 所示。

（3）将螺钉拧入对应的六角螺栓，将主板固定在机箱的主板架上，如图 3-35 所示，完成主板的安装。

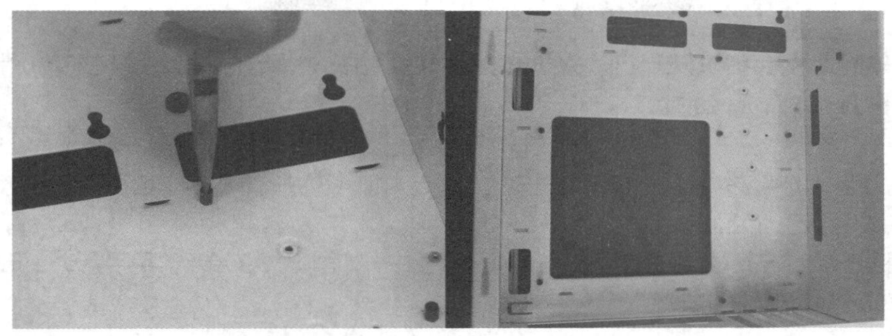

图 3-33 安装六角螺栓

图 3-34 固定主板

图 3-35 拧入固定螺钉

（八）安装机械硬盘

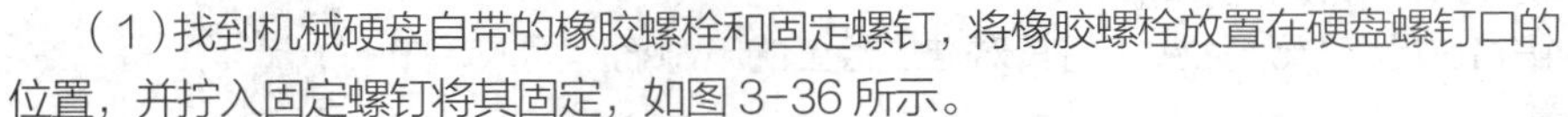

微课 3-8：安装机械硬盘

安装机械硬盘的具体操作如下。

（1）找到机械硬盘自带的橡胶螺栓和固定螺钉，将橡胶螺栓放置在硬盘螺钉口的位置，并拧入固定螺钉将其固定，如图 3-36 所示。

（2）用同样的方法安装和固定好另外两个橡胶螺栓，如图 3-37 所示，将一个橡胶螺栓固定到机箱上用于安装机械硬盘的圆形固定孔中。

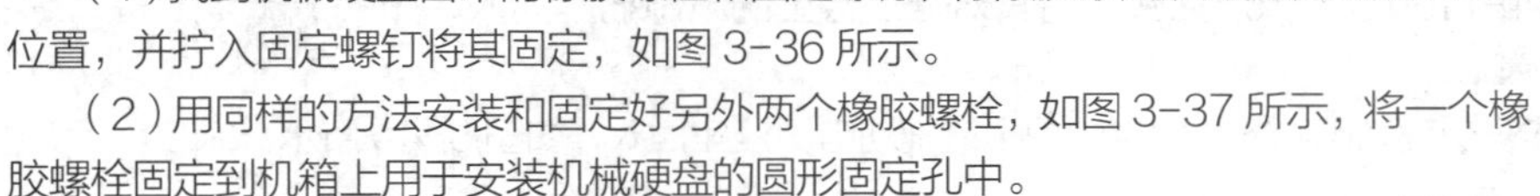

提示 **安装机械硬盘前应该先在机箱上找到对应的安装孔，通常在主板旁边的机箱支架上，或者在与电源平行的机箱支架上。对应的安装孔通常是 4 个，但其中 3 个是非固定卡扣孔，1 个是圆形固定孔。**

图 3-36 安装和固定橡胶螺栓

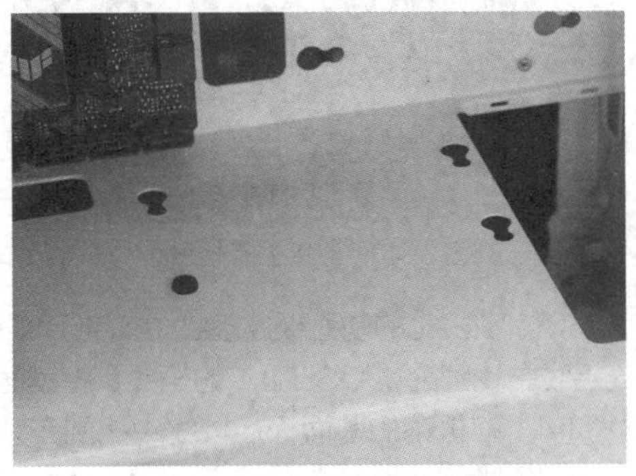

图 3-37 安装和固定其余橡胶螺栓

提示 **机箱中通常有两个或以上用于安装机械硬盘的位置，最好选择散热空间大，且在机箱正常放置时，机械硬盘正面向上的位置。**

（3）将硬盘上的橡胶螺栓放入机箱上对应的非固定卡扣孔，并向非固定卡扣孔中空间较小的位置推拉，将橡胶螺栓固定，以固定硬盘，如图 3-38 所示。

（4）将固定螺钉拧入对应的图形固定孔的橡胶螺栓中，如图 3-39 所示。用手晃动一下硬盘，确认固定后，完成安装机械硬盘的操作。

图 3-38 固定硬盘

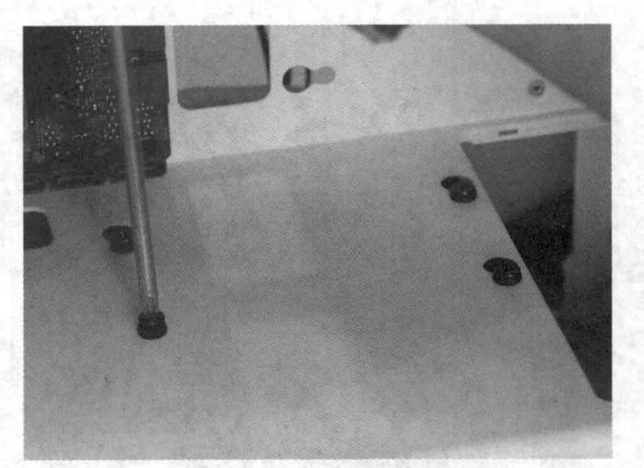

图 3-39 拧入固定螺钉

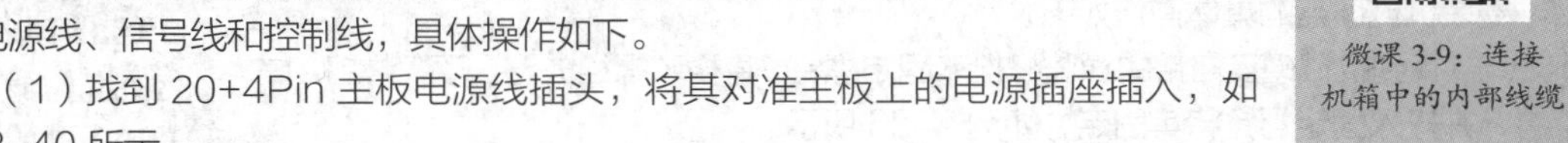

（九）连接机箱中的内部线缆

微课 3-9：连接机箱中的内部线缆

在安装了机箱内部的硬件后，用户还需要连接机箱内的各种线缆，主要包括各种电源线、信号线和控制线，具体操作如下。

（1）找到 20+4Pin 主板电源线插头，将其对准主板上的电源插座插入，如图 3-40 所示。

（2）将 8Pin 的主板辅助电源插头对准主板上的辅助电源插座插入，如图 3-41 所示。

图 3-40 连接主板电源线

图 3-41 连接主板辅助电源线

（3）在机箱的前面板连接线中找到 USB 3.0 的插头，将其插入主板相应的插座，再在机箱的前面板连接线中找到前置 USB 2.0 的插头，将其插入主板相应的插座，如图 3-42 所示。

（4）在机箱的前面板连接线中找到音频连线的 HD AUDIO 插头，将其插入主板相应的插座，如图 3-43 所示。

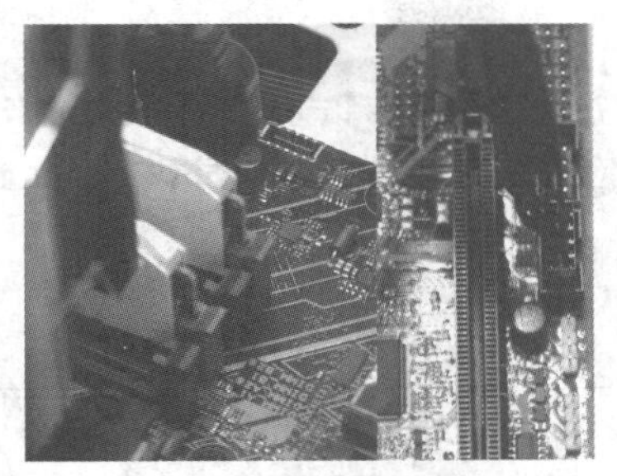

图 3-42　连接 USB 线

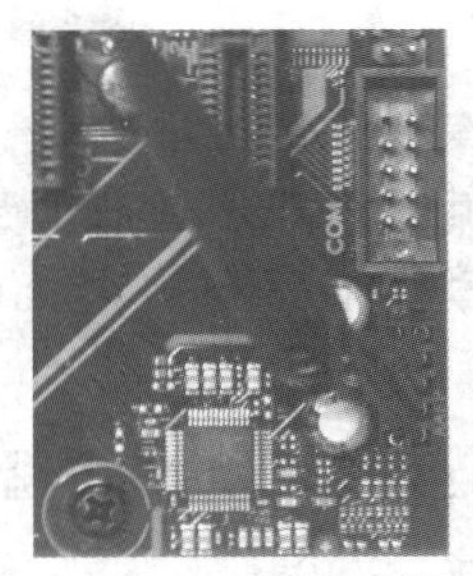

图 3-43　连接音频线

（5）从机箱信号线中找到主机开关电源工作状态指示灯信号线插头，该插头是独立的两个插头，将其和主板上的 POWER LED 接口相连；找到机箱的电源开关控制线插头，该插头为一个两芯的插头，将其和主板上的 POWER SW 接口相连；找到硬盘工作状态指示灯信号线插头，其为两芯插头，将该插头和主板上的 H.D.D LED 接口相连；找到机箱上的重启键控制线插头，并将其和主板上的 RESET SW 接口相连，如图 3-44 所示。

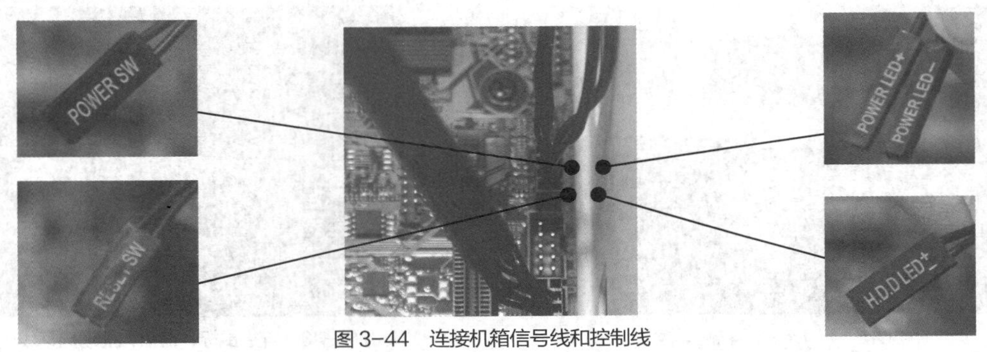

图 3-44　连接机箱信号线和控制线

提示　**信号线和控制线通常有正负极之分，也会在插头或主板的插座上标注。另外，用户可以通过主板的说明书或用户手册进行查看。**

（6）机械硬盘电源线的一端为“L”形，在主机电源的线缆中找到该电源线插头，将其插入硬盘对应的插座；机械硬盘数据线两端接口也都为“L”形（该数据线属于硬盘的附件，在硬盘包装盒中），按正确的方向将一条数据线的插头插入硬盘的数据插座，将该数据线的另一个插头插入主板的 SATA 插座，如图 3-45 所示。

（7）将机箱内部的信号线放在一起，将硬盘的数据线和电源线理顺后用扎带捆绑固定起来，并将所有未使用的电源线捆扎起来，如图 3-46 所示。

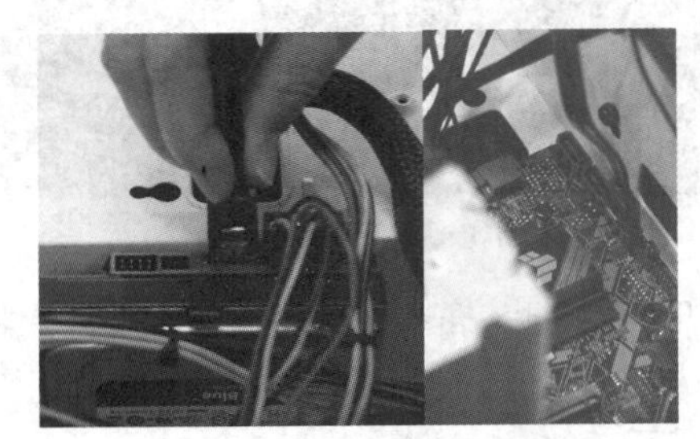

图 3-45　连接机械硬盘的电源线和数据线

图 3-46　整理线缆

注意 如果需要安装独立的显卡、网卡或声卡，则需要在整理线缆前完成。以安装独立显卡为例，需要先拆卸掉机箱背部的板卡挡板，将显卡安装在对应的主板 PCI-E 显卡插槽中，插上显卡电源线，再将显卡固定在机箱上。

（十）连接外部硬件设备

微课 3-10：连接外部硬件设备

连接外部硬件设备是组装计算机硬件的最后步骤，需要先安装机箱侧面板，再连接显示器、键盘和鼠标，具体操作如下。

（1）将拆除的两个侧面板装上，并用螺钉固定，如图 3-47 所示。

（2）先将 USB 鼠标和 USB 键盘的连接线插头对准机箱背部的主板扩展插槽的 USB 接口插入，再将显示器包装箱中配置的显示数据线的 HDMI 插头插入到机箱背部的主板扩展插槽的 HDMI 中，如图 3-48 所示。

图 3-47　安装机箱侧面板

图 3-48　连接鼠标、键盘和显示数据线

（3）检查前面安装的各种连线，确认连接无误后，将主机电源线插头连接到主机后的电源接口中，如图 3-49 所示。

（4）将显示器包装箱中配置的电源线一头插入到显示器电源接口中，并将显示数据线的另外一个插头插入到显示器后面的 HDMI 中，如图 3-50 所示。

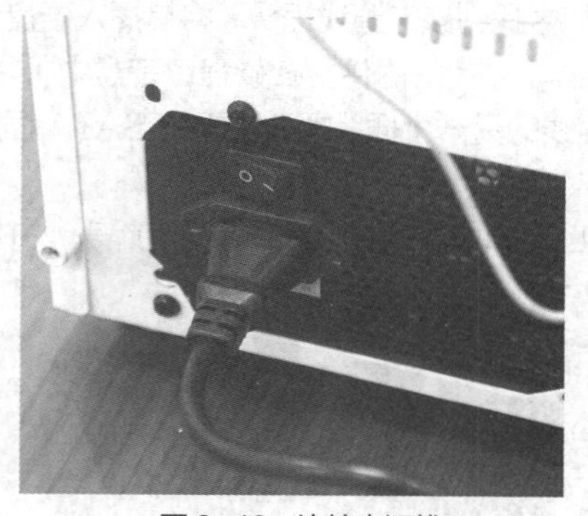

图 3-49　连接电源线

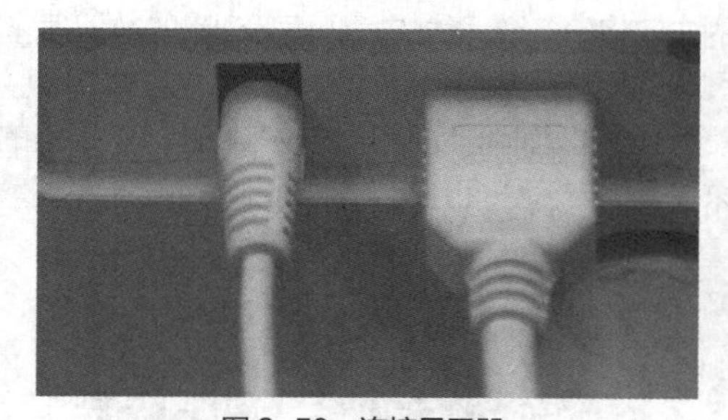

图 3-50　连接显示器

（5）将显示器电源插头插入到电源插线板中，再将主机电源线插头插入到电源插线板中，如图 3-51 所示。

（6）计算机硬件组装完成后，其基本外观如图 3-52 所示。

提示 计算机组装完成后，通常需检测是否安装成功。用户只需启动计算机，若能正常开机并显示自检画面，则说明组装成功，否则会发出报警声。出错的硬件不同，报警声也不相同。最易出现的错误是显卡和内存条未插好，通常将其拔下重新插入即可解决问题。

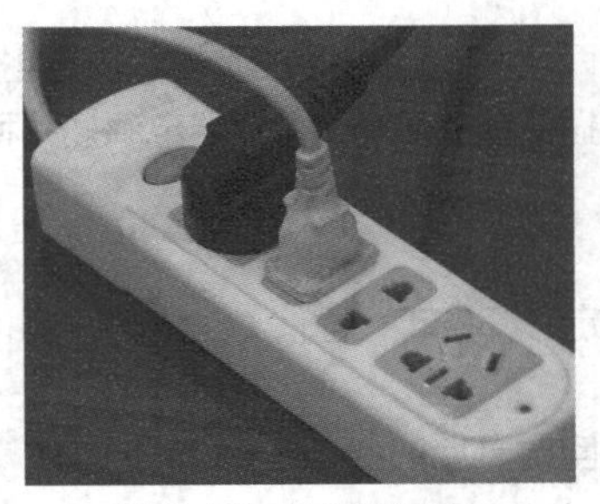

图 3-51　计算机通电

图 3-52　计算机组装完成后的基本外观

实训

（一）拆卸机箱中的硬件

1. 实训目的

（1）熟悉计算机机箱中的主要硬件。

（2）掌握计算机硬件的拆卸操作。

（3）能够独立拆卸主机硬件。

2. 实训要求

（1）将机箱与外部硬件设备的连接线拆除。

（2）打开机箱侧面板，将机箱中安装的硬件全部拆卸下来。

3. 实训内容

（1）拆除连接线。

关闭电源开关，拔下主机箱上的电源线，在机箱后侧将一些连接线的插头直接向外水平拔出，包括键盘线、鼠标线、主电源线、USB 线、音箱线、网线和显示数据线等，拆除连接线后的机箱如图 3-53 所示。

图 3-53　拆除连接线后的机箱

（2）拆卸机箱。

操作提示如下。

- 拧下机箱的固定螺钉，取下机箱的两个侧面板。
- 打开机箱盖后就可以拆卸板卡了。先用螺钉旋具拧下条形窗口上固定插卡的螺钉，再用双手捏紧接口卡的上边缘，平直地向上拔出板卡。
- 拆卸板卡后需要拔下硬盘的数据线和电源线，并拧下两侧固定驱动器的螺钉，将硬盘抽出。
- 将插在主板电源插座上的电源插头拔下，需要拔下的插头还有 CPU 散热器电源插头和主板与机箱面板按钮的连线插头等。
- 取下内存条。
- 拆卸 CPU 散热器，并将 CPU 插槽旁边的 CPU 固定拉杆拉起，捏住 CPU 的两侧，小心地将 CPU 取下。
- 拆卸固态硬盘上覆盖的散热片，并取出固态硬盘，装回散热片。
- 拧下固定主板的螺钉，将主板从主机箱中取出来。
- 拧下固定主机电源的螺钉，再握住电源向后抽出机箱。

（二）组装一台全新的计算机

1. 实训目的

（1）熟悉组装计算机硬件的步骤。

（2）掌握计算机中各种硬件的安装操作。

（3）能够独立组装一台计算机。

2. 实训要求

（1）根据实训内容中提示的步骤组装计算机硬件。

（2）组装完成后计算机能够成功启动。

3. 实训内容

（1）安装机箱内部的各种硬件。

操作提示如下。

- 安装 CPU 的散热器支架，安装 CPU，并安装 CPU 散热器（原装）。
- 将内存安装到主板上。
- 拆卸机箱，为机箱安装主板底座螺栓，并将主板安装到机箱中。
- 将电源安装到对应的位置。
- 将固态硬盘（SATA 接口）和机械硬盘安装到驱动器支架上。
- 拆卸主板背部的挡片，安装独立显卡。

（2）连接机箱内的各种线缆。

操作提示如下。

- 连接主板的电源线，连接 CPU 散热器电源线和主板的辅助电源线。
- 连接显卡的电源线。
- 连接前置面板的 USB 连接线和音频线。
- 连接 POWER LED、POWER SW、H.D.D LED 和 RESET SW 跳线。
- 连接固态硬盘和机械硬盘的数据线和电源线。

（3）连接主要的外部设备。

操作提示如下。

- 盖上机箱。
- 将电源线和数据线的一端连接到显示器上，另一端连接电源插座和显卡。
- 将键盘和鼠标连接到主板扩展插槽中。
- 将电源线的一端连接到主机电源中，另一端连接电源插座。
- 通电自检。

拓展知识

（一）组装计算机的实用技巧

下面介绍一些组装计算机的实用技巧。

- 多看说明书。每台计算机的主板、机箱、电源等都不一样，所以具体安装时需要先查阅一下主板、显卡和散热器等硬件的说明书。
- 选择 PCI-E 插槽。对于有多条 PCI-E 插槽的主板，靠近 CPU 的 PCI-E 插槽通常为 CPU 直连，性能更优，用户通常应该选择该插槽安装显卡。但一些计算机的 CPU 散热器体积过于庞大，会影响显卡的散热，这时就需要将显卡安装在第二条 PCI-E 插槽上。
- 注意固定主板螺钉的顺序。安装时应先将主板螺钉孔位与背板螺栓对齐，再安装主板对角线位置的两颗螺钉，这样可以避免在安装之后主板发生位移，但这两颗螺钉不必拧紧，最后安装其余螺钉，同样不必拧紧，全部螺钉都安装完毕之后，依次对其进行拧紧操作。
- 选择安装硬件的顺序。对于组装计算机的顺序，不同的人有不同的看法，按照自己的习惯进行即可。对组装计算机的新手而言，最好先将硬盘、电源安装到机箱中后，再将安装好 CPU、内存的主板安装到机箱中，这样可以避免在安装电源和硬盘时失手，撞坏主板。

（二）安装水冷散热器的实用技巧

在散热效率和静音等方面的优势使水冷散热器开始流行，但水冷散热器的安装比较复杂，除了正常的安装操作外，还有以下几个实用的技巧。

- 水冷散热器的接触面必须与硬件接触面尺寸相匹配，防止压扁、压歪硬件。
- 水冷散热器的接触面必须具有较高的平整度和表面粗糙度。建议选购接触面粗糙度小于或等于 1.6μm，平整度小于或等于 30μm 的水冷散热器。安装时硬件接触面与散热器接触面应保持清洁干净，无油污等脏东西。
- 安装时要保证硬件接触面与水冷散热器的接触面完全平行。安装过程中，用户应通过硬件中心线施加压力，以使压力均匀分布在整个接触区域。建议使用扭矩扳手，对所有紧固螺母交替均匀用力，压力的大小要达到要求。
- 在重复使用水冷散热器时，应特别注意检查其接触面是否光洁、平整，水腔内是否有水、是否出现下陷等情况，若出现了上述情况，应予以更换。

（三）安装音箱

音箱的数据线通常是一根绿色插头的输出线，将插头插入到主板或声卡的声音输出口中。声音输出口通常也是绿色，标记为“LINE OUT”或者显示为一个耳机标记，如图 3-54 所示。

图 3-54　音箱数据线接口

项目4 设置BIOS和硬盘分区

04

项目情景

米拉和老洪一起组装完成了多台计算机，但目前只是完成了各个计算机硬件的物理连接，要让计算机正常工作，还需要设置 BIOS 和硬盘分区。设置 BIOS 的目的是控制硬件设备来执行软件对硬件的各种操作；设置硬盘分区则是设置好硬盘的各项物理参数，并引导和规划硬盘空间，以便计算机读取硬盘中的数据和向硬盘写入数据。米拉对这项工作缺少经验，老洪告诉她，自己动手多操作一下就能熟练掌握了。

项目目标

• 了解 BIOS 的基础知识 • 熟练掌握设置 BIOS 的常规操作	• 了解硬盘分区的基础知识 • 熟练掌握硬盘分区和格式化的相关操作

素养目标

• 增强对国家科学技术发展的认同感和自豪感，培养爱国奉献、努力钻研的科学精神。

任务 4-1 设置 BIOS

任务导入

米拉准备设置 BIOS，可看着全英文的开机界面，不知道怎么办。老洪让米拉按机箱上的重启键，重新启动计算机，并在进入开机界面时按【Delete】键，进入 BIOS 主界面，老洪还给米拉介绍了各种选项的作用，并指导米拉按需进行设置和操作。

任务分析

通常组装好的计算机可以不用特别设置 BIOS，计算机会自动识别硬件并调节和设置各种参数。但对于需要学习计算机组装整个过程的用户，需要通过设置 BIOS 来优化硬件性能，并设置符合个人工作习惯的参数，其操作思路如下。

（1）了解 BIOS 的基础知识。了解 BIOS 的基本特点、基本功能和基础操作。

（2）设置 BIOS 语言。过去的 BIOS 设置都是英文界面，现在常用的 UEFI BIOS 支持中文显示，所以通常进行 BIOS 设置前都将其切换到中文界面。

（3）设置启动顺序。BIOS 中设置的启动顺序是指计算机加载硬件数据的顺序，通常包括固态硬盘、机械硬盘、USB 设备和光盘驱动器等。设置启动顺序在通过 U 盘安装操作系统时能发挥重要作用，通常设置为先通过 U 盘启动，再加载其他设备。

（4）设置核芯显卡的显存。核芯显卡的显存是可直接使用的内存，所以在很多计算机硬件测试中存在安装内存和可用内存两种不同的内存容量，通常安装内存就是内存的实际容量，可用内存则是将一定的容量分配给显存后剩余内存的容量。所以，可以通过设置 BIOS 中的选项来调节显存的大小，从而在一定程度上提高核芯显卡的性能。

（5）保存 BIOS 设置。设置完 BIOS 后，对所有的设置选项进行保存，使计算机在重新启动后按照设置的结果执行各种操作。

相关知识

（一）UEFI BIOS 和其特点

统一的可扩展固件接口（Unified Extensible Firmware Interface，UEFI）是一种详细描述全新类型接口的标准，是适用于计算机的标准固件接口，旨在代替 BIOS 并提高软件互操作性和打破 BIOS 的局限性，现在通常把具备 UEFI 标准的 BIOS 设置称为 UEFI BIOS。UEFI BIOS 具有图形化界面、多种多样的操作方式、允许植入硬件驱动等多项特性，成为近几年来主板的标准配置。不同品牌的主板，其 BIOS 的设置程序可能不同，但进入设置程序的操作是相同的，即启动计算机，按【Delete】键或【F2】键。图 4-1 所示为微星主板的 UEFI BIOS 主界面。

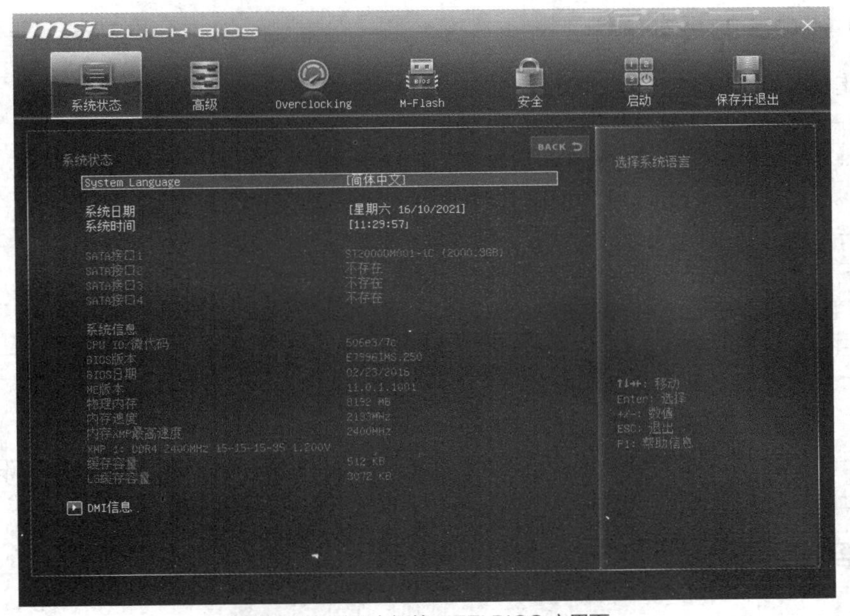

图 4-1　微星主板的 UEFI BIOS 主界面

UEFI BIOS 具有以下 5 个特点。

- 通过保护预启动或预引导进程，抵御 Bootkit 攻击，从而提高安全性。
- 缩短了启动时间和从休眠状态恢复的时间。
- 支持容量超过 2.2TB 的驱动器。

- 支持 64 位的现代固件设备驱动程序，系统在启动过程中可以使用它们来对超过 172 亿吉字节的内存进行寻址。
- UEFI 硬件可与 BIOS 结合使用。

（二）BIOS 的基本功能

BIOS 主要包括中断服务程序、系统设置程序、开机自检程序和系统启动自举程序 4 项，但经常用到的只有后面 3 项。

- 中断服务程序。中断服务程序实质上是指计算机系统中软件与硬件之间的一个接口，操作系统中对硬盘、光驱、键盘和显示器等硬件设备的管理，都建立在 BIOS 的基础上。
- 系统设置程序。计算机在对硬件进行操作前，必须先知道硬件的配置信息，这些配置信息存放在一块可读写的 RAM 芯片中，而 BIOS 中的系统设置程序主要用来设置 RAM 中的各项硬件参数，这个设置参数的过程就称为 BIOS 设置。
- 开机自检程序。在按下计算机电源开关后，开机自检（Power On Self Test，POST）程序将检查各个硬件设备是否正常工作，包括对 CPU、640KB 基本内存、1MB 以上的扩展内存、ROM、主板、CMOS 存储器、串并口、显卡、软/硬盘子系统及键盘的测试，一旦在自检过程中发现问题，系统将给出提示信息或警告。
- 系统启动自举程序。在完成开机自检后，BIOS 将先按照 RAM 中保存的启动顺序来搜寻软/硬盘、光盘驱动器和网络服务器等有效的启动驱动器，并读入操作系统引导记录，再将系统控制权交给引导记录，最后由引导记录完成系统的启动。

（三）BIOS 的基本操作

UEFI BIOS 可以直接通过鼠标操作，也可以通过快捷键进行操作，常用快捷键如下。

- 【←】、【→】、【↑】、【↓】键：用于在各设置选项间切换和移动。
- 【+】或【Page Up】键：用于切换选项设置递增值。
- 【-】或【Page Down】键：用于切换选项设置递减值。
- 【Enter】键：确认执行和显示选项的所有设置值并进入选项子菜单。
- 【F1】键或【Alt+H】组合键：打开帮助窗口，并显示所有功能键。
- 【F5】键：用于载入选项修改前的设置值。
- 【F6】键：用于载入选项的默认值。
- 【F7】键：用于载入选项的最优化默认值。
- 【F10】键：用于保存并退出 BIOS 设置。
- 【Esc】键：回到前一级界面或主界面，或从主界面中结束设置程序，也可不保存设置直接要求退出 BIOS 程序。

任务实施

（一）设置 BIOS 为中文界面

微课 4-1：设置 BIOS 为中文界面

UEFI BIOS 操作界面默认为英文显示，为了方便操作，可以将其设置为中文显示。下面以设置华硕主板的 UEFI BIOS 为例进行讲解，具体操作如下。

（1）启动计算机，当进入自检界面时按【Delete】键，进入 UEFI BIOS 主界面，如图 4-2 所示，选择右下角的“Advanced Mode”选项卡。

提示 “Advanced Mode”等选项卡右侧的括号中的字符是进入设置界面的快捷键。另外，UEFI BIOS 主界面中将显示 CPU、内存、散热器、硬盘等硬件的型号和性能参数，以及计算机的启动顺序等信息。

（2）进入 UEFI BIOS 的“Advanced Mode”界面，在“Main”选项卡的“System Language”选项中，单击其右侧的下拉按钮，在弹出的下拉列表中选择“中文（简体）”选项，如图 4-3 所示。

（3）UEFI BIOS 主界面将自动切换到中文模式。

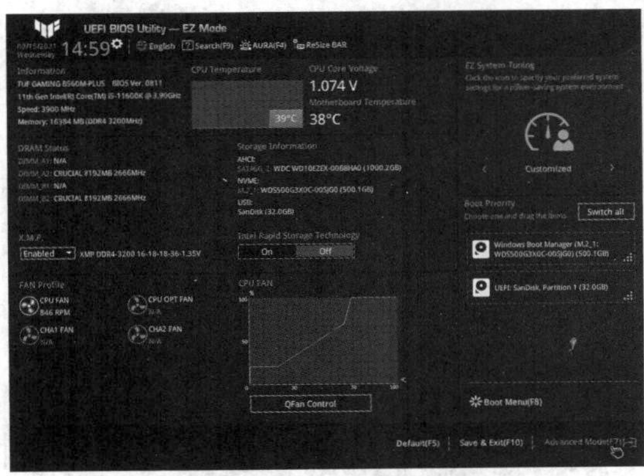

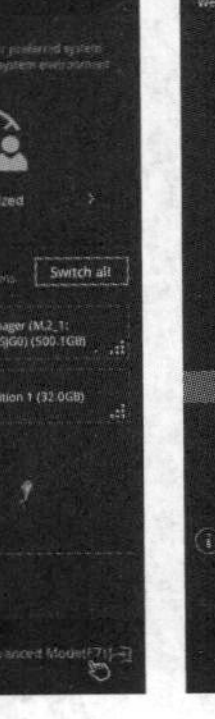

图 4-2　UEFI BIOS 主界面

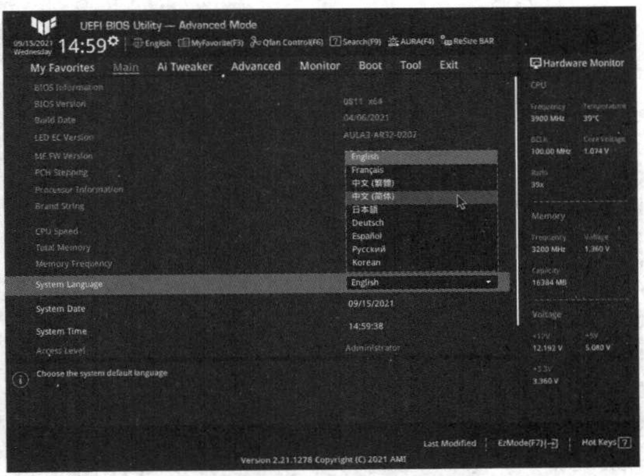

图 4-3　设置显示模式

（二）设置计算机的启动顺序

启动顺序是指系统启动时将按设置的驱动器顺序查找并加载操作系统，这需要在 BIOS 启动界面中进行设置。下面在 BIOS 启动界面中设置计算机的启动顺序为先启动 U 盘，再启动硬盘，具体操作如下。

微课 4-2：设置计算机的启动顺序

（1）在“Advanced Mode”界面中选择“启动”选项卡，选择“启动设置”选项，在展开的选项组中单击“启动选项#1”选项右侧的下拉按钮，在弹出的下拉列表中选择 U 盘对应的选项，即设置第一启动顺序的硬件设备，如图 4-4 所示。

（2）单击“启动选项#2”选项右侧的下拉按钮，在弹出的下拉列表中选择硬盘对应的选项，即设置第二启动顺序的硬件设备，如图 4-5 所示。

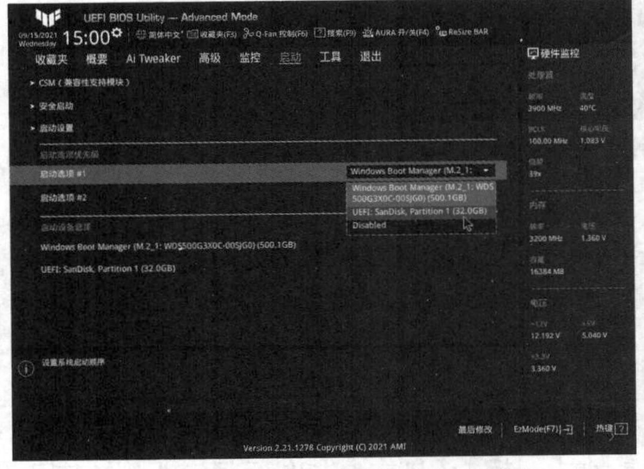

图 4-4　设置第一启动顺序的硬件设备

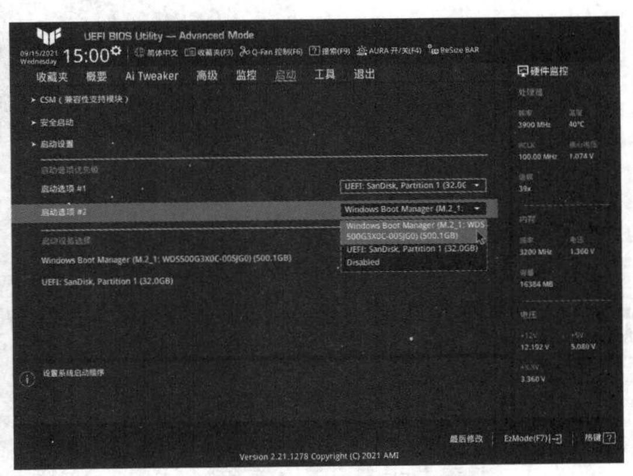

图 4-5　设置第二启动顺序的硬件设备

（三）设置核芯显卡的显存

微课 4-3：设置 CPU 集成显卡的显存

设置核芯显卡的显存的目的是提升显卡的性能，下面在 BIOS 中将核芯显卡的显存设置为 1GB，具体操作如下。

（1）在“Advanced Mode”界面中选择“高级”选项卡，在进入的界面中选择“北桥”选项，如图 4-6 所示。

（2）进入“高级\北桥”选项的界面，选择“显示设置”选项，如图 4-7 所示。

（3）进入“高级\北桥\显示设置”选项的界面，单击“DVMT 预分配”选项右侧的下拉按钮，在弹出的下拉列表中选择“1024M”选项，即可设置显存，如图 4-8 所示。

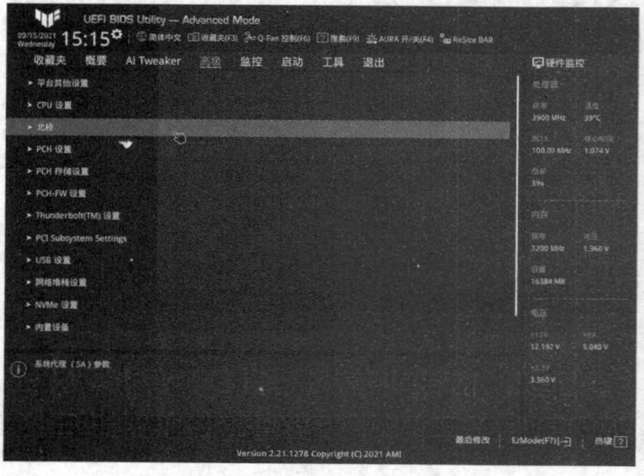

图 4-6　设置北桥

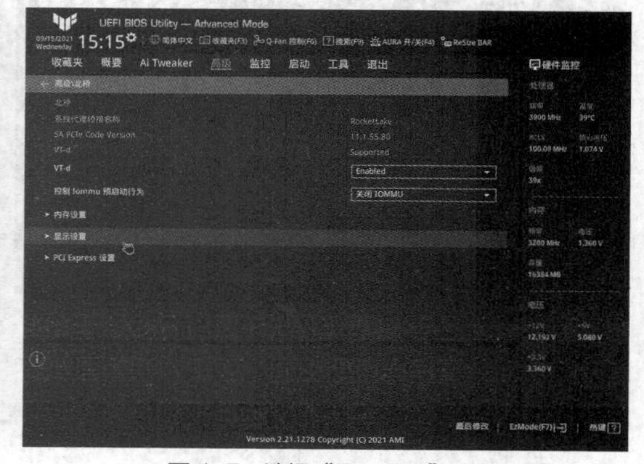

图 4-7　选择“显示设置”选项

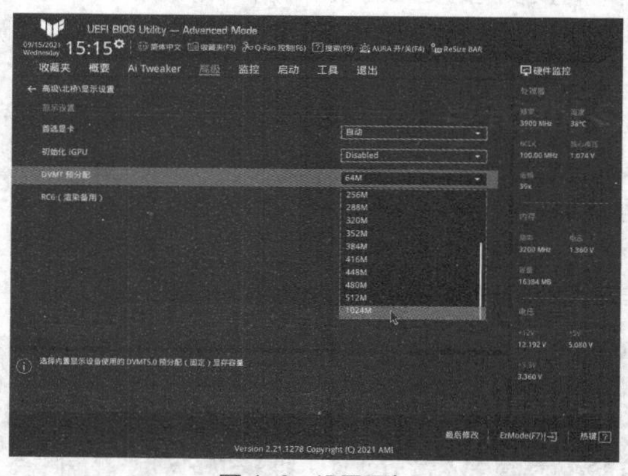

图 4-8　设置显存

提示　**DVMT 是一种动态分配共享显存的技术，用于动态分配系统内存作为视频内存，以确保计算机能够最有效地利用可用资源来获得最佳的 2D/3D 图形性能。**

（四）保存设置并退出 BIOS

BIOS 设置完成后，用户需要保存设置并重新启动计算机，相关设置才会生效。下面在设置核芯显卡的显存后保存设置并退出 BIOS，具体操作如下。

（1）在“Advanced Mode”界面中选择“退出”选项卡，在进入的界面中选择“保存变更并重新设置”选项，如图 4-9 所示。

（2）打开“保存变更并重新设置”对话框，用户可以在其中确认需要保存的设置内容，单击“OK”按钮，如图 4-10 所示。

（3）计算机自动重新启动，所有更改的 BIOS 设置生效。

微课 4-4：保存设置并退出 BIOS

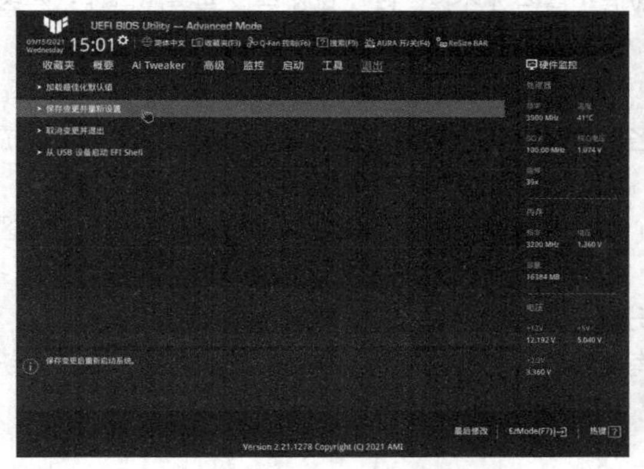

图 4-9 选择退出操作

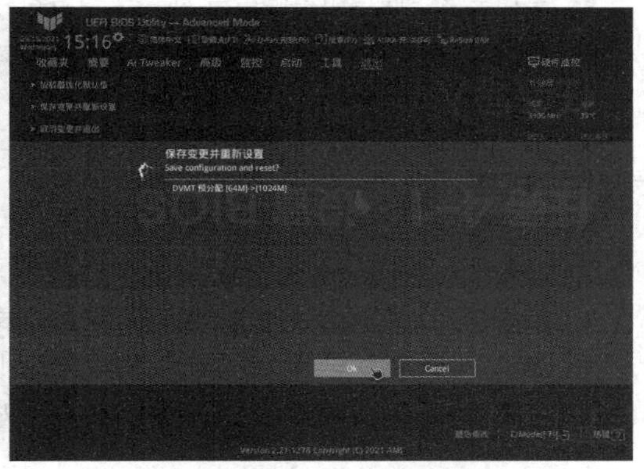

图 4-10 保存设置并退出 BIOS

任务 4-2 硬盘分区

任务导入

BIOS 设置好后的下一步操作通常就是硬盘分区，硬盘分区是指在一块物理硬盘上创建多个独立的逻辑单元，以提高硬盘利用率，并实现数据的有效管理，这些逻辑单元即通常所说的 C 盘、D 盘和 E 盘等。另外，为了进行硬盘分区，还需要制作 U 盘启动盘，利用 U 盘启动计算机，并使用软件对计算机硬盘进行分区。根据公司的要求，米拉需要对所有新组装的计算机进行分区，且不同部门对分区的要求也不同，时间紧、任务重，米拉马上进入工作状态，开始忙碌起来……

任务分析

硬盘分区其实包括启动计算机和硬盘分区两个主要步骤，其操作思路如下。

（1）启动计算机。启动计算机需要在 BIOS 中设置 U 盘为第一启动项，并将已制作为启动盘的 U 盘插入计算机，通过该 U 盘启动计算机，进入启动盘安装好的操作系统。

（2）硬盘分区。硬盘分区主要是利用 U 盘中预先安装好的硬盘分区软件完成的，由于本任务中新组装的计算机有一个固态硬盘和一个机械硬盘，所以可以使用不同的方法进行分区。

相关知识

（一）硬盘分区的原则和类型

1. 硬盘分区的原则

用户在对硬盘进行分区时不可盲目分配，需按照一定的原则来完成分区操作。分区的原则一般包括合理分区、实用为主、根据操作系统的特性分区和常见分区等。

- 合理分区。合理分区是指分区数量要合理，不可太多。分区数量过多会降低系统启动及读写数据的速度，也不方便进行磁盘管理。

- 实用为主。实用是指根据实际需要来决定每个分区的容量大小，每个分区都有专门的用途。这种做法可以使各个分区之间的数据相互独立，不产生混淆。
- 根据操作系统的特性分区。同一种操作系统不能支持全部类型的分区格式，因此用户在分区时应考虑将要安装何种操作系统，以便进行合理安排。
- 常见分区。通常可将硬盘分为系统、程序、数据和备份 4 个区，除了系统分区要考虑操作系统容量外，其余分区均可平均分配。

2. 硬盘分区的类型

分区类型最早在 DOS 中出现，其作用是描述各个分区之间的关系。分区类型主要包括主分区、扩展分区与逻辑分区。

- 主分区。主分区是硬盘上最重要的分区。一个硬盘上最多能有 4 个主分区，但只能有一个主分区被激活。主分区被系统默认分配为 C 盘。
- 扩展分区。主分区外的其他分区统称为扩展分区。
- 逻辑分区。逻辑分区从扩展分区中分配，只有逻辑分区的文件格式与操作系统兼容时，操作系统才能访问它。逻辑分区的盘符默认从 D 开始（前提是硬盘上只存在一个主分区）。

（二）硬盘分区的格式

1. 传统的 MBR 分区格式

主引导记录（Master Boot Record，MBR）是在磁盘上存储分区信息的一种方式，这些分区信息包含了分区从磁盘的哪里开始的信息，这样操作系统才知道磁盘的哪个扇区属于哪个分区，以及哪个分区可以启动。MBR 是存在于驱动器开始部分的一个特殊的启动扇区，这个扇区包含了已安装的操作系统的启动加载器和驱动器的逻辑分区信息。如果安装了 Windows 操作系统，则 Windows 操作系统启动加载器的初始信息就放在该区域中。如果 MBR 的信息被覆盖，导致 Windows 操作系统不能启动，则需要使用 Windows 操作系统的 MBR 修复功能来使其恢复正常。MBR 只支持最多 4 个主分区，如果需要更多分区，则应创建“扩展分区”，并在其中创建逻辑分区。

传统的 MBR 分区文件格式有 FAT32 与 NTFS 两种，以 NTFS 为主，这种文件格式的硬盘分区占用的簇更小，支持的分区容量更大，还引入了一种文件恢复机制，可最大限度地保证数据安全。Windows 操作系统通常使用这种分区的文件格式。

2. 新型的 GPT 分区格式

全局唯一标识分区表（GUID Partition Table，GPT）是一个正逐渐取代 MBR 的新分区标准，它和 UEFI 相辅相成——UEFI 用于取代老旧的 BIOS，而 GPT 则用于取代老旧的 MBR。驱动器上的每个分区都有一个全局唯一的标识符（Globally Unique Identifier，GUID）——这是一个随机生成的字符串，地球上的每一个 GPT 分区都会被分配完全唯一的标识符。GPT 还支持几乎无限个分区数量，限制只在于操作系统——Windows 操作系统支持最多 128 个 GPT 分区，且不需要创建扩展分区。2TB 容量以上的硬盘和 M.2 NVMe 固态硬盘都必须使用 GPT 分区格式，SATA 固态硬盘则可以使用 MBR 和 GPT 两种分区格式。

任务实施

（一）制作 U 盘启动盘

微课 4-5：制作 U 盘启动盘

Windows PE 是常用的 U 盘启动盘操作系统，下面就以使用 Windows PE 的大白菜软件来制作 U 盘启动盘为例进行讲解，具体操作如下。

（1）打开大白菜官网，下载并安装 U 盘启动盘制作工具软件（安装软件的具体操作将在项目 5 中详细讲解），如图 4-11 所示。

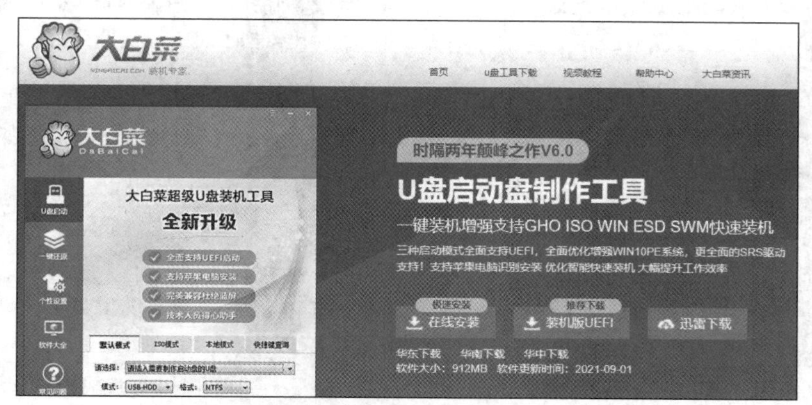

图 4-11　下载并安装 U 盘启动盘制作工具软件

（2）将一个空白 U 盘插入计算机的 USB 接口，如图 4-12 所示。

（3）启动 U 盘启动盘制作工具软件，在主界面“默认模式”选项卡的“请选择”下拉列表中选择 U 盘对应的选项，其他保持默认设置，单击“一键制作成 USB 启动盘”按钮，如图 4-13 所示。

（4）此时会打开一个提示框，要求用户确认是否开始制作，单击“确定”按钮，如图 4-14 所示。

（5）制作工具软件就开始向选择的 U 盘中写入数据，将其制作成启动盘，并在软件主界面中显示制作的进度，如图 4-15 所示。

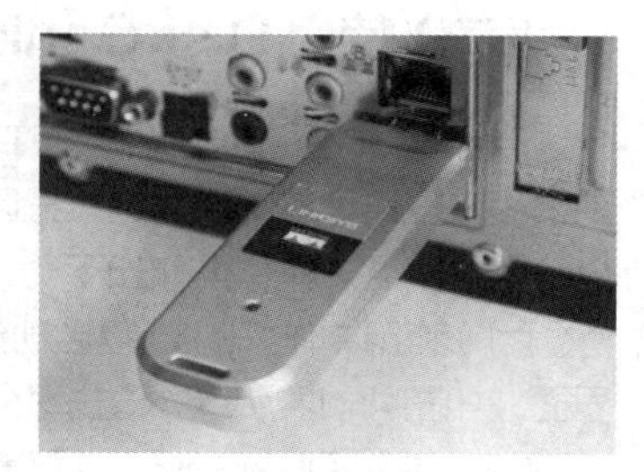

图 4-12　插入 U 盘

（6）U 盘启动盘制作完成后，打开提示框，提示启动 U 盘制作成功，单击“确定”按钮，如图 4-16 所示。

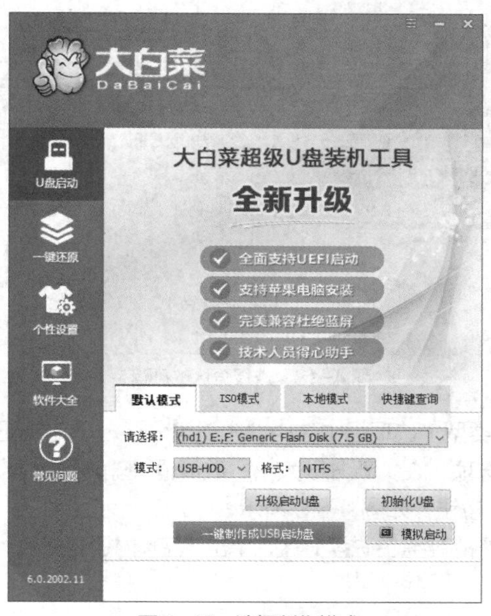

图 4-13　选择制作模式

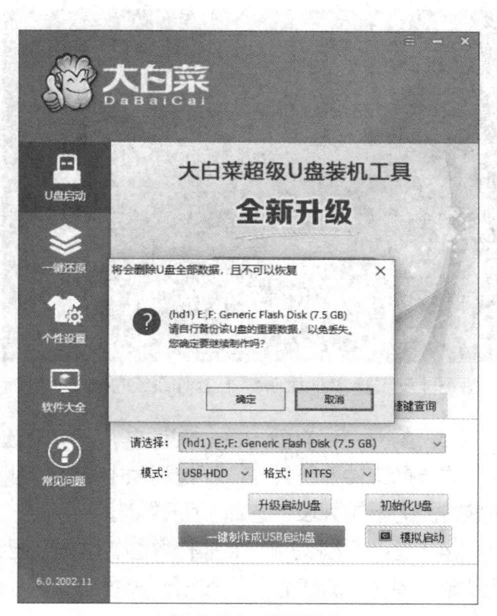

图 4-14　确认操作

图4-15　开始制作U盘启动盘

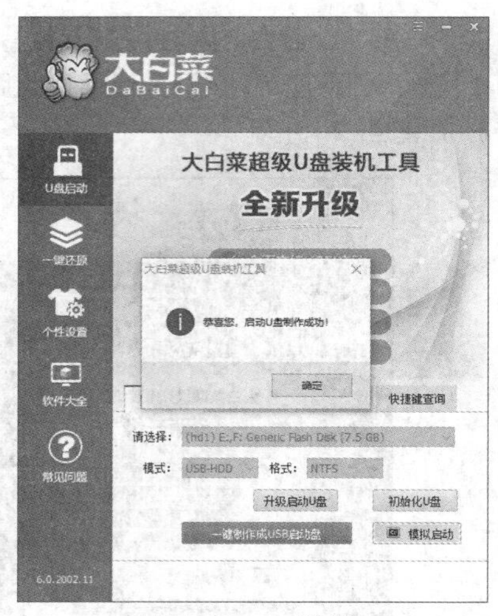

图4-16　完成制作

（二）使用 DiskGenius 为 500GB 固态硬盘分区

DiskGenius 是 Windows PE 操作系统中自带的专业硬盘分区软件，可以对目前市面上常见容量的硬盘进行分区。下面利用 DiskGenius 将 500GB 容量的固态硬盘分为两个区，具体操作如下。

微课 4-6：使用 DiskGenius 为 500GB 固态硬盘分区

（1）利用制作好的 U 盘启动盘启动计算机，进入 Windows PE 操作系统的操作界面，如图 4-17 所示，双击“分区工具”图标。

（2）进入 DiskGenius 操作界面，在左侧的列表框中选择需要分区的 500GB 固态硬盘对应的选项，在“基本 GPT”选项组中单击“空闲 465.8GB”硬盘区域，如图 4-18 所示，在工具栏中单击“新建分区”按钮。

图4-17　进入 Windows PE 操作系统的操作界面

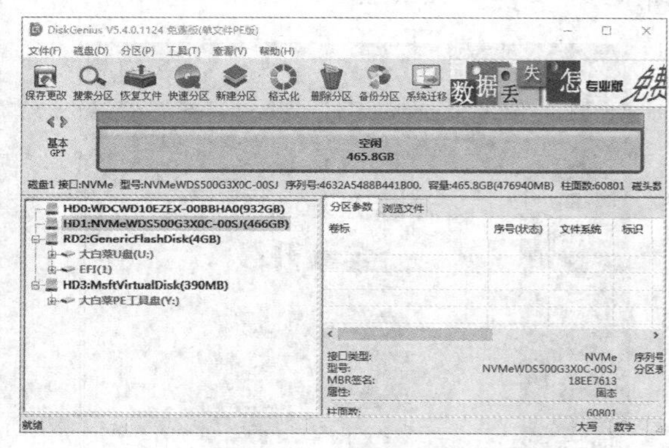

图4-18　选择分区的硬盘

（3）打开“建立新分区”对话框，在“请选择分区类型”选项组中选中“主磁盘分区”单选按钮，在“请选择文件系统类型”下拉列表中选择“NTFS”选项，在“新分区大小”数值框中输入“300”，在其右侧的下拉列表中选择“GB”选项，单击“确定”按钮，如图 4-19 所示。

（4）返回 DiskGenius 操作界面，可看到已经划分好的硬盘主磁盘分区，单击“空闲 165.8GB”硬盘区域，单击“新建分区”按钮，如图 4-20 所示。

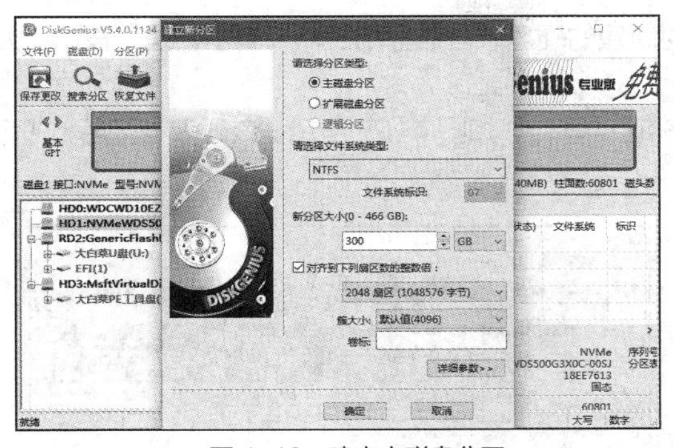

图 4-19　建立主磁盘分区

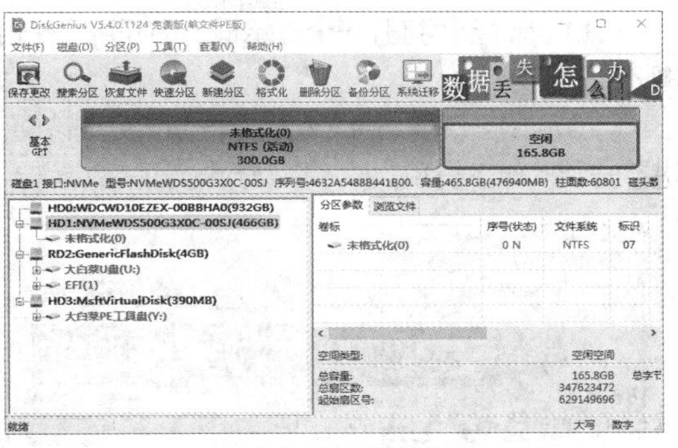

图 4-20　新建分区

（5）打开“建立新分区”对话框，在“请选择分区类型”选项组中选中“扩展磁盘分区”单选按钮，其他保持默认设置，单击“确定”按钮，如图 4-21 所示。

（6）返回 DiskGenius 工作界面，可看到已经将刚才选择的硬盘空闲空间全部划分为扩展硬盘分区。继续单击“空闲 165.8GB”硬盘区域，单击“新建分区”按钮，如图 4-22 所示。

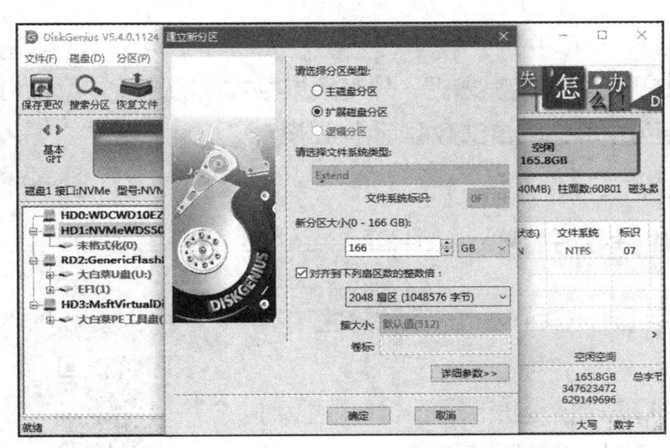

图 4-21　建立扩展分区

图 4-22　继续新建分区

（7）打开“建立新分区”对话框，在“请选择分区类型”选项组中选中“逻辑分区”单选按钮，在“请选择文件系统类型”下拉列表中选择“NTFS”选项，其他保持默认设置，单击“确定”按钮，如图 4-23 所示。

（8）返回 DiskGenius 操作界面，可看到已经将硬盘划分为 2 个分区，在工具栏中单击“保存更改”按钮，打开一个提示框，要求用户确认是否保存对分区表的所有更改，单击“是”按钮，如图 4-24 所示。

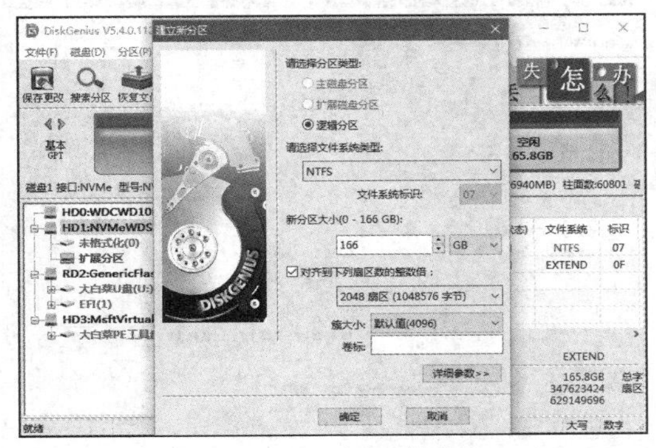

图 4-23　建立逻辑分区

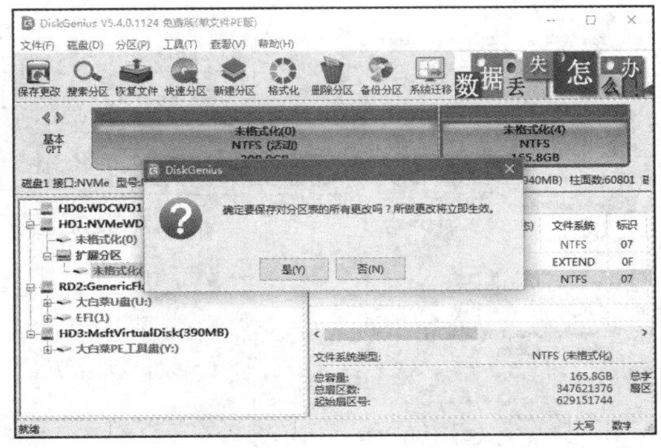

图 4-24　确认分区操作

（9）此时会再打开一个提示框，询问用户是否对新建的硬盘分区进行格式化，单击“是”按钮，如图 4-25 所示。

（10）返回 DiskGenius 操作界面，完成该硬盘分区的操作，如图 4-26 所示。该硬盘分区后，即可进行安装操作系统和软件，以及数据读写等操作。

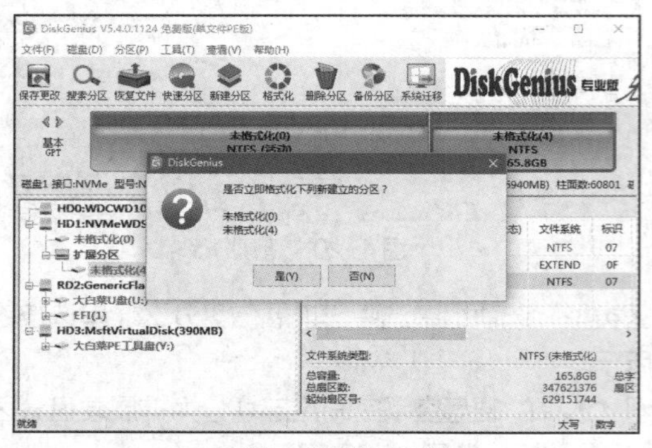

图 4-25　确认格式化操作

图 4-26　完成硬盘分区操作

提示　**硬盘格式化是指对创建的分区进行初始化，并确定数据的写入区，只有经过格式化的硬盘才可以安装软件及存储数据。执行格式化操作后，硬盘中原有的全部数据都将被删除。**

（三）使用 DiskGenius 为 1TB 机械硬盘分区

下面为一个 1TB 的机械硬盘进行分区，这里利用 DiskGenius 的自动分区功能将该硬盘分为 3 个分区，具体操作如下。

微课 4-7：使用 DiskGenius 为 1TB 机械硬盘分区

（1）在 DiskGenius 操作界面左侧的列表框中选择需要分区的 1TB 机械硬盘对应的选项，在其“基本 MBR”选项组中单击“空闲 931.5GB”硬盘区域，在工具栏中单击“快速分区”按钮，如图 4-27 所示。

（2）打开“快速分区”对话框，在左侧的“分区表类型”选项组中选中“MBR”单选按钮，在“分区数目”选项组中选中“3 个分区”单选按钮，在“高级设置”选项组中保持软件默认的分区大小和文件格式，在第一行右侧的“卷标”下拉列表中选择“办公”选项，在第二行右侧的“卷标”下拉列表中选择“娱乐”选项，在第三行右侧的“卷标”下拉列表中选择“数据”选项，其他保持默认设置，单击“确定”按钮，如图 4-28 所示。

图 4-27　快速分区

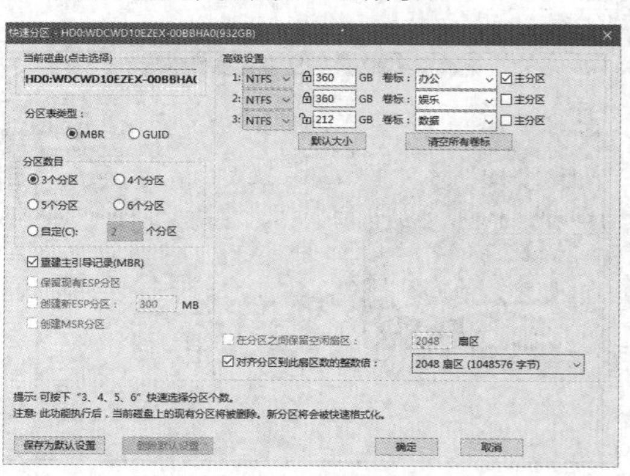

图 4-28　设置快速分区

注意 如果硬盘的容量在 2TB 及以上，或者使用的是 M.2 NVMe 的固态硬盘，则应在“快速分区”对话框左侧的“分区表类型”选项组中选中“GUID”单选按钮。

（3）DiskGenius 开始按照设置对硬盘进行快速分区，并在分区完成后自动对分区进行格式化操作。返回 DiskGenius 操作界面，即可看到硬盘分区的最终效果，如图 4-29 所示。

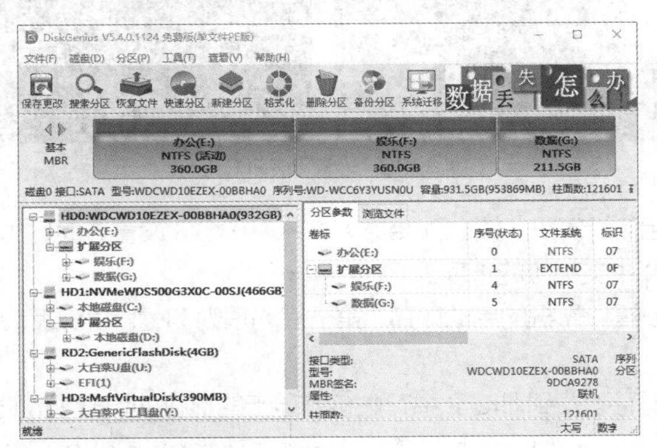

图 4-29　硬盘分区的最终效果

提示 快速分区的机械硬盘的“办公(E:)”分区是活动分区，也可以作为系统盘并在其中安装操作系统。用户可通过设置将该机械硬盘完全作为数据存储的设备，具体方法如下：先启动 DiskGenius，选择硬盘，单击“快速分区”按钮，在打开的“快速分区”对话框中取消选中“重建主引导记录（MBR）”复选框；再选择该硬盘的活动分区并单击鼠标右键，在弹出的快捷菜单中选择“取消分区激活状态”命令，在打开的对话框中单击“是”按钮；继续在该活动分区上单击鼠标右键，在弹出的快捷菜单中选择“转换为逻辑分区”命令；最后在工具栏中单击“保存更改”按钮，在打开的对话框中单击“是”按钮。这样便可在进行硬盘分区时，不为硬盘划分系统盘，而是将整个硬盘的所有空间都划分为扩展分区。

实训

（一）设置 UEFI BIOS

1. 实训目的

（1）熟悉进入 BIOS 的操作。

（2）掌握设置 UEFI BIOS 的基本操作。

（3）能够独立设置 UEFI BIOS。

2. 实训要求

（1）将 UEFI BIOS 设置为中文模式。

（2）进行 BIOS 的常规设置，并试着升级 BIOS。

3. 实训内容

找一款微星或者华硕的主板，设置其中的 UEFI BIOS，如图 4-30 所示。

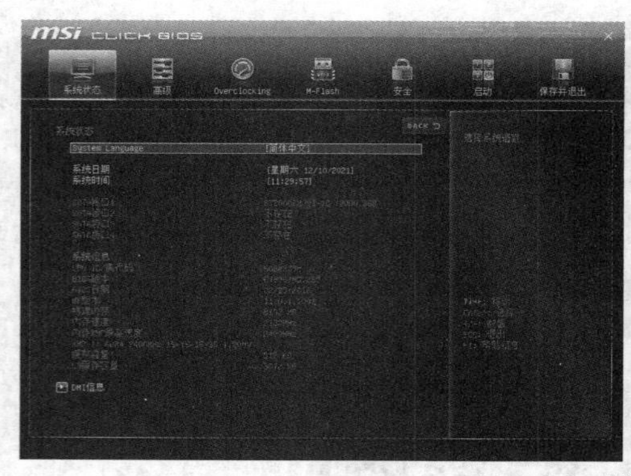

图 4-30　设置 UEFI BIOS

- 设置中文模式。启动计算机，按【Delete】键进入 BIOS 设置界面，找到"System Language"对应的选项，选择中文对应的选项。
- 设置启动顺序。设置计算机的启动顺序，第一启动项为 U 盘，第二启动项为固态硬盘，第三启动项为机械硬盘。
- 设置核芯显卡的显存。找到 BIOS 中有关核芯显卡的显存的设置项，通常在"North Bridge（北桥）"对应的选项中，设置项包括 DVMT 预分配和 Frame Buffer Size 等。
- 设置管理员密码。设置管理员密码的选项通常在安全选项中，直接输入两次密码并保存即可。
- 升级 BIOS。升级 BIOS 的方法通常是将 BIOS 的升级程序下载到 U 盘中，并在 BIOS 中直接打开该升级程序进行升级。

（二）为 2TB 及以下容量的硬盘分区

1. 实训目的

（1）熟悉硬盘分区的基本步骤。

（2）掌握使用 DiskGenius 为硬盘分区的操作。

（3）能够使用 U 盘为硬盘分区。

2. 实训要求

（1）制作大白菜的 U 盘启动盘。

（2）将硬盘分为 3 个区。

3. 实训内容

（1）制作 U 盘启动盘。

操作提示如下。

- 下载制作程序。从大白菜官网下载 U 盘启动盘的安装程序。
- 制作 U 盘启动盘。在计算机中插入 U 盘，启动安装程序制作 U 盘启动盘。

（2）硬盘分区。

操作提示如下。

- 创建系统分区。使用 U 盘启动计算机，进入 Windows PE 操作系统，打开 DiskGenius，选择需要分区的硬盘，创建一个活动分区，大小为硬盘容量的五分之一。
- 创建扩展分区。将硬盘的剩余空间都创建为扩展分区。
- 创建逻辑分区。将扩展分区平均划分为两个逻辑分区。
- 格式化分区。确认以上操作，并对创建的所有分区进行格式化操作。

（三）为 2TB 以上容量的硬盘分区

1. 实训目的

（1）熟悉使用 DiskGenius 进行快速分区的操作。

（2）能够为 2TB 以上的大容量硬盘进行分区。

2. 实训要求

（1）找到一个 2TB 以上的硬盘。

（2）使用 DiskGenius 的快速分区功能进行硬盘分区。

3. 实训内容

利用 U 盘启动盘启动计算机，进入 Windows PE 操作系统，打开 DiskGenius，选择需要分区的 2TB 以上的硬盘，选择快速分区模式，在打开的“快速分区”对话框左侧的“分区表类型”选项组中选中“GUID”单选按钮，并设置分区的大小和数量，对该硬盘进行分区。

拓展知识

（一）传统 BIOS 设置 U 盘启动

目前，还有一部分搭载传统 BIOS 的计算机活跃于二手市场，其设置 U 盘启动的方式各有不同。

- Phoenix-AwardBIOS 主板（适合 2010 年之前的主流主板）。启动计算机，进入 BIOS 主界面，选择“Advanced BIOS Features”选项，在进入的“Advanced BIOS Features”界面中选择“Hard Disk Boot Priority”选项，进入 BIOS 开机启动项优先级选择界面，选择“USB-FDD”或者“USB-HDD”之类的选项（计算机会自动识别插入的 U 盘）。
- Phoenix-AwardBIOS 主板（适合 2010 年之后的主流主板）。启动计算机，进入 BIOS 主界面，选择“Advanced BIOS Features”选项，在进入的“Advanced BIOS Features”界面中选择“First Boot Device”选项，在进入的界面中选择“USB-FDD”选项。
- 其他的 BIOS。启动计算机，进入 BIOS 主界面，选择“Boot”选项，在进入的“Boot”界面中选择“Boot Device Priority”选项，先选择“1st Boot Device”选项，再选择插入计算机的 U 盘作为第一启动设备。

（二）2TB 以上容量硬盘分区的注意事项

只有 GPT 分区模式才可识别 2TB 以上容量的硬盘，因此对 2TB 以上的大容量硬盘进行分区时必须使用 GPT 分区模式，该分区模式对计算机的硬件有以下要求。

- 必须使用采用 UEFI BIOS 的主板。
- 主板的南桥驱动需兼容 Long LBA。
- 必须安装 64 位操作系统。

（三）使用 Windows 10 操作系统为硬盘分区

Windows 10 操作系统自带一个硬盘分区工具，可以对目前各种容量的硬盘进行分区。用户首先需要在一个硬盘中安装好 Windows 10 操作系统，然后再安装另外一块硬盘，使用 Windows 10 操作系统自带的分区工具对第二块硬盘进行分区，具体操作如下。

（1）单击“开始”按钮，并选择“开始”/“Windows 管理工具”/“计算机管理”命令。

（2）打开“计算机管理”窗口，在左侧导航栏中展开“存储”选项，选择“磁盘管理”选项，此时会在右侧的窗格中加载磁盘管理工具。

（3）在磁盘 1（通常第一块硬盘显示为磁盘 0，以此类推）中的“未分配”选项上单击鼠标右键，在弹出的快捷菜单中选择“新建简单卷”命令。

（4）打开“新建简单卷向导”对话框，单击“下一步”按钮，进入“指定卷大小”界面，设定分区大小，单击“下一步”按钮。

（5）进入“分配驱动器号和路径”界面，设置一个盘符或路径；单击“下一步”按钮，进入“格式化分区”界面，设置格式化分区，单击“下一步”按钮。

（6）进入“新建简单卷向导”的完成界面，单击“完成”按钮，即可看到分好区的硬盘，如图 4-31 所示。

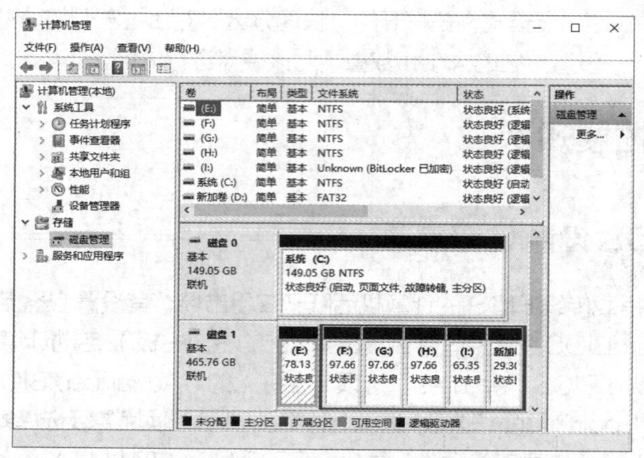

图 4-31　使用 Windows 10 操作系统为硬盘分区

项目5
安装操作系统和常用软件

项目情景

米拉对所有组装好的新计算机的硬盘进行了分区和格式化操作后，需要在这些计算机中安装操作系统，通过操作系统来管理计算机。另外，安装完操作系统后，还需要安装驱动程序和各种应用软件，以满足日常办公和工作的各种需求，例如，安装驱动程序管理计算机中的硬件设备，安装办公软件用于制作文档和电子表格，安装安全防护软件来保护计算机等。

项目目标

- 了解安装操作系统、驱动程序、常用软件的相关知识
- 熟练掌握安装操作系统的基本操作
- 熟练掌握安装、升级和管理驱动程序的基本操作
- 熟练掌握安装、升级与卸载常用软件的基本操作

素养目标

- 认识操作系统自主可控的重要性，把推动国产操作系统发展作为使命追求。

任务5-1 安装操作系统

任务导入

米拉准备开始为新计算机安装操作系统，但老洪提醒她，公司没有 Windows10 操作系统的安装光盘，也没有光驱，只能通过从网上下载安装程序，并使用 U 盘启动计算机的方式进行安装。此外，米拉需要准备一个大于等于 8GB 的空白 U 盘来制作启动盘，同时要清楚不同操作系统对计算机配置的要求，并选择适当的安装方式。

任务分析

在一台全新的计算机中安装操作系统，其操作思路如下。

（1）了解计算机配置能够安装哪些操作系统。用户可以从网络中搜索不同操作系统对计算机硬件配置的要求，并对比自己计算机的硬件配置，选择一种最适合的操作系统进行安装（目前主流的硬件配置

基本上都支持 Windows 10 及之前版本的操作系统）。

（2）选择操作系统的安装方式。操作系统的安装方式有全新安装、升级安装等，本任务中要安装操作系统的是新计算机，所以应该选择全新安装方式。而全新安装通常又可以分为使用光盘安装和使用 U 盘安装两种方式，因为光驱现在已经很少使用，U 盘则比较普及，所以这里选择使用 U 盘安装操作系统。

（3）获取操作系统的安装程序。目前主流的 Windows 操作系统是 Windows 10，安装前需要借助其他计算机，从微软（Microsoft）的官方网站上下载 Windows 10 操作系统的安装程序到 U 盘中。

（4）安装操作系统。在下载 Windows 10 操作系统的安装程序后，就可以通过 U 盘启动计算机，并通过下载到其中的安装程序将 Windows 10 操作系统安装到计算机的 C 盘中了。

相关知识

（一）操作系统的全新安装

全新安装是在计算机中没有安装任何操作系统的基础上安装一个全新的操作系统，通常有使用光盘安装和使用 U 盘安装两种方式。

- 光盘安装。光盘安装就是购买正版的操作系统安装光盘，将其放入光驱，通过该安装光盘启动计算机，并将光盘中的操作系统安装到计算机硬盘的系统分区中，这也是过去很长一段时间中较常用的操作系统安装方式。图 5-1 所示为 Windows 10 操作系统的安装光盘。
- U 盘安装。U 盘安装是一种现在非常流行的操作系统安装方式，用户需先从网上下载正版的操作系统安装文件，将其放置到 U 盘中，再通过 U 盘启动计算机，通过该安装文件安装操作系统。

图 5-1　Windows 10 操作系统的安装光盘

（二）常用操作系统对计算机硬件配置的要求

Windows 操作系统对于计算机的硬件配置要求可分为两种，一种是 Microsoft 官方要求的最低配置，另一种是能够得到较满意运行效果的推荐配置（工作中建议采用）。下面以 Windows 10 操作系统为例，其计算机硬件配置的 Microsoft 官方要求如下。

- CPU：1GHz 或更高频率，32 位（x86）或 64 位（x64）。
- 内存：1GB RAM（32 位）或 2GB RAM（64 位）。
- 硬盘：至少 16GB 可用硬盘空间（32 位）或 20GB 可用硬盘空间（64 位），从其 1903 版本开始，以后的版本至少应该有 32GB 可用硬盘空间（32 位和 64 位）。
- 显卡：至少支持 800 像素 × 600 像素的屏幕分辨率，具有 WDDM 驱动程序的 DirectX 9 图形处理器。

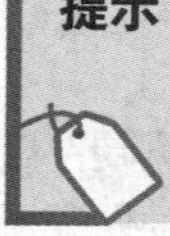

提示　**操作系统的位数与 CPU 的位数是同一概念，在 64 位 CPU 的计算机中需要安装 64 位的操作系统才能发挥其最佳性能（也可以安装 32 位的操作系统，但 CPU 效能会大打折扣），而在 32 位 CPU 的计算机中只能安装 32 位的操作系统。**

任务实施

（一）下载 Windows 10 操作系统安装程序

微课 5-1：下载 Windows 10 操作系统安装程序

在计算机中安装操作系统前，用户需要获取操作系统的安装程序。这里安装 Windows 10 操作系统，可以直接从 Microsoft 的官方网站下载。下面从网上下载 Windows 10 操作系统到 U 盘（需要准备一个 8GB 及以上容量的空白 U 盘作为安装介质）中，具体操作如下。

（1）在能够正常工作并联网的计算机中打开 Microsoft 的官方网站，进入 Windows 10 操作系统的下载网页，单击“立即下载工具”按钮，如图 5-2 所示。

（2）系统将自动下载 Windows10 操作系统的安装程序，并在网页中打开下载结果的对话框，单击该对话框中的“打开文件”超链接，运行安装工具，如图 5-3 所示。

图 5-2　Windows 10 操作系统的官方下载网页

图 5-3　运行安装工具

（3）进入软件的“适用的声明和许可条款”界面，用户需要查看软件的许可条款，并单击“接受”按钮，如图 5-4 所示。

（4）进入选择操作的界面，选中“为另一台电脑创建安装介质（U 盘、DVD 或 ISO 文件）”单选按钮，单击“下一步”按钮，如图 5-5 所示。

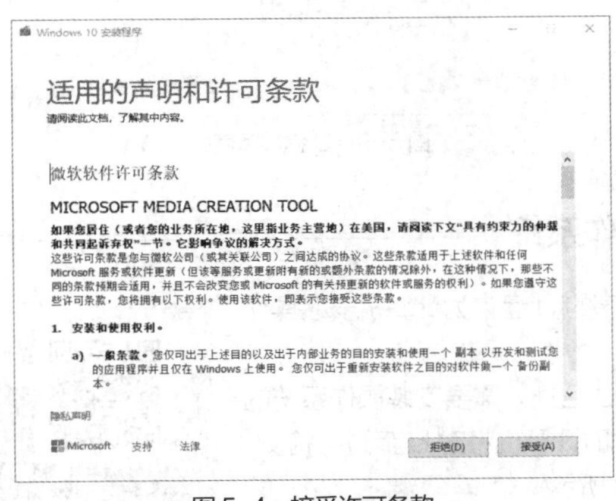

图 5-4　接受许可条款

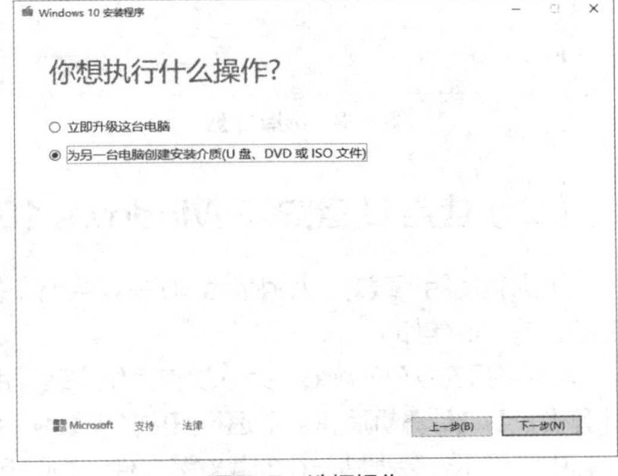

图 5-5　选择操作

（5）进入“选择语言、体系结构和版本”界面，取消选中“对这台电脑使用推荐的选项”复选框，在“语言”“版本”“体系结构”下拉列表中分别进行设置，单击“下一步”按钮，如图 5-6 所示。

（6）进入“选择要使用的介质”界面，选中“U 盘”单选按钮，单击“下一步”按钮，如图 5-7 所示。

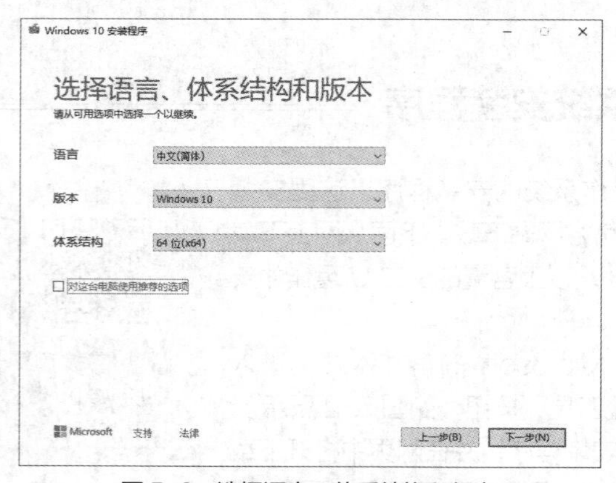

图 5-6　选择语言、体系结构和版本

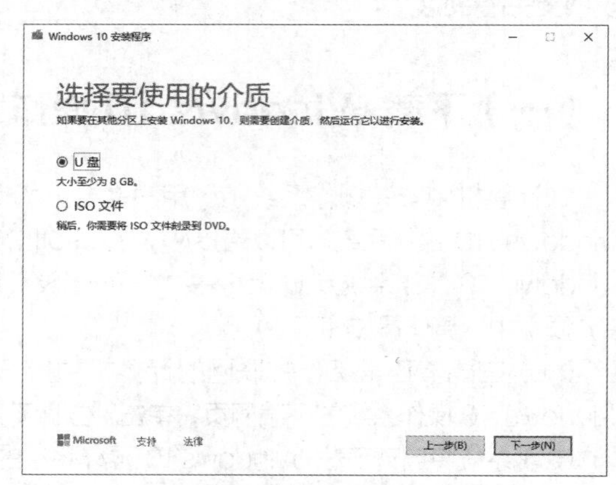

图 5-7　选择要使用的介质

（7）进入“选择 U 盘”界面，在“可移动驱动器”处选择 U 盘对应的盘符，单击“下一步”按钮，如图 5-8 所示。

（8）开始从网上下载 Windows 10 操作系统的安装程序，并将其存储到 U 盘中，同时系统自动将 U 盘创建为启动盘。

（9）下载完成后，在进入的界面中会提示 U 盘准备就绪，单击“完成”按钮，如图 5-9 所示，即可完成制作 Windows 10 操作系统启动盘的工作。

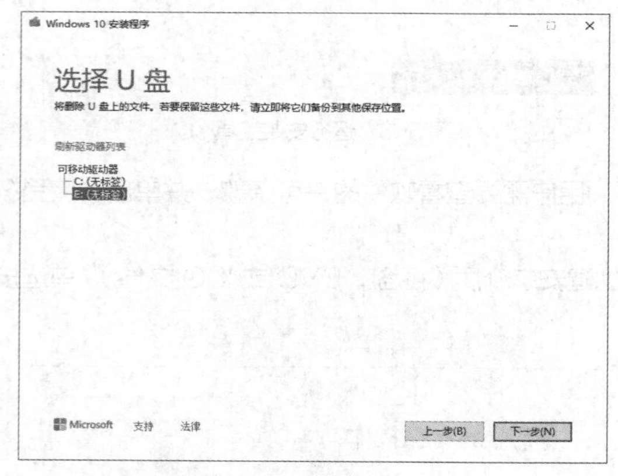

图 5-8　选择 U 盘

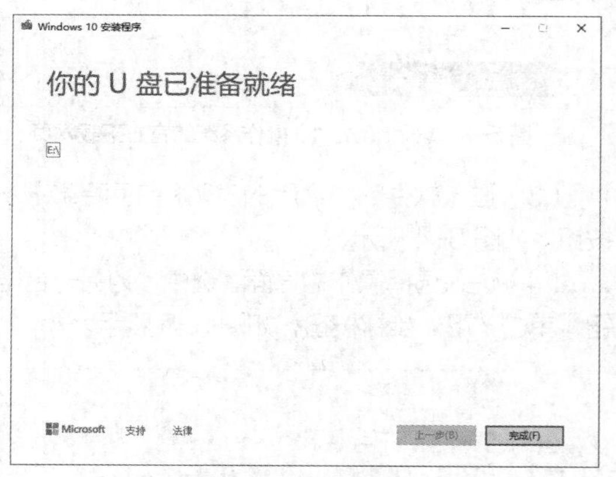

图 5-9　U 盘准备就绪

（二）使用 U 盘安装 Windows 10 操作系统

下面就使用下载好 Windows 10 操作系统安装程序的 U 盘来为计算机安装操作系统，具体操作如下。

微课 5-2：利用 U 盘安装 Windows 10 操作系统

（1）将下载好 Windows 10 操作系统安装程序的 U 盘插入需要安装操作系统的计算机，启动计算机后将自动运行其中的安装程序。此时计算机将对 U 盘进行检测，屏幕中将显示安装程序正在加载安装文件，如图 5-10 所示。

（2）文件加载完成后将运行 Windows 10 操作系统的安装程序，用户可在打开的窗口中进行系统设置，这里保持默认设置，单击“下一步”按钮，如图 5-11 所示。

图 5-10　加载安装文件

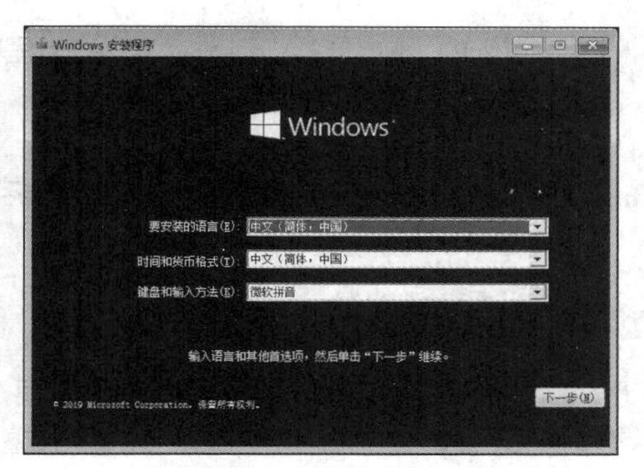

图 5-11　系统设置

（3）在打开的对话框中单击“现在安装”按钮，开始安装 Windows 10 操作系统，如图 5-12 所示。

（4）进入“选择要安装的操作系统”界面，在其中的列表框中选择要安装的操作系统的版本，单击“下一步”按钮，如图 5-13 所示。

图 5-12　开始安装 Windows 10 操作系统

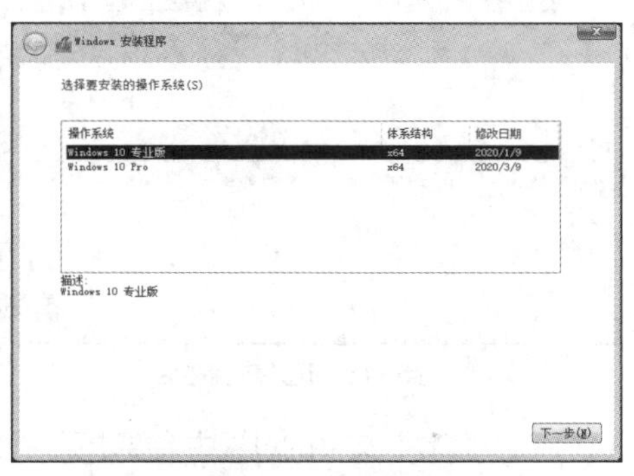

图 5-13　选择要安装的操作系统的版本

提示　**Windows 10 操作系统有专业版和家庭版等多个版本，专业版主要面向计算机技术爱好者和企业技术人员，家庭版则面向普通家庭用户。图 5-13 中的 Windows 10 Pro 也是专业版，只是其程序制作和发布的日期不同。**

（5）进入“适用的声明和许可条款”界面，选中“我接受许可条款”复选框，单击“下一步”按钮，如图 5-14 所示。

（6）进入“你想执行哪种类型的安装？”界面，选择相应的选项，这里是全新安装，故选择“自定义：仅安装 Windows（高级）”选项，如图 5-15 所示。

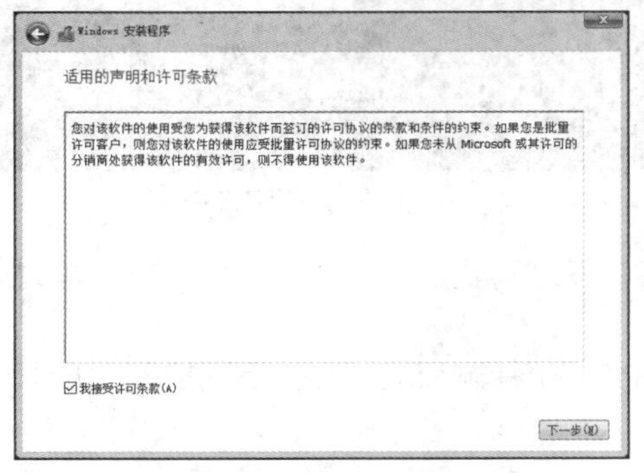

图 5-14　接受许可条款

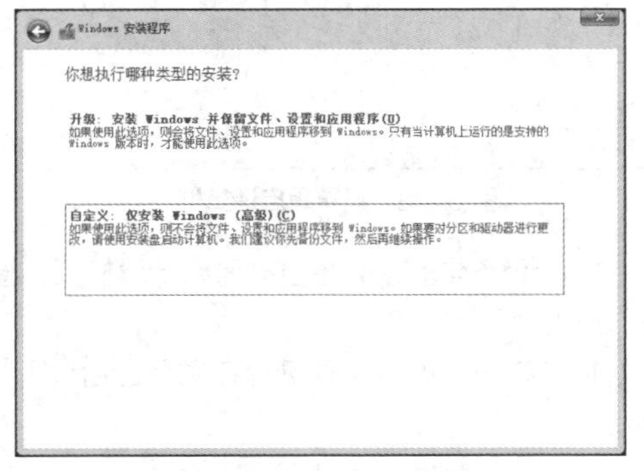

图 5-15　选择安装类型

（7）在进入的“你想将 Windows 安装在哪里？”界面中选择安装 Windows 10 操作系统的磁盘分区，单击“下一步”按钮，如图 5-16 所示。

注意 选择磁盘分区时一定要注意，通常驱动器后面的编号代表不同的硬盘、固态硬盘或 U 盘。例如，图 5-16 中驱动器 0 是一个容量为 8TB 的机械硬盘，而驱动器 1 则是带有 Windows 10 操作系统安装程序的 U 盘。

（8）此时会进入“正在安装 Windows”界面，其中显示了复制 Windows 文件和准备要安装的文件的状态，并以百分比的形式显示安装的进度，如图 5-17 所示。

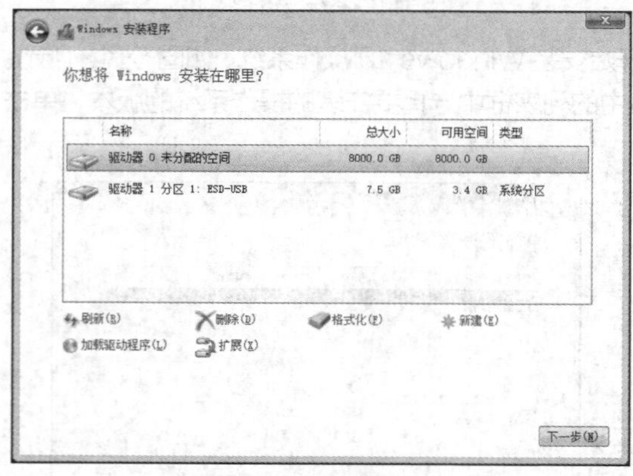

图 5-16　选择磁盘分区

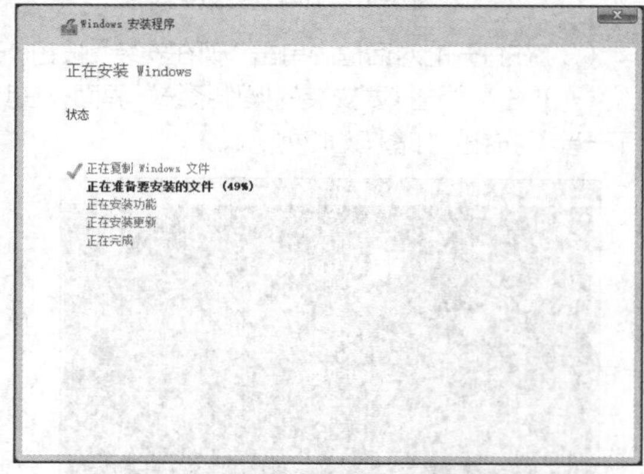

图 5-17　正在安装 Windows

（9）在安装复制文件的过程中会要求重启计算机，约 10s 后计算机会自动重启，用户也可单击“立即重启”按钮直接重新启动计算机，如图 5-18 所示。

（10）Windows 10 操作系统将对系统进行设置，并进行设备准备，如图 5-19 所示。

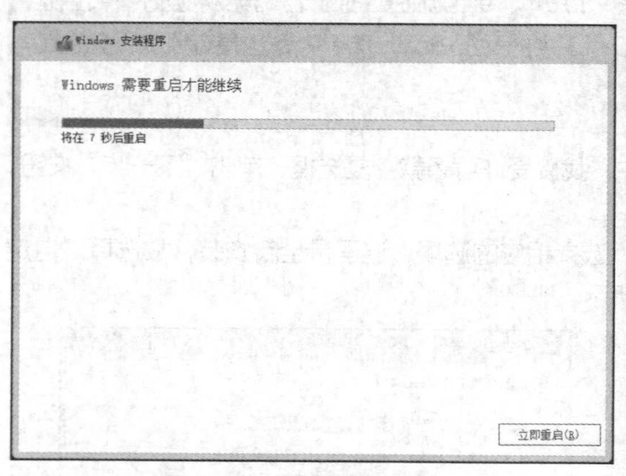

图 5-18　设置重启计算机

图 5-19　设备准备

（11）设备准备完成并自动重启计算机后，将进入区域设置界面。选择默认的选项，单击“是”按钮，如图 5-20 所示。

（12）在进入的“这种键盘布局是否合适？”界面中选择一种输入法，单击“是”按钮，如图 5-21 所示。

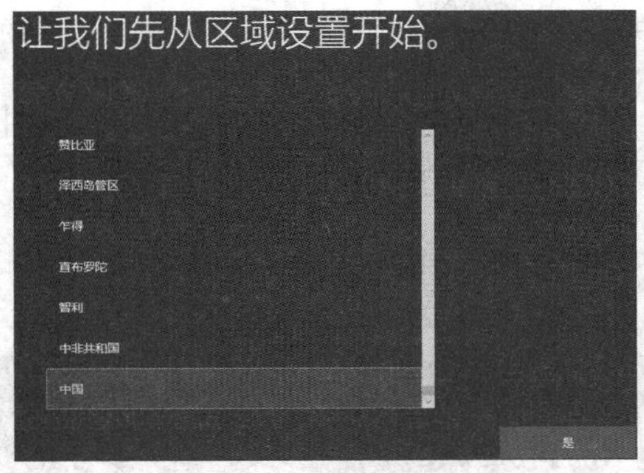

图 5-20　区域设置

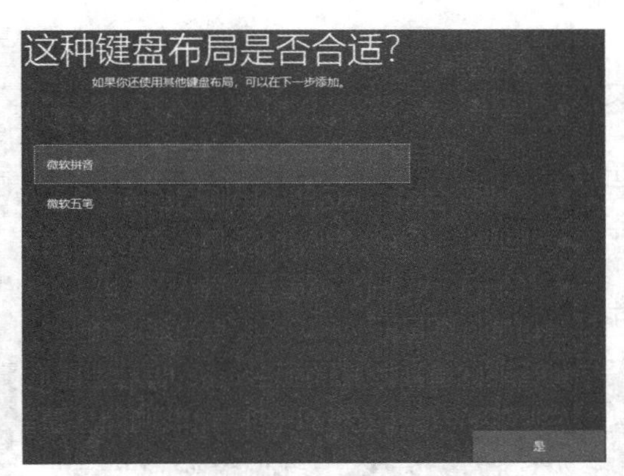

图 5-21　选择输入法

（13）进入“是否想要添加第二种键盘布局？”界面，用户可以直接单击“跳过”按钮，如图 5-22 所示。

（14）进入“谁将会使用这台电脑？”界面，在文本框中输入账户名称，单击“下一步”按钮，如图 5-23 所示。

图 5-22　继续选择输入法

图 5-23　输入账户名称

（15）进入“创建容易记住的密码”界面，在文本框中输入账户密码，单击“下一步”按钮，如图 5-24 所示。

（16）进入“确认你的密码”界面，在文本框中再次输入账户密码，单击“下一步”按钮，如图 5-25 所示。

图 5-24　输入账户密码

图 5-25　确认账户密码

（17）进入“为此账户创建安全问题”界面，用户可在其下拉列表中选择一个安全问题，在其下面的文本框中输入安全问题的答案，单击“下一步”按钮，如图 5-26 所示。

（18）用同样的方法继续选择另外一个安全问题，并输入该安全问题的答案，单击“下一步”按钮；再次进入创建安全问题的界面，选择一个安全问题，并输入该安全问题的答案，单击“下一步”按钮。用户总共需要创建 3 个安全问题并输入答案。

（19）在进入的“在具有活动历史记录的设备上执行更多操作”界面中可以向 Microsoft 发送活动记录，单击“是”按钮，如图 5-27 所示。

图 5-26　创建安全问题

图 5-27　发送活动记录

（20）进入“为你的设备选择隐私设置”界面，设置各种隐私选项，单击“接受”按钮，如图 5-28 所示。

（21）安装完成后，将显示 Windows 10 操作系统的桌面，如图 5-29 所示。

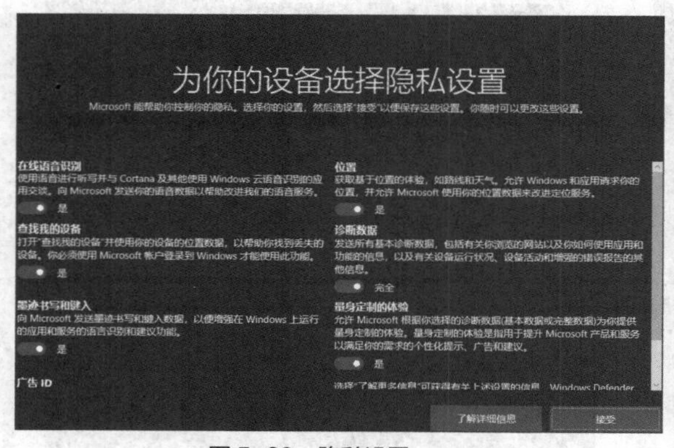

图 5-28　隐私设置

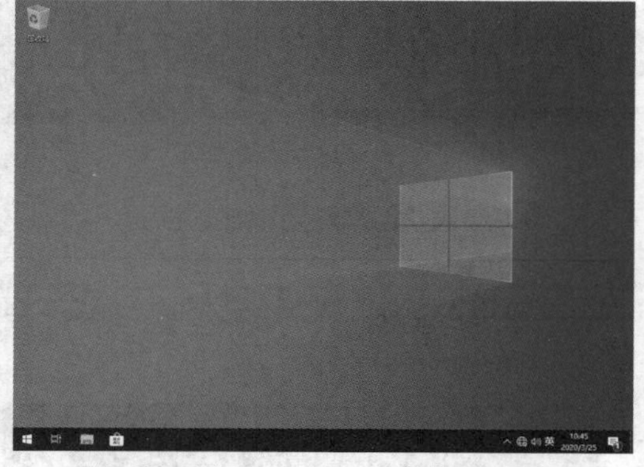

图 5-29　显示 Windows 10 操作系统的桌面

（22）选择“开始”/“Windows 系统”命令，在“此电脑”选项上单击鼠标右键，在弹出的快捷菜单中选择“更多”/“属性”子命令，如图 5-30 所示。

（23）打开“系统”窗口，在“Windows 激活”选项组中单击“激活 Windows”超链接，如图 5-31 所示。

（24）进入“激活”界面，单击“更改产品密钥”超链接，如图 5-32 所示。

（25）打开“输入产品密钥”对话框，在“产品密钥”文本框中输入产品密钥，单击“下一步”按钮，如图 5-33 所示。

图 5-30 选择操作

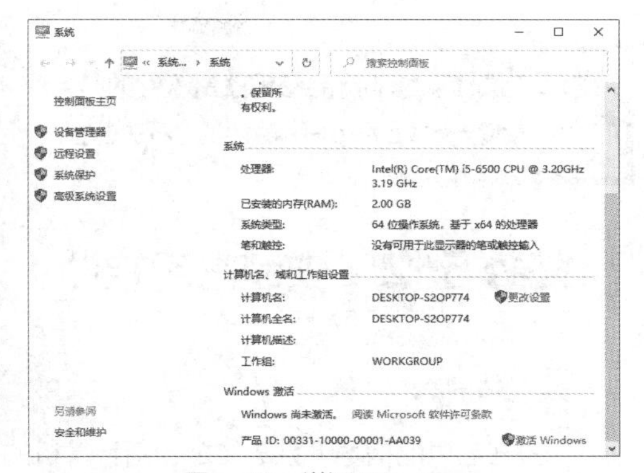

图 5-31 激活 Windows

提示 激活 Windows 操作系统的方式有两种，如果选择普通激活，则必须使计算机连接到 Internet，通过网上购买的产品密钥进行激活；如果选择电话激活，则可在光盘包装盒的背面找到客服电话，致电客服代表。激活 Windows 最好由计算机用户自行操作。

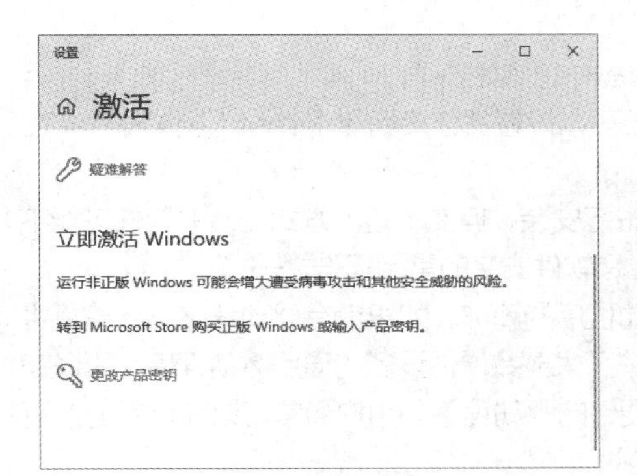

图 5-32 更改产品密钥

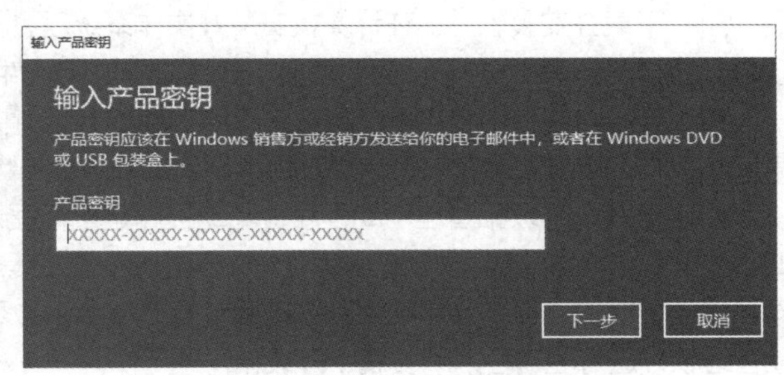

图 5-33 输入产品密钥

（26）打开“激活 Windows”对话框，单击“激活”按钮，确认激活操作，如图 5-34 所示。

（27）Windows 操作系统将连接到 Internet 中进行系统激活，完成后将返回“系统”窗口，在“Windows 激活”选项组中显示“Windows 已激活”文本，如图 5-35 所示。

图 5-34 确认激活操作

图 5-35 完成操作系统激活

提示 操作系统的产品密钥就是软件的产品序列号，一般在安装光盘包装盒的背面。正版操作系统的安装光盘背面有一张黄色的不干胶贴纸，上面的 25 位数字和字母的组合就是产品密钥。

任务 5-2 安装常用软件

任务导入

米拉在老洪的指导下完成了 3 台新计算机的操作系统安装，正准备交付同事使用，老洪却告诉米拉："还差安装软件和驱动程序这一步，虽然公司不同的同事需要使用的软件不同，但是作为一名专业的装机人员，需要为计算机安装 360 安全卫士软件对系统进行维护和安全保护，安装 Office 等日常办公软件，以及安装、检查和更新打印机等驱动程序等，这样不仅能提高计算机的安全性，还能方便同事使用新计算机。"米拉听完老洪的话，才意识到安装软件也是装机过程中不可或缺的一个步骤，并仔细询问了同事的使用要求，在每台新计算机中都安装好了必备软件，得到了同事的一致好评。

任务分析

在一台安装好操作系统的计算机中安装应用软件时，其操作思路如下。

（1）下载并安装软件。在计算机安装好操作系统后，就可以设置并连接到 Internet（相关操作将在项目 6 中详细讲解），并通过网络直接下载并安装应用软件。

（2）升级软件。用户也可以将安装程序下载到 U 盘中进行安装，但使用这种方式安装的软件可能不是最新版本，这时就需要进行软件升级。软件的升级操作也是软件安装的常用操作之一。

（3）安装、升级和管理驱动程序。驱动程序是设备驱动程序的简称，如果没有驱动程序，计算机中的硬件就无法正常工作。Windows 10 操作系统中通常集成了大多数硬件设备的通用驱动程序，所以在安装操作系统的过程中会自动识别并安装计算机中大多数硬件的驱动程序。用户通常可以使用专业的驱动管理软件进行驱动程序的安装、升级和管理工作。

相关知识

（一）获取和安装软件的方式

在计算机中安装软件时，用户需要先获取软件，再通过不同的方式来安装软件。

1. 软件的获取途径

常用软件的获取途径主要有两种，分别是从网上下载和购买软件安装光盘。

- 网上下载。许多软件开发商会在自己的官方网站中发布软件的安装文件和升级文件，用户只需要到软件的官方网站查找并下载这些安装文件。
- 购买软件安装光盘。这种方法指到正规的软件商店或从网上购买正版的软件安装光盘，这样既使得软件的质量有保证，又能享受升级服务和技术支持，这对计算机的稳定运行很有帮助。

2. 选择软件的安装方式

软件安装主要是指将软件安装到计算机中的过程，因为软件的获取途径主要有两种，所以其安装方式也主要包括通过向导安装和解压安装两种。

- 通过向导安装。在软件专卖店购买的软件，均采用向导安装的方式进行安装。这种安装方式的特点是可运行相应的可执行文件以启动安装向导，并在安装向导的提示下进行安装。

- 解压安装。在网络中下载的软件，由于网络传输速率的限制，一般会制作成压缩包文件。对于这类软件，使用解压缩软件将压缩包文件解压到一个目录中后，一部分软件需要通过安装向导进行安装，另一部分软件（如绿色软件）直接运行主程序即可启动。

（二）软件的版本

了解软件的版本有助于选择适合的软件，常见的软件版本主要包括以下 4 种。

- 测试版。测试版表示软件还在开发中，其各项功能并不完善，也不稳定。开发者会根据使用测试版的用户反馈的信息对软件进行修改。通常这类软件会在软件名称后面注明是测试版或 Beta 版。
- 试用版。试用版是软件开发者将正式版软件有限制地提供给用户使用的版本，如果用户觉得软件符合使用要求，则可以通过付费的方法解除限制。试用版又分为全功能限时版和功能限制版两种类型。
- 正式版。正式版是正式上市，用户通过购买即可使用的版本，它经过开发者测试，已经能稳定运行。对于普通用户来说，应该尽量选用正式版的软件。
- 升级版。升级版是软件上市一段时间后，软件开发者在原有功能基础上增加部分功能，并修复已经发现的错误和漏洞，然后推出的更新版本。安装升级版需要先安装软件的正式版，再在其基础上安装更新或补丁程序。

（三）装机常用软件

无论是家用还是办公，总有一些软件是安装概率比较高的，主要包括以下几个类型。

- 安全杀毒：360 安全卫士、360 杀毒、Avira AntiVir（小红伞）和江民杀毒软件等。
- 输入法：搜狗五笔输入法、万能五笔输入法、QQ 拼音输入法和搜狗拼音输入法等。
- 网络视频：爱奇艺、腾讯视频和优酷等。
- 办公学习：Microsoft Office、WPS Office、钉钉和腾讯会议等。
- 系统辅助：360 压缩、鲁大师、360 软件管家和 360 驱动大师等。
- 下载工具：迅雷、比特彗星和电驴等。
- 通信工具：微信、腾讯 QQ 和阿里旺旺等。
- 浏览器：360 安全浏览器、Firefox 浏览器和 IE 浏览器等。

任务实施

（一）从网上下载并安装软件

从网上下载并安装软件是常用的软件安装方法，但用户需要找到每一个软件的正确下载地址，并逐个进行下载并安装。对于全新组装的计算机，需要安装的软件很多，为了提升安装的效率，可以先下载一个专业的下载和安装软件，再通过这个软件安装常用的软件。下面下载并安装 360 安全卫士（包含软件管家程序，能够直接下载和安装应用软件），具体操作如下。

微课 5-3：从网上下载并安装软件

（1）在浏览器中打开 360 官网，找到 360 安全卫士的下载位置，单击“下载”按钮，浏览器打开下载安装程序的对话框，单击“打开文件”超链接，如图 5-36 所示。

（2）打开 360 安全卫士安装程序对话框，在“安装路径”文本框中设置 360 安全卫士的安装路径，单击“同意并安装”按钮，如图 5-37 所示。

图 5-36　下载软件

图 5-37　设置安装路径

（3）安装程序开始安装 360 安全卫士，并显示安装进度，如图 5-38 所示。

（4）安装完成后，单击“打开卫士”按钮，如图 5-39 所示，即可启动软件。

图 5-38　开始安装

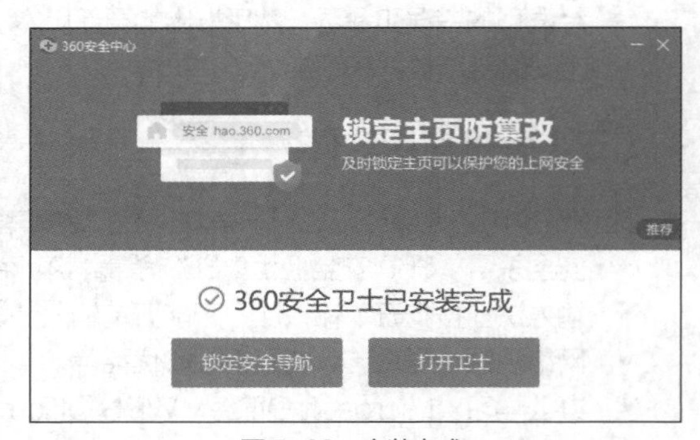

图 5-39　安装完成

（二）使用 360 软件管家安装装机常用软件

组装好的计算机中可以提前安装好多种类型的软件来满足日常生活或工作的需求，例如，保护计算机安全的杀毒软件、网络浏览的浏览器软件、输入文字的输入法软件、办公学习的文档制作软件、信息交流的聊天软件、日常娱乐的视频和音乐播放软件、系统辅助的压缩软件、数据下载的下载软件等。下面使用 360 软件管家安装微信，具体操作如下。

微课 5-4：使用 360 软件管家安装装机常用软件

（1）启动 360 安全卫士，在其操作界面中单击“软件管家”按钮，如图 5-40 所示。

（2）进入 360 软件管家的操作界面，单击“宝库”按钮，在左侧的任务窗格中选择“聊天工具”选项卡，在显示的软件列表中找到微信所在的选项，单击选项右侧的“一键安装”按钮，如图 5-41 所示。

（3）360 软件管家将开始自动下载微信的安装程序，并显示下载进度，如图 5-42 所示。

（4）安装程序下载完成后，360 软件管家通常会自动安装软件，并显示安装的进度，如图 5-43 所示。

图 5-40　选择操作

图 5-41　选择安装的软件

图 5-42　下载安装程序

图 5-43　安装软件

（5）安装完成，该软件对应选项右侧的按钮将变为“立即开启”，单击该按钮即可启动软件。

提示　**在 360 软件管家中单击“一键安装”右侧的下拉按钮，在弹出的下拉列表中选择“下载安装包”选项，下载完成后，单击界面右上角的“下载”按钮，在打开的“下载管理”对话框中单击“打开下载目录”超链接，如图 5-44 所示，打开刚刚下载的安装程序所在的文件夹，双击该安装程序，即可自定义安装软件，如将软件安装到非系统盘中。**

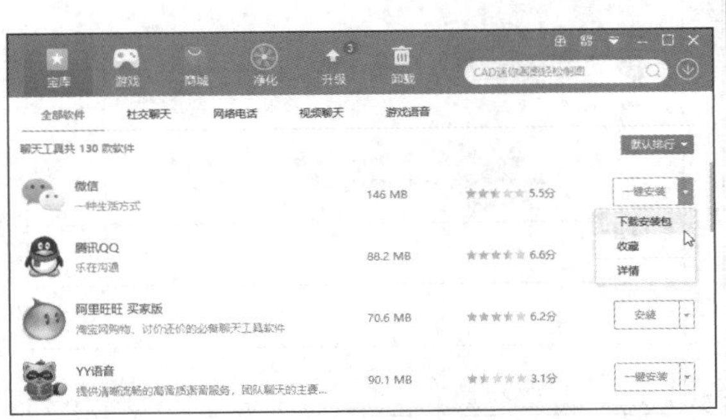

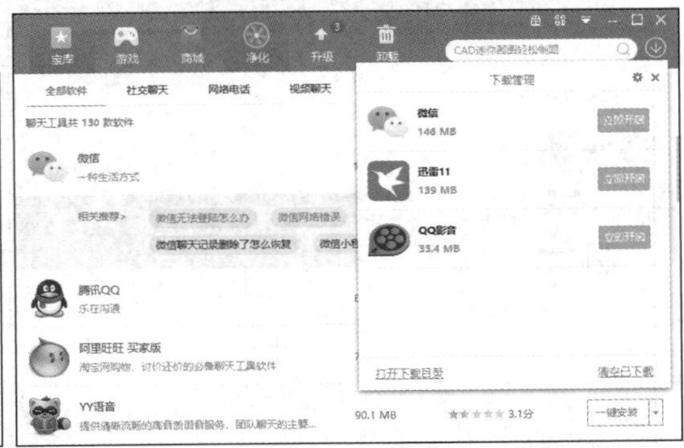

图 5-44　自定义安装软件

注意 建议用户将应用软件安装在非系统盘中，并统一安装在某一个文件夹中。另外，目前很多下载的软件捆绑了其他软件，在安装过程中，用户可以通过取消选中复选框的方法不安装捆绑软件。

（三）使用 360 软件管家升级软件

从网上下载并安装在计算机中的软件可能不是最新版本，这时就需要用户进行升级软件的操作，最简单也是最常用的方式是通过 360 软件管家进行升级。下面使用 360 软件管家升级腾讯 QQ，具体操作如下。

微课 5-5：使用 360 软件管家升级软件

（1）启动 360 安全卫士，在其操作界面中单击“软件管家”按钮。

（2）进入 360 软件管家的操作界面，单击“升级”按钮，360 软件管家将自动检测计算机中所有已安装的应用软件，并通过列表显示可以升级的软件。单击腾讯 QQ 选项右侧的“一键升级”按钮，如图 5-45 所示。

（3）360 软件管家将自动下载腾讯 QQ 的升级程序，并显示下载进度，如图 5-46 所示。

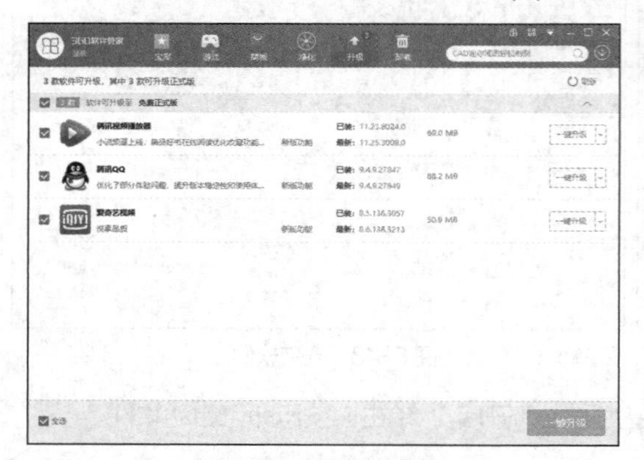

图 5-45 选择升级操作

图 5-46 下载升级程序

（4）升级程序下载完成后，360 软件管家通常会自动安装升级程序，并显示安装的进度，如图 5-47 所示。

（5）安装完成后会提示一键升级成功，单击腾讯 QQ 选项右侧的“立即开启”按钮，即可启动升级完成后的腾讯 QQ，如图 5-48 所示。

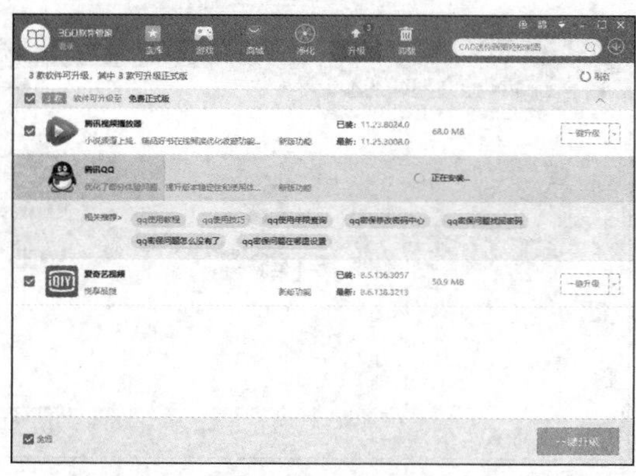

图 5-47 安装升级程序

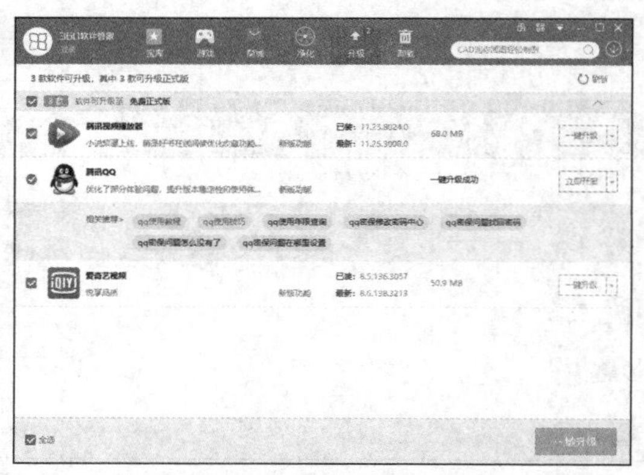

图 5-48 完成软件升级

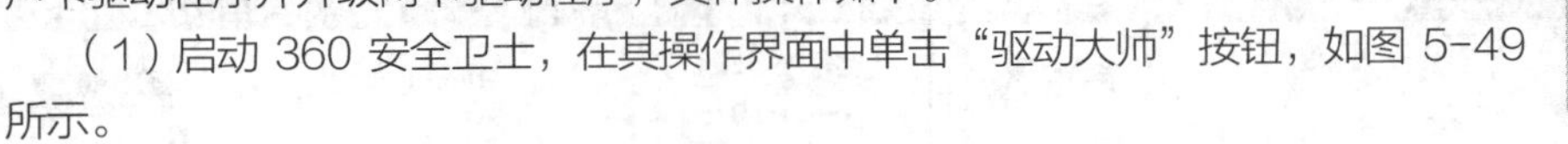

（四）使用 360 驱动大师安装和升级驱动程序

微课 5-6：使用 360 驱动大师安装和升级驱动程序

操作系统自带的驱动程序可能不完整或者版本较低，在安装完应用软件后，用户可以利用专业的驱动软件进行驱动程序的安装和升级。下面使用 360 驱动大师安装声卡驱动程序并升级网卡驱动程序，具体操作如下。

（1）启动 360 安全卫士，在其操作界面中单击“驱动大师”按钮，如图 5-49 所示。

（2）360 安全卫士将自动安装并打开 360 驱动大师，单击“驱动安装”按钮，360 驱动大师将扫描计算机的硬件，以及显示其驱动程序的相关信息，如图 5-50 所示。

图 5-49　启动驱动大师

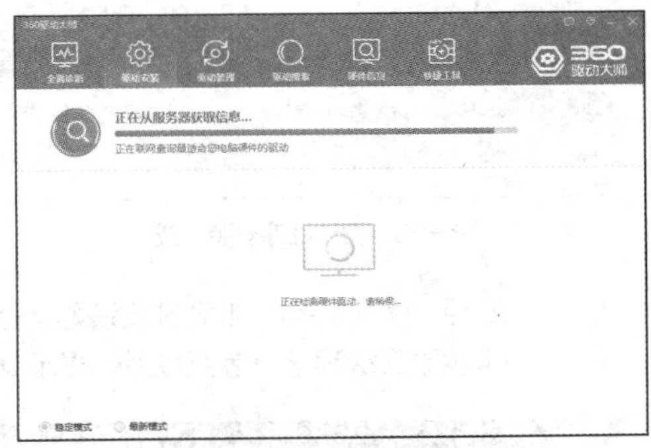

图 5-50　扫描计算机的硬件

（3）扫描完成后，360 驱动大师将显示计算机中硬件驱动程序的情况，并显示需要安装或升级驱动程序的硬件信息，这里先找到需要安装的声卡驱动程序对应的选项，选中其左侧对应的复选框，并单击其右侧的“安装”按钮，如图 5-51 所示。

（4）360 驱动大师将自动下载声卡驱动程序并进行安装，如图 5-52 所示。

图 5-51　选择操作

图 5-52　安装声卡驱动程序

提示　同一个硬件设备的驱动程序有很多版本，例如，公版、兼容版、加速版、测试版和 WHQL 版等。目前常用的是公版和兼容版两种，其区别如下：一是来源不同，公版是由芯片制造商自己设计的，兼容版是由硬件的各个品牌制造商设计的；二是稳定性不同，公版相对稳定，兼容版适用于大部分的硬件，但稳定性较低；三是性能不同，公版对硬件的性能有较好的优化和提升，兼容版则不容易优化和提升硬件的性能。

（5）驱动程序安装完成后，提示安装成功，如图 5-53 所示。

（6）在 360 驱动大师的操作界面中查看可以升级的驱动程序，这里在有线网卡对应的选项右侧单击“升级”按钮，如图 5-54 所示。

图 5-53　驱动程序安装完成

图 5-54　选择要升级的驱动程序

（7）360 驱动大师将自动下载并安装网卡驱动升级程序，如图 5-55 所示。

（8）网卡驱动升级程序安装完成后，提示安装成功，如图 5-56 所示。

图 5-55　安装网卡驱动升级程序

图 5-56　网卡驱动程序安装完成

（五）使用 360 驱动大师管理驱动程序

在完成了驱动程序的安装和升级之后，为了保证驱动程序正常运行，用户可以使用 360 驱动大师对其进行管理，具体操作如下。

微课 5-7：使用 360 驱动大师管理驱动程序

（1）启动 360 安全卫士，在其操作界面中单击“驱动大师”按钮。

（2）360 安全卫士将自动安装并打开 360 驱动大师，单击“驱动管理”按钮，360 驱动大师将显示“驱动备份”选项卡，扫描并显示所有驱动程序的备份情况（用户组装计算机后通常没有备份），单击“开始备份”按钮，如图 5-57 所示。

（3）360 驱动大师将逐个备份所有驱动程序，并显示备份进度，如图 5-58 所示。

（4）备份完成后将打开图 5-59 所示的对话框，提示备份完毕，单击“确定”按钮即可。

图 5-57　开始驱动管理

图 5-58　备份驱动程序

提示　在 360 驱动大师的驱动管理界面中，选择“驱动还原”选项卡，将进入“驱动还原”界面，在对应的驱动程序选项右侧单击“还原”按钮，可以用备份好的驱动程序还原驱动程序，以此保证对应硬件正常工作，如图 5-60 所示。选择“驱动卸载”选项卡，则可以卸载不需要的驱动程序。

图 5-59　完成驱动程序备份

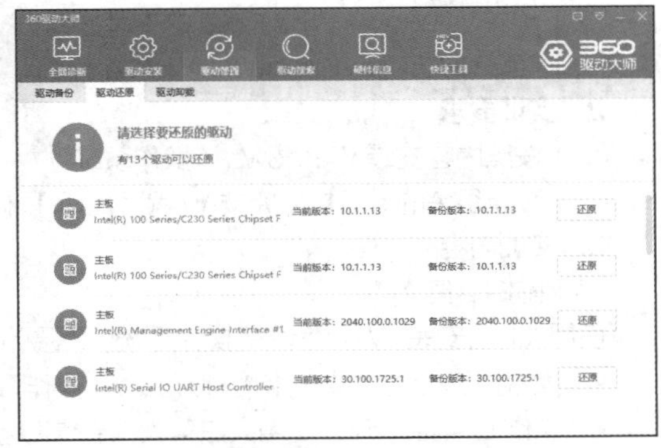

图 5-60　还原驱动程序

实训

（一）安装 Linux 操作系统

1. 实训目的

（1）熟悉操作系统的安装步骤。

（2）掌握使用 U 盘安装 Linux 操作系统的操作。

（3）能够独立安装计算机的操作系统。

2. 实训要求

（1）按照实训内容逐步完成。

（2）可以直接在计算机中安装 Linux 操作系统，也可以利用虚拟机软件进行安装。

3. 实训内容

（1）制作 U 盘启动盘。

要安装 Linux 操作系统，需要先制作 U 盘启动盘，操作提示如下。

- 制作 U 盘启动盘。使用大白菜软件制作 U 盘启动盘。除此之外，还可以选择使用 UltraISO、老毛桃等软件，实现一键快速制作 U 盘启动盘的操作。
- 下载安装文件。从网上将 CentOS 7.x 操作系统的安装文件或 ISO 映像文件下载到 U 盘中。

（2）使用 U 盘启动盘安装 Linux 操作系统。

操作提示如下。

- 开始安装。使用 U 盘启动计算机，打开下载的 CentOS 7.x 操作系统的安装文件。
- 设置安装界面。选择“Install CentOS Linux 7”选项，按【Enter】键。
- 选择安装语言。进入语言选择界面，选择简体中文对应的选项，并选择键盘布局，选择英文美式键盘对应的选项。
- 其他安装设置。设置时间、地区、需要安装的软件、服务器、安装位置、硬盘分区、格式化分区、主机和网络配置、root 密码、管理员账户等。

（二）使用 U 盘安装 Windows 7 操作系统

1. 实训目的

（1）熟悉 Windows 操作系统的安装步骤。

（2）掌握 Windows 7 操作系统的安装操作。

（3）能够独立安装 Windows 操作系统。

2. 实训要求

（1）按照内容安装 Windows 7 操作系统。

（2）在新组装的计算机中完成 Windows 7 操作系统的安装。

3. 实训内容

（1）前期准备。

使用 U 盘安装 Windows 7 操作系统，需要准备以下工具。

- 大容量的 U 盘。要安装 Windows 7 操作系统，U 盘容量至少为 8GB。
- 制作 U 盘启动盘。使用大白菜软件制作 U 盘启动盘。除此之外，还可以选择使用 UltraISO、老毛桃等软件，实现一键快速制作 U 盘启动盘的操作。
- 下载安装文件。从网上将 Windows 7 操作系统的安装文件或 ISO 映像文件下载到 U 盘中。
- 硬盘分区和格式化。提前划分好硬盘分区，系统盘至少需要 20GB，越大越好。

（2）使用 U 盘安装 Windows 7 操作系统。

操作提示如下。

- 开始安装。使用 U 盘启动计算机，打开下载好的 Windows 7 操作系统的安装文件。
- 进入安装界面。扫描后单击“现在安装”按钮，接受许可协议并选择安装类型，选择安装的分区并开始安装过程，在此过程中计算机会自动重启多次，不需要人为操作。
- 进行系统配置。打开设置 Windows 的对话框时，设置国家和地区、时间和货币、键盘布局、用户名、计算机名称、登录密码、日期和时间、网络等。

（三）安装 WPS Office 软件

1. 实训目的

（1）熟悉软件安装的基本步骤。

（2）掌握软件安装的操作。

（3）能够在计算机中安装各种应用软件。

2. 实训要求

（1）将 WPS Office 安装到计算机的 D 盘中。

（2）将 WPS Office 升级到目前的最新版本。

3. 实训内容

（1）前期准备。

安装 WPS Office 需要准备其安装程序，可以从 WPS Office 的官方网站下载。

（2）安装 WPS Office。

打开下载好的安装程序，选择自定义安装的方式。选择安装路径时，将路径设置为 D 盘。安装完成后，使用 360 软件管家检查 WPS Office 是否为最新版本，如果可以升级，则将其升级到目前的最新版本。

拓展知识

（一）通过软件自带程序卸载软件

大部分应用软件本身提供了卸载功能，该方法操作简单，因此是卸载软件的首选方法。具体操作是在“开始”菜单中找到该程序子列表对应的命令，选择“卸载”“卸载程序”或“Uninstall”子命令，在打开的提示对话框中确认卸载操作即可开始卸载软件。通常在打开的“卸载状态”对话框中会显示卸载进度，卸载完成后，打开的提示对话框中将提示“某软件已成功删除”。

（二）使用光盘安装 Windows 10 操作系统

利用正版安装光盘和外接 USB 光驱来为计算机安装 Windows 10 操作系统，具体操作如下。

（1）启动计算机，当进入自检界面时按【Delete】键。

（2）进入 UEFI BIOS 设置主界面，单击“启动”按钮。

（3）进入“启动”界面，在“设定启动顺序优先级”选项组中选择“启动选项#1”选项。

（4）打开“启动选项#1”对话框，选择“USB CD/DVD”选项，如图 5-61 所示。

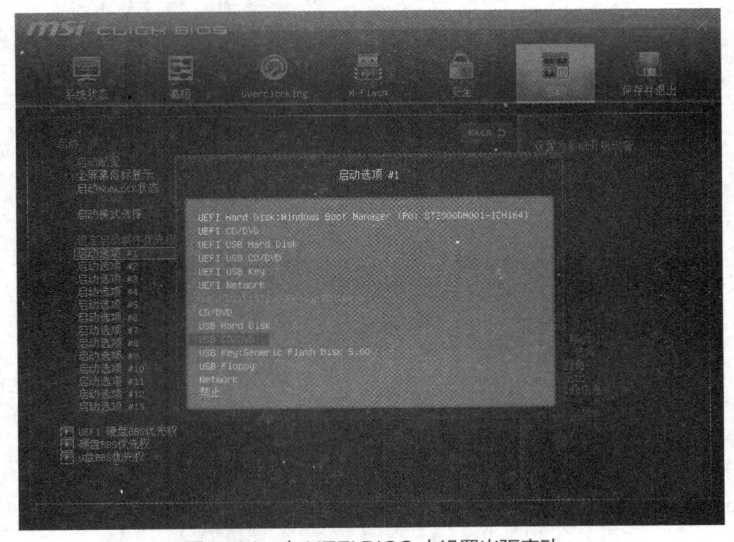

图 5-61　在 UEFI BIOS 中设置光驱启动

（5）返回“启动”界面，单击“保存并退出”按钮。

（6）进入“保存并退出”界面，在“保存并退出”选项组中选择“储存变更并重新启动”选项。

（7）此时会打开一个提示框，要求用户确认是否保存并重新启动，单击“是”按钮，完成计算机启动顺序的设置。

（8）将 USB 光驱连接到计算机，并将 Windows 10 操作系统的安装光盘放入光驱。

（9）重新启动计算机后，将自动运行安装程序，此时计算机将对安装光盘进行检测，屏幕中将显示安装程序正在加载安装需要的文件。

（10）其后的具体操作与使用 U 盘安装 Windows 10 操作系统的步骤（11）及之后的操作完全一致，这里不再赘述。

（三）国产操作系统

随着互联网信息技术和移动通信技术的快速发展普及，以及物联网和云计算等前沿科技的不断突破，国产操作系统也得到了发展。国产操作系统主要是以 Linux 为基础进行二次开发的操作系统，发展的目标是打破国外操作系统的垄断，代表系统包括银河麒麟、红旗 Linux、中兴新支点、深度（deepin）、中标麒麟 Linux、AliOS（阿里云系统）、一铭操作系统和 HarmonyOS（鸿蒙系统）等。目前，国产操作系统在易用性、价格等方面已经具备了自己的优势，在天问一号、嫦娥五号等大国重器中也出现了国产操作系统的身影，并在航空航天、发电配电、高铁飞机等各个重要领域广泛应用。随着 HarmonyOS 在移动端的逐步普及，国产操作系统有望在未来实现计算机中操作系统的国产化替代。

项目6
配置和管理网络连接

项目情景

将计算机的硬件和软件都安装好后，米拉心想这下可以交付各部门使用了。老洪却告诉米拉，公司的计算机都不是独立的，需要将这些计算机联入局域网和 Internet，才能利用网络实现资源共享、多人办公、远程操作等各种功能。米拉这才意识到，网络连接的配置很重要，于是在老洪的指导下，开始连接各种网络硬件设备，配置有线和无线网络，并配置远程登录、文件共享和打印机共享等这些办公常用网络设置。

项目目标

- 了解计算机网络的基础知识
- 熟练掌握连接网络设备的基本操作
- 熟练掌握配置有线和无线网络的基本操作
- 熟练掌握配置计算机远程登录的基本操作
- 熟练掌握共享文件夹的基本操作
- 熟练掌握配置打印机共享的基本操作

素养目标

- 树立共享发展的理念，学会共享网络资源，实现信息的有效利用。

任务 6-1 连接和配置网络

任务导入

所有新组装的计算机都必须连接到公司的局域网中才能上网，老洪让米拉先制作网线，将所有新组装的计算机都通过网线连接到交换机中，并通过无线路由器连接到 ADSL 中。米拉发现工作量较大，于是开始准备工具和需要用到的硬件。

任务分析

本任务中连接和配置的是小型局域网，这种网络非常适合中小型企业、单位和家庭应用，其操作思路如下。

（1）了解局域网的基础知识。了解办公局域网的设计方案、所需的常用的硬件设备和工具。

（2）制作网线。网线是有线局域网中的主要数据传输通道，自行制作网线简单快捷，比直接购买网线更方便，非常适合为多台计算机组建局域网的任务。

（3）连接网络硬件设备。组建办公局域网需要使用网线将计算机连接到 Internet 中，但两者之间还需要连接一些网络硬件设备，通常包括路由器、ADSL Modem 和交换机等，连接好这些设备后，通过配置网络就能实现计算机的上网功能。

（4）配置有线和无线网络。连接好硬件设备后，用户还需要配置网络。计算机网络主要分为有线网络和无线网络两种，有线网络的配置主要是设置路由器的 ADSL 拨号连接和每台计算机的 IP 地址，无线网络的配置则是管理网络名称和密码，并设置无线终端（笔记本电脑和智能手机等）的 IP 地址。

（5）测试网络。测试网络的通断和网络速度等，查看计算机能否上网。

相关知识

（一）办公局域网的设计方案

局域网（Local Area Network，LAN）是指在某一区域内由多台计算机连接形成的计算机组，可以实现计算机间的文件共享、应用软件共享、打印机共享、电子邮件和传真通信服务等功能。局域网是封闭型的，可以由办公室内的两台计算机组成，也可以由一个公司内的上千台计算机组成。

- 无交换机局域网方案。这种局域网中的网络终端（计算机、多功能一体机等）的数量较少，通常通过路由器或 ADSL Modem 的端口连接上网，家庭局域网也采用了这种方式。
- 有交换机的局域网方案。这是目前比较常见的局域网设计方案，这种局域网中通常将一定数量的网络终端都连接到一台交换机上，交换机连接到路由器，路由器再连接到 ADSL Modem 的端口上，如图 6-1 所示。

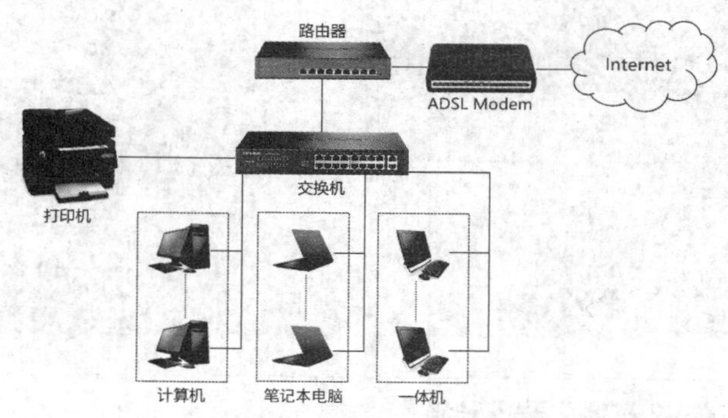

图 6-1　有交换机的局域网方案

- 无线局域网方案。这种设计方案摆脱了网线的限制，由无线路由器连接到 ADSL Modem 的端口上网，其他网络终端通过无线网络连接无线路由器上网，如图 6-2 所示。

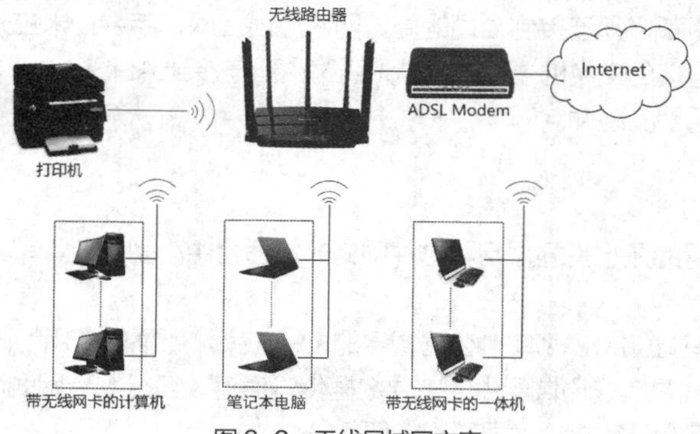

图 6-2　无线局域网方案

（二）常用网络硬件设备和组网工具

1. 网络硬件设备

除前述的网卡和路由器外，常用于组建局域网的硬件设备还有交换机和 ADSL Modem 等。

- 交换机。交换机是一种能将多台计算机连接起来的高速数据交流设备，在局域网中的作用相当于一个信息中转站，所有需在网络中传播的信息都会在交换机中被指定到下一个传播端口。通俗地说，交换机可以称为更多接口的路由器，它的 LAN 接口比路由器多很多，各种接口的连接与路由器完全一致。
- ADSL Modem。Modem 就是调制解调器，通常安装在计算机和电话系统之间，使一台计算机能够通过电话线与另一台计算机进行信息交换。ADSL 调制解调器是一种专为 ADSL 提供调制数据和解调数据的调制解调器，也是目前最为常见的一种调制解调器。ADSL 调制解调器通常有一个电话口（Line-In）和多个网络口（LAN），电话口接入互联网，LAN 口则接入网卡或其他网络设备（如路由器）。

2. 组网工具

搭建计算机局域网需要用到的工具主要有压线钳、测线仪、螺钉旋具和尖嘴钳等，这里主要介绍前两种工具。

- 压线钳。压线钳是一种制作网线的专用工具，用户使用压线钳可以非常方便地剥开、夹断网线，并压制水晶头或 BNC 接头。压线钳主要有双绞线压线钳和同轴电缆压线钳两种类型，图 6-3 所示为双绞线压线钳。
- 测线仪。测线仪是专门用来测试网线通断的工具，如图 6-4 所示。测线仪分为主、从两部分，每个部分都有一个接口（或两种不同的接口类型）和一排指示灯。测试时，将制作好的网线两端分别插入两部分的接口，打开测线仪上的电源开关，如果网线畅通，则测线仪面板上对应的指示灯会逐一闪烁。

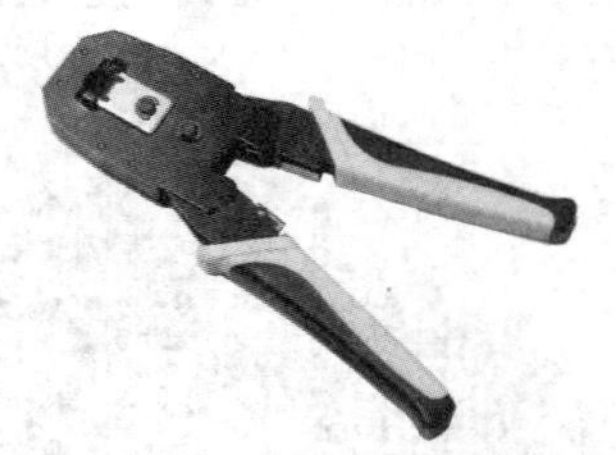

图 6-3　双绞线压线钳

图 6-4　测线仪

提示　**搭建局域网的过程中还可能用到万用表，万用表用于快速判断网线是否畅通及确定网线线脚，其有数字式和指针式两种类型。**

任务实施

微课 6-1：制作网线

（一）制作网线

下面使用双绞线制作网线并采用直接连接法连接双绞线和水晶头，具体操作如下。

（1）用双绞线压线钳上的剥线口夹断双绞线的外层绝缘皮（注意不要夹断内部的电缆），用一只手按住双绞线的一端，用另一只手剥去已经夹断的双绞线外层绝缘皮，如图 6-5 所示。

（2）剥去外层绝缘皮后，将 4 对双绞线分开拉直，按绿白、绿、橙白、蓝、蓝白、橙、棕白、棕的顺序将其排列整齐，如图 6-6 所示。

（3）将所有线紧紧并列在一起，用压线钳的切线口切去多余的线头，留下的线的长度约为 15mm，这样刚好能将其全部插入 RJ45 接头。

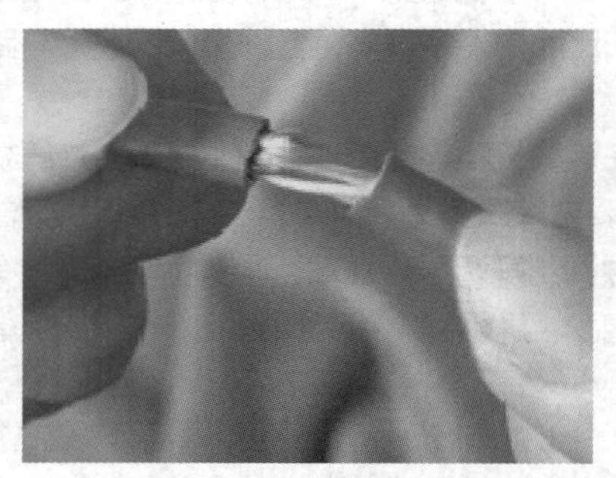

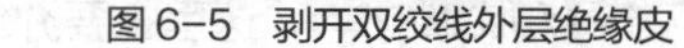

图 6-5　剥开双绞线外层绝缘皮

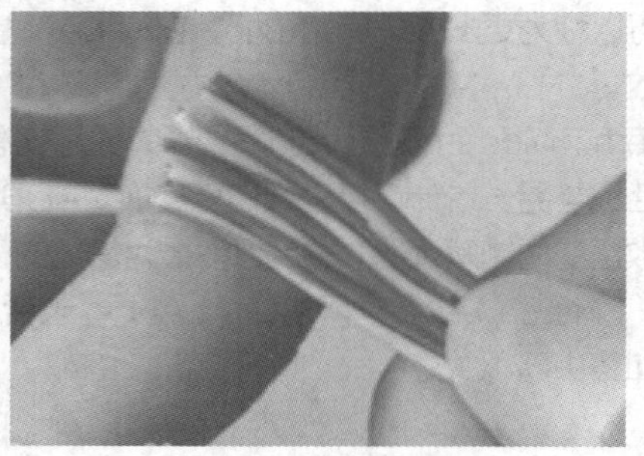

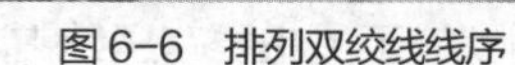

图 6-6　排列双绞线线序

图 6-6 彩图

提示　**双绞线的线序标准有两种：EIA/TIA 568A 和 EIA/TIA 568B。EIA/TIA 568A 线序为绿白、绿、橙白、蓝、蓝白、橙、棕白、棕；EIA/TIA 568B 线序为橙白、橙、绿白、蓝、蓝白、绿、棕白、棕。**

（4）握住水晶头，将有弹片的一面朝下，带金属片的一面朝上，将双绞线的线头插入水晶头，直到从侧面看线头全在金属片下，如图 6-7 所示。

（5）将水晶头放入双绞线压线钳的压线槽并用力压下，将水晶头的 8 片金属片压下去，刺穿双绞线的八芯包皮，直到二者很好地接触在一起，如图 6-8 所示。

图 6-7　连接双绞线与水晶头

图 6-8　制作水晶头

注意　**在压紧水晶头时，用户应尽量将多余的外层绝缘体反贴在水晶头中压紧，这样水晶头会更加牢固。**

（6）用同样的方法制作双绞线的另一端。制作完成后，使用测线仪对双绞线进行测试。如果测试结果正常，则表示网线已经制作成功，否则需要重新制作。

提示 使用双绞线制作网线有两种方法：一种是直接连接法，使用直接连接法制作的网线，其两端的水晶头中的线序应该一致，同为 EIA/TIA 568A 或 EIA/TIA 568B；另一种是交叉连接法，使用交叉连接法制作的网线，一端的水晶头中的线序为 EIA/TIA 568A，另一端的水晶头中的线序为 EIA/TIA 568B。直接连接法和交叉连接法所适用的网络硬件设备如表 6-1 所示。

表 6-1 直接连接法和交叉连接法所适用的网络硬件设备

直线连接法	交叉连接法
计算机——ADSL Modem ADSL Modem——路由器的 WAN 口 计算机——路由器的 LAN 口 计算机——交换机	计算机——计算机（对等网连接） 交换机——交换机 路由器——路由器

（二）连接网络设备

微课 6-2：连接网络设备

下面使用网线将计算机、交换机、路由器和 ADSL Modem 等网络设备连接起来，具体操作如下。

（1）将制作好的网线一端的水晶头插入计算机的 RJ45 接口。

（2）将连接好计算机的网线另一端的水晶头插入交换机的接口。

（3）将网线一端的水晶头插入交换机的接口，将网线另一端的水晶头插入路由器的 LAN 口，如图 6-9 所示。

（4）将网线一端的水晶头插入路由器的 WAN 口，将网线另一端的水晶头插入 ADSL Modem 的 LAN 口，如图 6-10 所示。

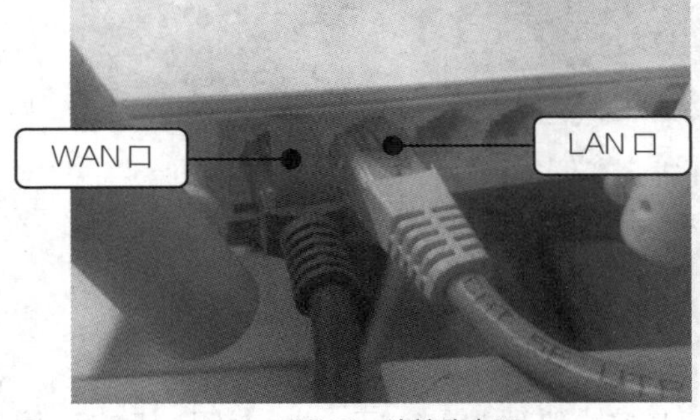

图 6-9 连接路由器

图 6-10 连接 ADSL Modem

提示 交换机通常有多个接口，可以直接连接其他网络设备和计算机。路由器的接口有 WAN 口和 LAN 口两种类型，WAN 口用于连接 ADSL Modem，LAN 口用于连接其他网络设备和计算机。ADSL Modem 通常有多个接口，可以直接连接路由器、交换机和计算机。

（三）配置有线网络

配置有线网络主要有两个重要步骤，一是为路由器设置 ADSL 拨号连接，二是为每台计算机设置单独的 IP 地址。

微课 6-3：设置路由器

1. 设置路由器

设置路由器是指为路由器设置拨号上网，具体操作如下。

（1）连接好网络硬件设备之后，在计算机中打开浏览器软件，在其地址栏中输入“192.168.0.1”或者路由器网址（具体可以查看路由器的用户手册），按【Enter】键，进入路由器的设置界面。

（2）进入“创建管理员密码”界面，在“设置密码”和“确认密码”文本框中输入相同的密码，该密码用于以后管理路由器登录，单击“确定”按钮，如图 6-11 所示。

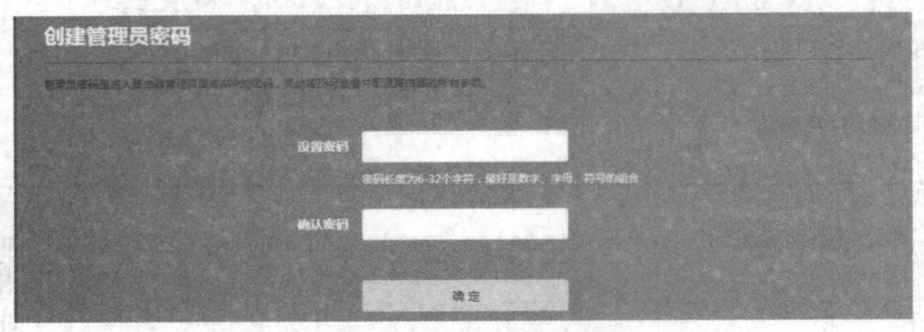

图 6-11　设置管理员密码

（3）进入“上网设置”界面，此时，路由器会自动检测上网方式，通常 ADSL 用户需要选择“宽带拨号上网”“PPPoE（ADSL 虚拟拨号）”或者“让路由器自动选择上网方式”等选项。

（4）在“宽带账号”和“宽带密码”文本框中输入 ADSL 的账号和密码，单击“下一步”按钮，如图 6-12 所示。

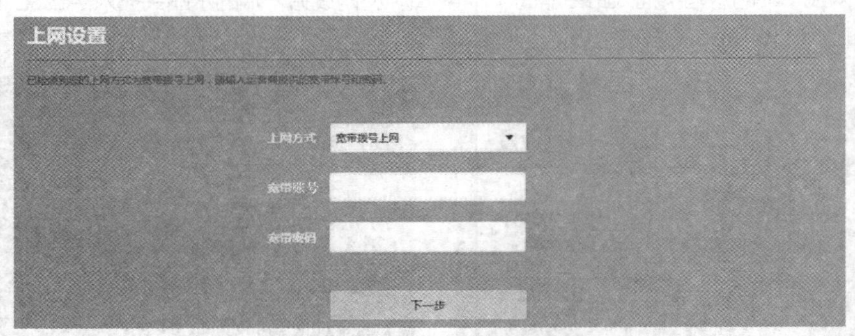

图 6-12　输入账号和宽带密码

（5）设置路由器的 IP 地址，通常选择“自动获得 IP 地址”选项，单击“下一步”按钮，如图 6-13 所示。

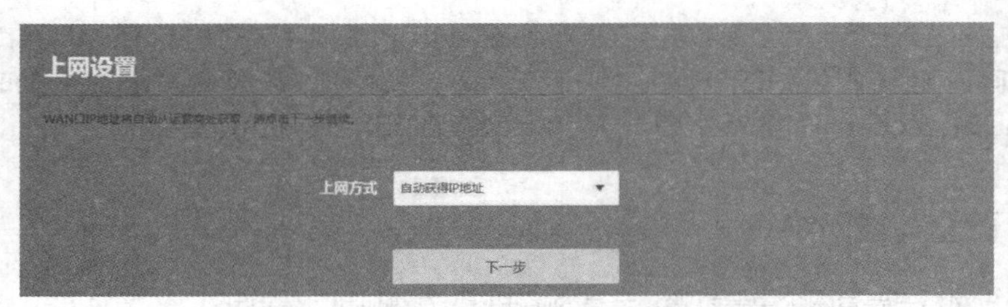

图 6-13　设置路由器的 IP 地址

（6）在确认这些设置无误的情况下，保存设置并退出路由器设置界面。

2. 设置计算机

设置好路由器后，用户就可以为计算机设置 IP 地址并将其连接到 Internet 中了，具体操作如下。

（1）选择“开始”/“设置”命令，打开“设置”窗口，单击“网络和 Internet”按钮，如图 6-14 所示。

（2）进入“状态”界面，单击“网络和共享中心”超链接，如图 6-15 所示。

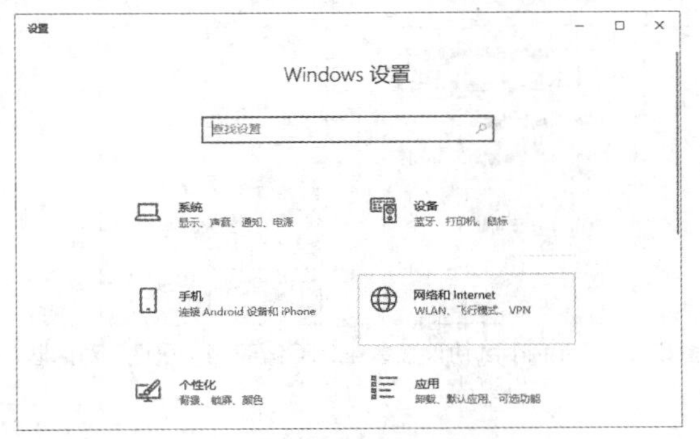

图 6-14 “设置”窗口

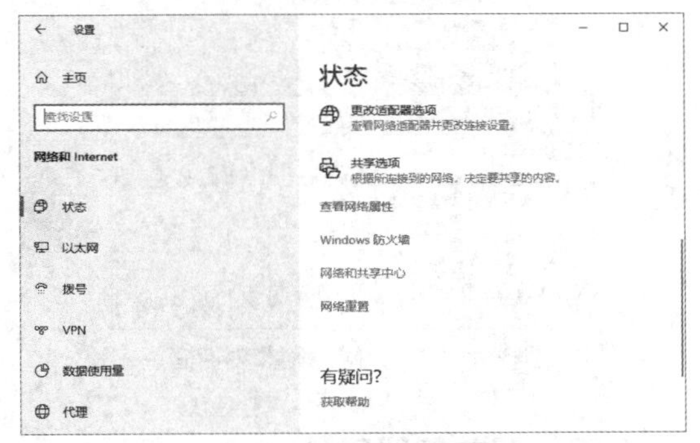

图 6-15 “状态”界面

（3）打开“网络和共享中心”窗口，在“查看活动网络”选项组中单击“以太网”超链接，如图 6-16 所示。

（4）打开“以太网 状态”对话框，单击“属性”按钮，如图 6-17 所示。

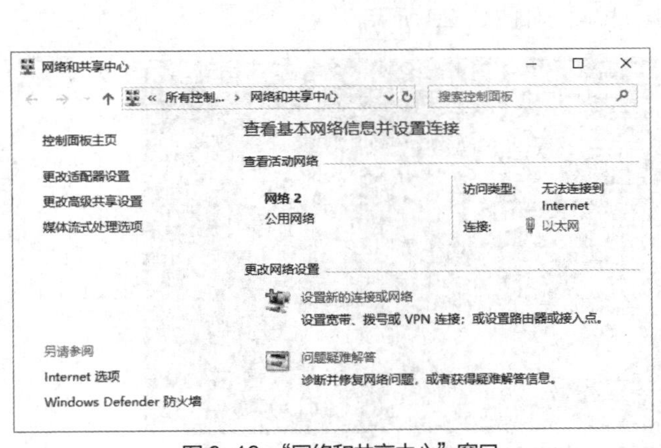

图 6-16 “网络和共享中心”窗口

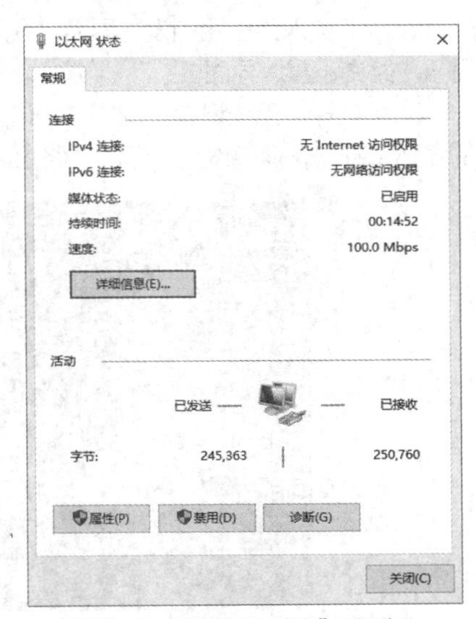

图 6-17 “以太网 状态”对话框

（5）打开“以太网 属性”对话框，在“此连接使用下列项目”列表框中选择“Internet 协议版本 4（TCP/IPv4）”选项，单击“属性”按钮，如图 6-18 所示。

（6）打开“Internet 协议版本 4（TCP/IPv4）属性”对话框，选中“使用下面的 IP 地址”单选按钮，在“IP 地址”文本框中为计算机设置一个 IP 地址，并输入子网掩码、默认网关和首选 DNS 服务器地址，单击“确定”按钮，如图 6-19 所示。

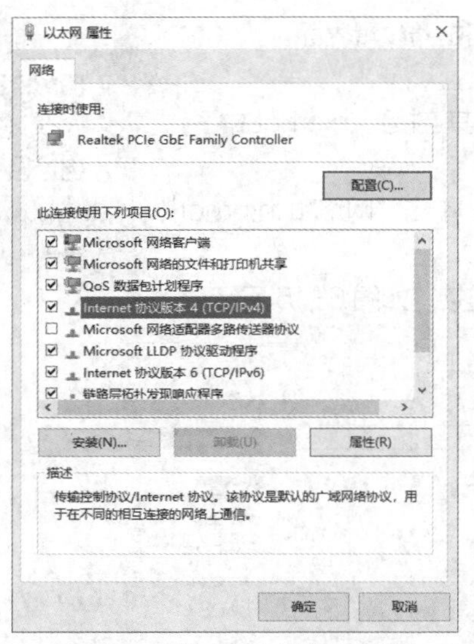

图 6-18 “以太网 属性”对话框

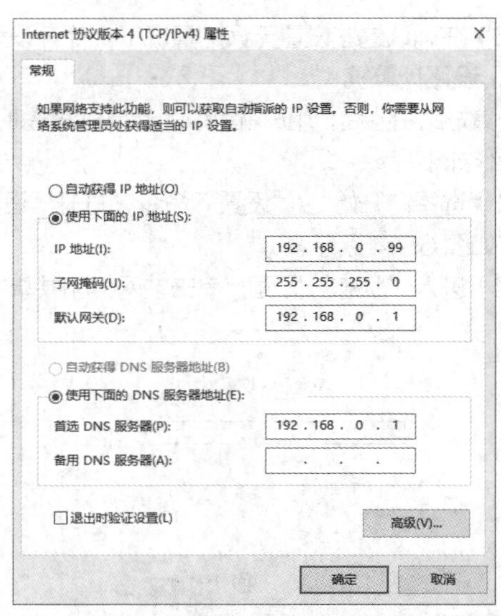

图 6-19 “Internet 协议版本 4（TCP/IPv4）属性”对话框

（四）配置无线网络

配置无线网络也有两个重要步骤，一是打开路由器的无线功能并进行设置，二是为计算机设置单独的 IP 地址，具体操作如下。

（1）连接好无线网络设备之后，在浏览器的地址栏中输入“192.168.0.1”或者路由器的网址，按【Enter】键进入路由器的设置界面，在“密码”文本框中输入设置的管理员密码，单击“确定”按钮，进入“路由设置”界面。

（2）选择“无线设置”选项卡，进入“无线设置”界面，开启路由器的无线功能，并设置无线网络的名称和密码，保存设置，退出“路由设置”界面，如图 6-20 所示。

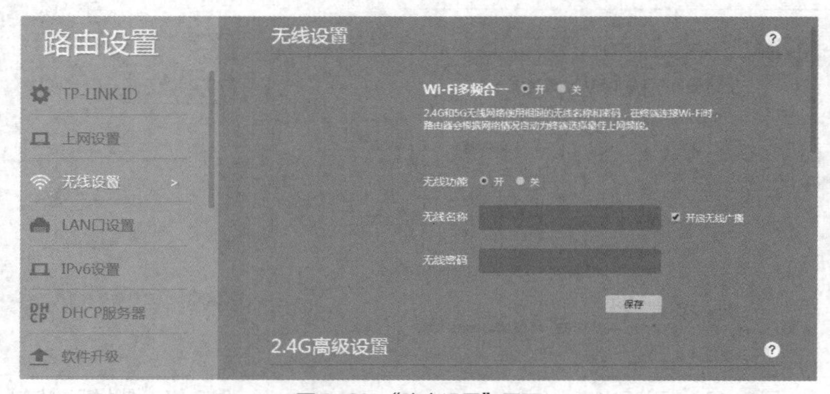

图 6-20 “路由设置”界面

（3）在笔记本电脑或装有无线网卡的台式机中，打开“网络和共享中心”窗口，在“查看活动网络”选项组中单击无线网络连接对应的超链接，打开其状态对话框，设置 IP 地址即可。

（五）测试网络

测试网络通常是指测试网络的可用性，也就是网络是否通畅。基于 Windows 操作系统，用户可以

使用 ping 命令进行测试，具体操作如下。

（1）按【Windows+R】组合键，打开“运行”对话框，在“打开”文本框中输入“cmd”，单击“确定”按钮，如图 6-21 所示。

（2）打开命令行窗口，在命令提示符处输入“ping 192.168.0.1”，按【Enter】键，命令行窗口中将显示该网络能否正常通信，以及路径是否可达，如图 6-22 所示。

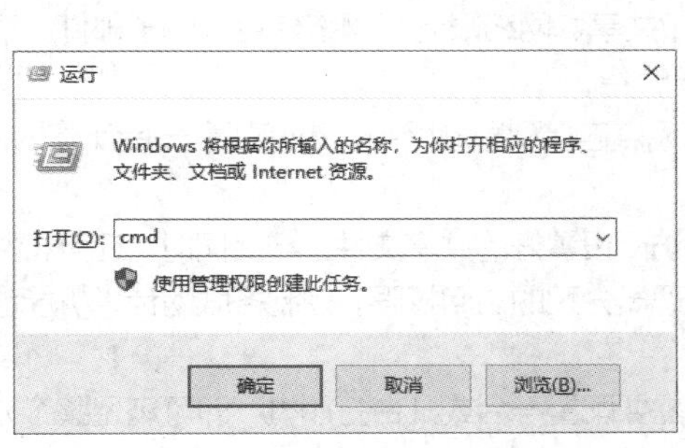

图 6-21 “运行”对话框

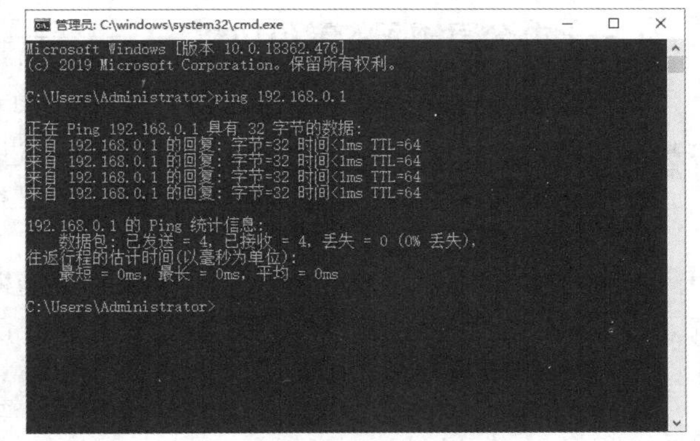

图 6-22 测试网络

注意 **测试网络性能时，当结果显示“来自 192.168.0.1 的回复：字节=32 时间<1ms TTL=64”时，表示收到 192.168.0.1 的回复包，说明目的网络连通可用；当显示“无法访问目标主机”时，表示可能没有该 IP 地址；当显示“请求超时”时，表示存在该 IP 地址，但网络不通。**

任务 6-2 配置网络功能

任务导入

米拉在老洪的指导下完成了所有新组装计算机的网络设置，但计算机能上网还远远不够，米拉还需要为这些计算机设置共享数据资料的文件夹和配置远程辅助操作环境；为了让所有计算机都能打印文档，还需要为每台计算机安装打印服务；并限制某些计算机的上网时间。这些网络功能的配置都需要在连接和配置好有线/无线网络后进行，米拉又开始忙活起来……

任务分析

配置网络功能的目的是方便计算机在网络中实施具体的工作，很多网络功能由专业的软件实现。而在组装计算机的过程中，常用的网络功能的应用主要是在局域网范围内，配置的目标是提升局域网中计算机数据处理的工作效率，其操作思路如下。

（1）了解网络基础知识。这里的网络基础知识包括局域网常见功能和无线局域网的常见应用。

（2）配置远程操作环境。当计算机遭遇某些自己无法解决的问题时，通常可以通过网络使用远程协助功能或者某些第三方远程控制软件，由专业人士控制该计算机来解决问题。在使用这种方式解决问题前，用户需要配置计算机的远程操作环境。

（3）共享文件夹。设置共享文件夹是为了方便网络中的用户共享数据，提升工作效率。

（4）共享打印机。共享打印机是目前商务办公中常用的打印配置方案，通常是将打印机连接到路由器中，再使所有局域网中的计算机通过设置共享计算机，它们都可以使用该打印机进行打印。

（5）网络限制。很多企业为了让员工在上班时间不做工作以外的事情，例如，玩网络游戏或浏览娱乐网页，就会通过网络设置来限制员工的上网时间和禁止员工访问某些网站等。

相关知识

（一）办公局域网的常见功能

办公局域网的常见功能包括远程访问、文件共享、打印共享、网络限制、网络传真、电子邮件、客户管理、人事管理、公共信息发布与查询等，下面分别进行介绍。

- 远程访问。远程访问指通过局域网和计算机从任意地点连接到局域网中，访问任意一台计算机，并对计算机进行控制和操作。
- 文件共享。文件共享是指网络中各计算机能够互相访问设置好的共享文件。与此同时，还可将共享文件放到网络服务器中，服务器能够根据网络管理员分配的访问权限，控制各联网计算机能够访问的文件目录。
- 打印共享。打印共享的实现使得在每个局域网中只需要配置一台或几台打印机，即可满足整个办公网络的打印需求。
- 网络限制。网络限制主要是指通过设置网络中的网速、上网时间和访问网站等项目，来控制和管理小型网络系统中的各个用户的网络使用，从而提升工作效率。
- 网络传真。网络传真使得计算机可以直接将编辑好的传真文稿通过网络发送到对方的传真机上，或传真到对方计算机的传真接收系统中，提升了工作效率。
- 电子邮件。基于局域网的电子邮件系统，既便于机构内部的电子邮件传递，又便于通过 Internet 和其他广域网与外部进行连接，被国内外办公自动化系统广泛应用。
- 客户管理。客户管理就是采用计算机网络化客户资源管理，查询和归类等工作完全由计算机处理，且线上查询十分方便。
- 人事管理。人事管理同样属于典型的数据库应用，相对于客户管理，人事管理权限更为严格。
- 公共信息发布与查询。每个企业都会需要发布一些公共信息，如通知、通告等，利用网络发布与查询这些信息，快速且方便。

（二）无线局域网的应用

无线局域网可广泛应用于下列领域。

- 移动终端：使用笔记本电脑、平板或智能手机等可移动终端设备进行快速网络连接。
- 接入网络信息系统：电子邮件、文件传输和终端仿真。
- 难以布线的环境：老建筑、布线困难或昂贵的露天区域、城市建筑群、校园和工厂。
- 办公用户：办公室和家庭办公室（SOHO）用户，以及需要方便快捷地安装小型网络的用户。
- 用于远距离信息的传输：例如，在林区进行火灾、病虫害等信息的传输；公安交通管理部门进行交通管理等。
- 频繁变化的环境：频繁更换工作地点和改变位置的零售商、生产商，以及野外勘测、试验、军事银行等。
- 流动工作者可得到信息的区域：需要在医院、零售商店或办公室区域流动时得到信息的医生、护士、零售商和白领工作者。

- 专门工程或高峰时间所需的暂时局域网：学校、商业展览、建设地点等人员流动较强的地方；零售商、空运和航运公司高峰时间所需的网络等。

任务实施

（一）配置计算机远程登录

微课 6-6：配置计算机远程登录

当计算机出现了某些问题或者某些软件出现操作问题时，用户通常可以通过网络使用远程协助功能或者某些第三方远程控制软件，让专业人士控制该计算机来解决问题。在使用这种方式解决问题前，需要配置计算机的远程登录。下面就在 Windows 10 操作系统中配置计算机远程登录，具体操作如下。

（1）在 Windows 10 操作系统桌面的“此电脑”图标上单击鼠标右键，在弹出的快捷菜单中选择“属性”命令，打开“系统”窗口，在左侧的任务窗格中单击“远程设置”超链接，如图 6-23 所示。

（2）打开“系统属性”对话框，选择“远程”选项卡，在“远程协助”选项组中选中“允许远程协助连接这台计算机”复选框，在“远程桌面”选项组中选中“允许远程连接到此计算机”单选按钮，取消选中“仅允许运行使用网络级别身份验证的远程桌面的计算机连接（建议）”复选框，单击“确定”按钮，如图 6-24 所示。

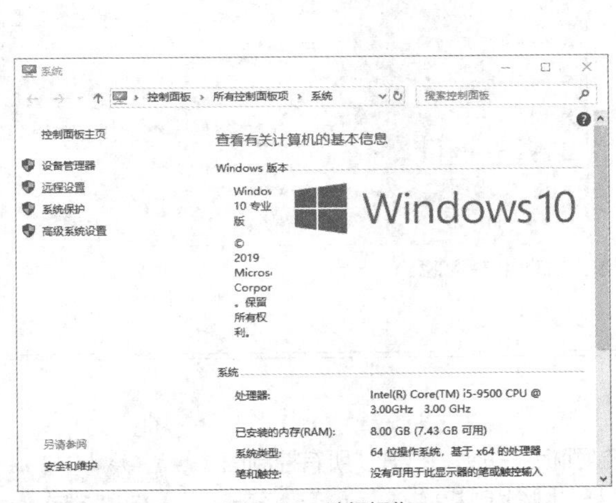

图 6-23 选择操作

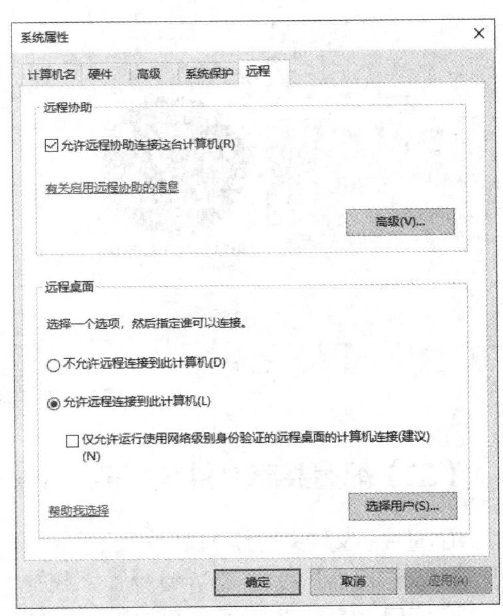

图 6-24 设置远程连接

（3）在另外一台计算机中选择“开始”/“Windows 附件”/“远程桌面连接”命令，打开“远程桌面连接”对话框，在“计算机”文本框中输入需要远程登录的计算机的 IP 地址，单击“连接”按钮，如图 6-25 所示。

（4）打开“Windows 安全中心”对话框，在“用户名”和“密码”文本框中分别输入需要远程登录的计算机的账户名称和登录密码，单击“确定”按钮，如图 6-26 所示，即可登录该计算机的系统界面，从而远程控制该计算机，实现与本地计算机中完全一致的操作。

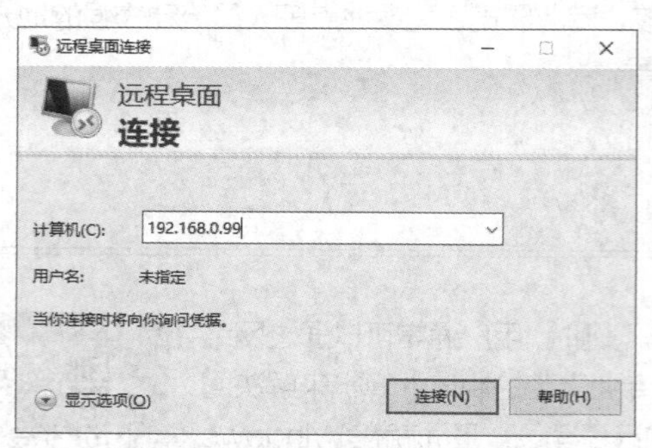

图 6-25 “远程桌面连接”对话框

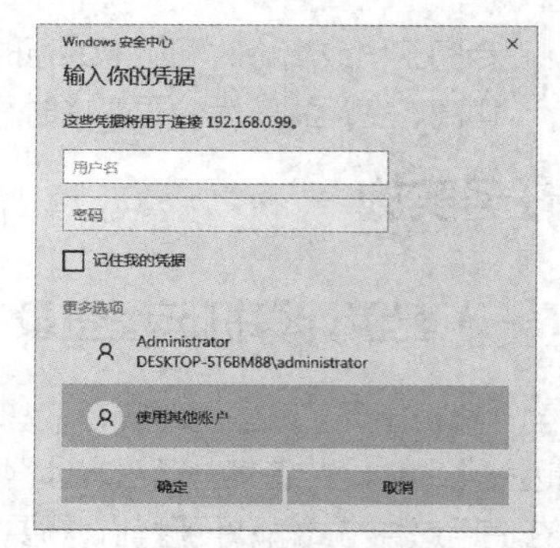

图 6-26 输入登录凭据

提示 登录凭据中的用户名和密码可以在账户设置信息中查看：选择“开始”/“设置”命令，打开“Windows 设置”窗口，单击“账户”按钮，在“账户信息”窗格中的本地账户的名称就是用户名；选择“登录选项”选项卡，在“登录选项”窗格中选择“密码”选项，在展开的选项组中单击“添加”按钮，即可设置密码，这个密码就是登录凭据的密码，也是使用该账户登录该计算机的 Windows 操作系统的密码，如图 6-27 所示。

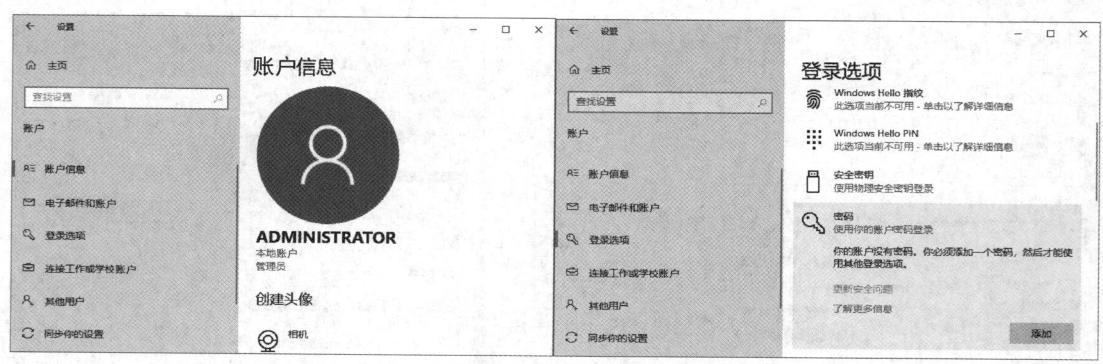

图 6-27 查看登录凭据的用户名和密码

（二）配置共享文件夹

配置共享文件夹的具体操作如下。

（1）选择“开始”/“Windows 系统”/“控制面板”命令，打开“所有控制面板项”窗口，单击“网络和共享中心”超链接，打开“网络和共享中心”窗口，在左侧的任务窗格中单击“更改高级共享设置”超链接。

微课 6-7：配置共享文件夹

（2）打开“高级共享设置”窗口，先展开“专用（当前配置文件）”选项，在“网络发现”选项组中选中“启用网络发现”单选按钮；在“文件和打印机共享”选项组中选中“启用文件和打印机共享”单选按钮。展开“所有网络”选项，在“公用文件夹共享”选项组中选中“启用共享以便可以访问网络的用户可以读取和写入公用文件夹中的文件”单选按钮；在“文件共享连接”选项组中选中“使用 128 位加密帮助保护文件共享连接（推荐）”单选按钮；在“密码保护的共享”选项组中选中“无密码保护的共享”单选按钮，单击“保存更改”按钮，如图 6-28 所示。

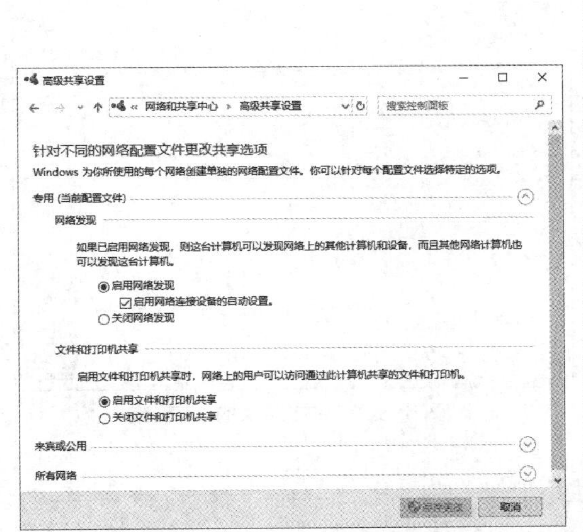
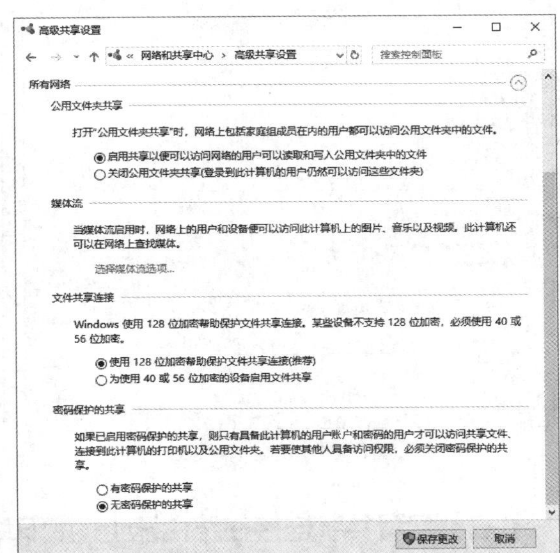

图 6-28　进行 Windows 10 操作系统的高级共享设置

（3）在需要共享的文件夹上单击鼠标右键，在弹出的快捷菜单中选择“属性”命令，打开该文件夹的“属性”对话框，选择“共享”选项卡，在“网络文件和文件夹共享”选项组中单击“共享”按钮，如图 6-29 所示。

（4）进入“选择要与其共享的用户”界面，选择要共享的用户，在用户下拉列表中选择“Everyone”选项，单击“添加”按钮，如图 6-30 所示。

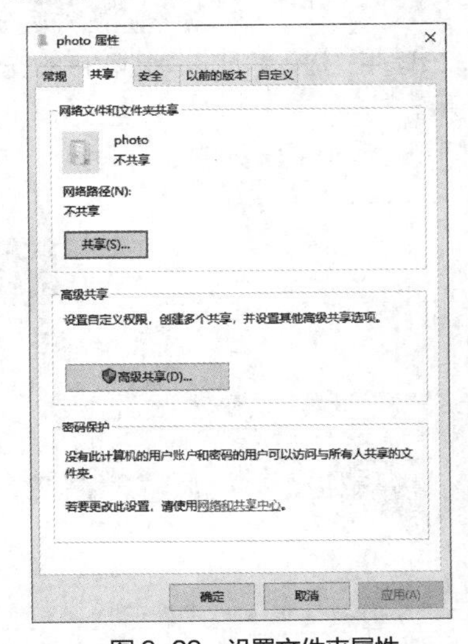

图 6-29　设置文件夹属性

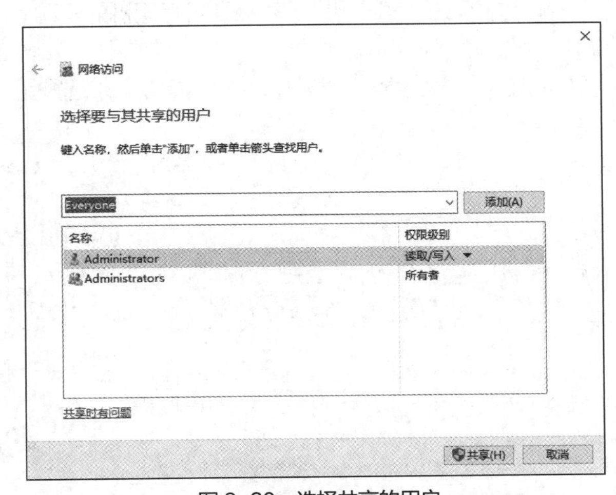

图 6-30　选择共享的用户

（5）在界面下方的列表框中单击“Everyone”选项右侧的下拉按钮，在弹出的下拉列表中选择“读取/写入”选项，单击“共享”按钮，如图 6-31 所示。

（6）Windows 操作系统开始设置该文件夹的共享，稍等片刻后，系统会提示文件夹已共享，单击“完成”按钮，如图 6-32 所示，完成文件夹的共享设置。

（7）在其他计算机中按【Windows+R】组合键，打开“运行”对话框，在“打开”文本框中输入该共享文件夹的计算机的 IP 地址，单击“确定”按钮，可以看到所有共享的文件夹。

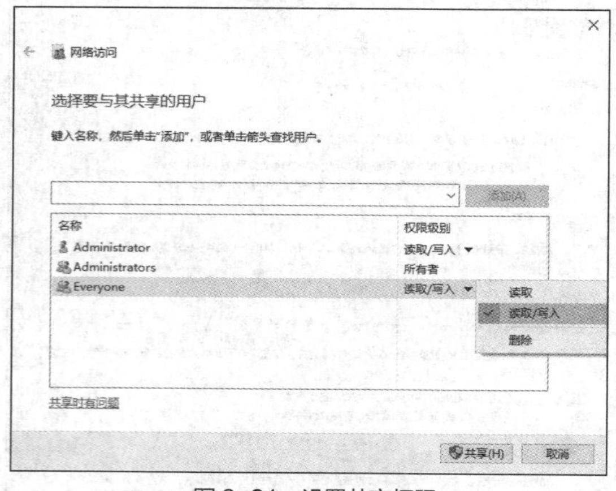

图 6-31　设置共享权限

图 6-32　完成文件夹的共享设置

（三）配置共享连接在路由器上的打印机

共享连接在路由器上的打印机是目前很常用的一种网络共享服务，但需要打印机具备网络功能。下面在一台计算机中配置共享一台连接在路由器上的打印机，具体操作如下。

微课 6-8：配置共享连接在路由器上的打印机

（1）通过网线将打印机连接到路由器的 LAN 口，并启动打印机，按照说明书的介绍，直接在打印机上操作，为其设置一个 IP 地址（如果将打印机设置为自动获取 IP 地址，则每次启动时其 IP 地址会自动重新分配，局域网中的其他设备都需要重新连接打印机，所以最好为打印机设置固定 IP 地址）。

（2）从打印机的官方网站下载该型号打印机的驱动程序，启动该程序，进入打印机驱动程序的安装界面，进入“许可证协议”界面，单击“是”按钮，如图 6-33 所示。

（3）进入“安装类型”界面，选中“标准”单选按钮，单击“下一步”按钮，如图 6-34 所示。

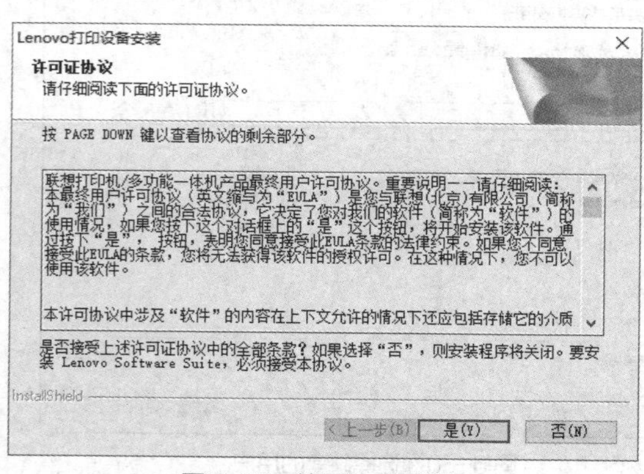

图 6-33　接受许可证协议

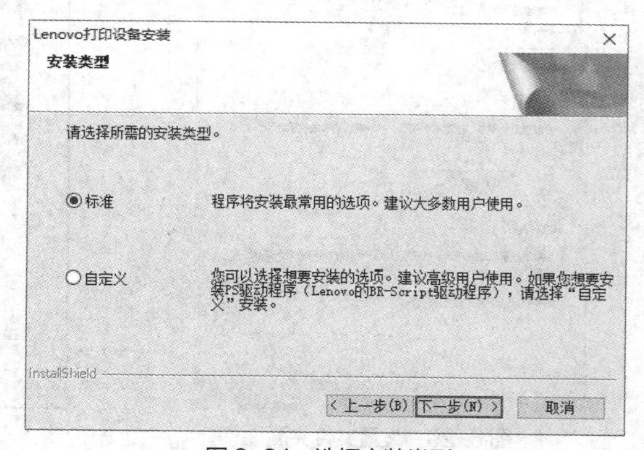

图 6-34　选择安装类型

（4）进入“选择连接”界面，选中“Lenovo 对等网络打印机”单选按钮，单击“下一步”按钮，如图 6-35 所示。

（5）进入“选择想要安装的 Lenovo 设备”界面，在其列表框中选择设置好了 IP 地址的打印机，单击“下一步”按钮，如图 6-36 所示。

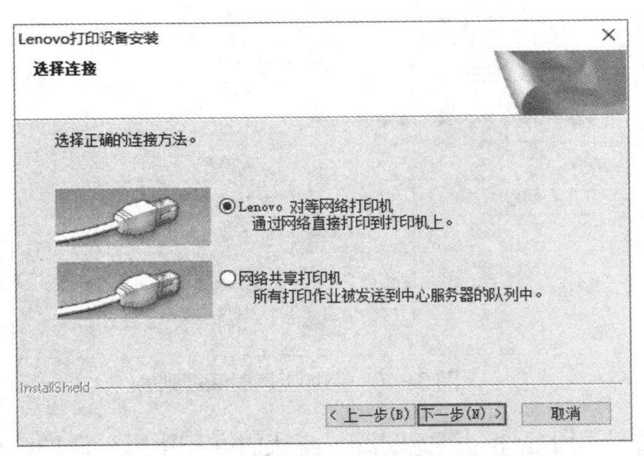

图 6-35 选择连接方式

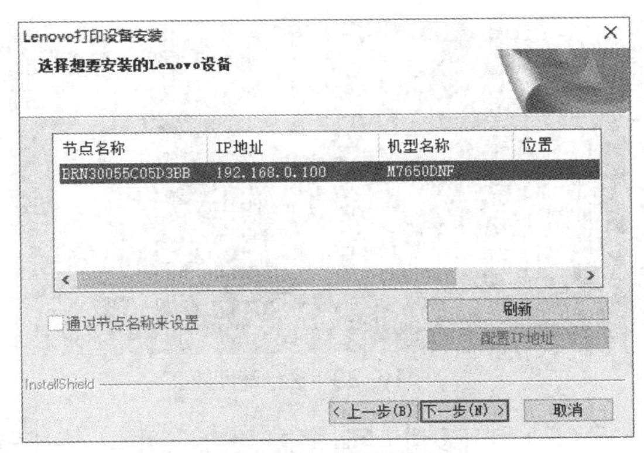

图 6-36 选择打印机

（6）进入“安装状态”界面，安装驱动程序，并显示安装的进度，如图 6-37 所示。

（7）进入“完成设置”界面，提示驱动程序安装完成，选中“设为默认打印机（该设置将应用到当前的用户。）”复选框，单击“完成”按钮，如图 6-38 所示。

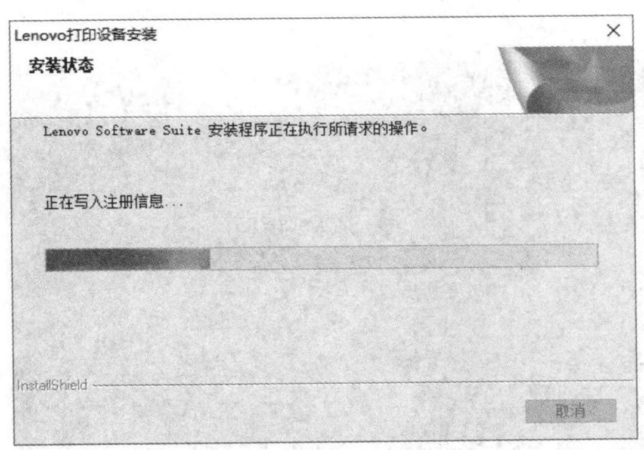

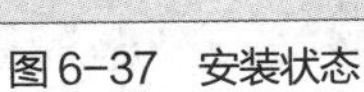
图 6-37 安装状态

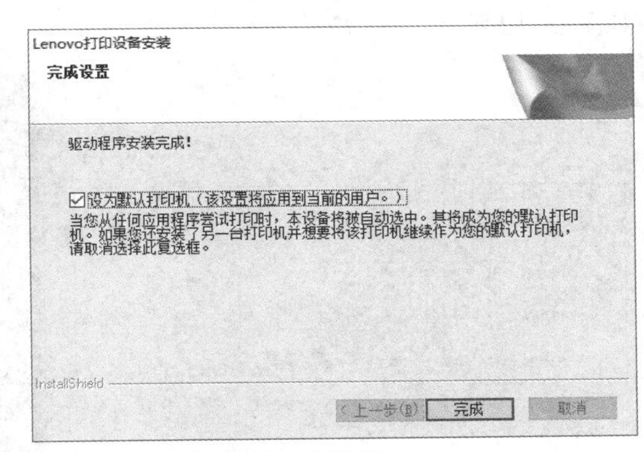

图 6-38 完成设置

提示 在“Windows 设置”窗口中单击“设备”按钮，在打开的窗口左侧的“设备”选项组中选择“打印机和扫描仪”选项卡，在右侧的“打印机和扫描仪”选项组中选择“添加打印机或扫描仪”选项，并在其下面的列表框中选择共享打印机对应的选项，安装该打印机的驱动程序后也可以在计算机中配置共享打印机。

（四）网络限制

微课 6-9：网络限制

网络限制主要是指通过设置网络中的网速、上网时间和访问网站等项目，来控制和管理小型网络系统中的各个用户。通过专业的网络管理软件和设置路由器都可以实现网络限制。下面为一台计算机设置上网时间，具体操作如下。

（1）在浏览器的地址栏中输入路由器的 IP 地址，进入路由器登录界面，输入登录密码后进入路由器管理界面，单击相应的按钮进入设备管理界面，将显示连接到路由器的所有硬件设备，这里单击界面右上角的“上网时间规则管理”超链接，如图 6-39 所示。

（2）打开添加上网时间规则的对话框，单击“添加新的时间规则”按钮，如图 6-40 所示。

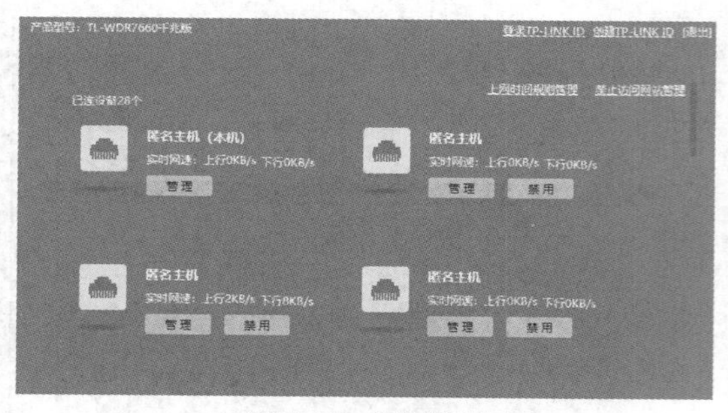

图 6-39　设备管理界面

添加新的时间规则　删除全部　删除所选

选择	描述	时间规则
☐	上课时间（下午）	13:30 - 16:30 周一 周二 周三 周四 周五
☐	上课时间	08:30 - 11:50 周一 周二 周三 周四 周五
☐	睡觉	00:00 - 02:00 周一 周二 周三 周四 周五 周六 周日

关 闭

图 6-40　添加上网时间规则

（3）打开设置上网时间规则的对话框，分别设置时间段描述、开始时间、结束时间和重复等选项，单击“确定”按钮，如图 6-41 所示。

（4）返回添加上网时间规则的对话框，在其中即可看到设置好的时间规则，单击“关闭”按钮返回设备管理界面，选择一台需要进行网络限制的计算机，单击其对应的“管理”按钮。

（5）进入该计算机的管理界面，在“上网时间限制”选项组中单击“添加允许上网时间段”超链接，如图 6-42 所示。

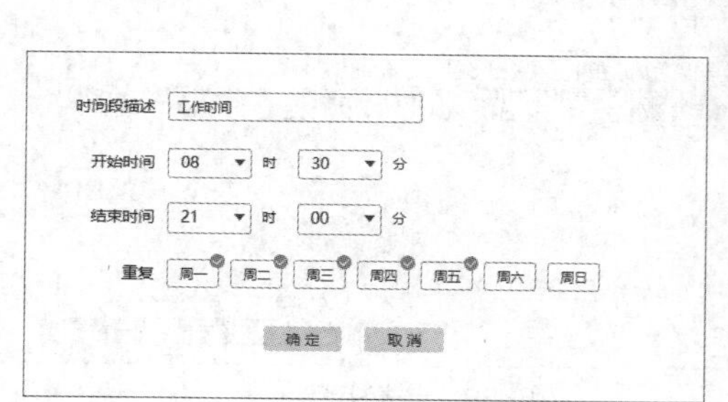

图 6-41　设置上网时间规则

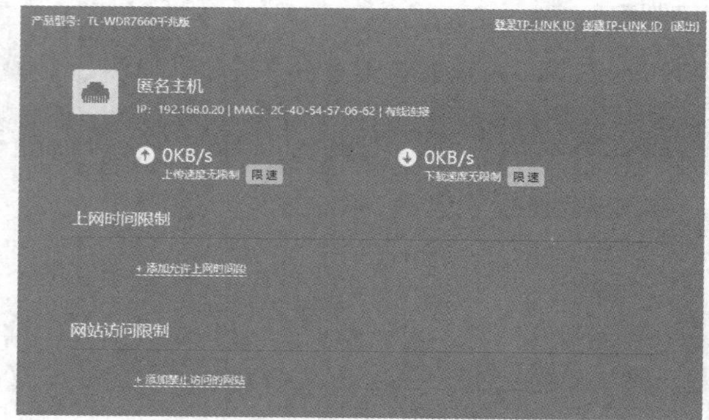

图 6-42　计算机的管理界面

（6）打开选择上网时间规则的对话框，选中允许的上网时间规则对应的复选框，单击“确定”按钮，如图 6-43 所示。

（7）返回该计算机的管理界面，在“上网时间限制”选项组中即可看到设置好的允许上网时间规则，如图 6-44 所示，在该时间段外，该计算机将被限制网络，无法上网。

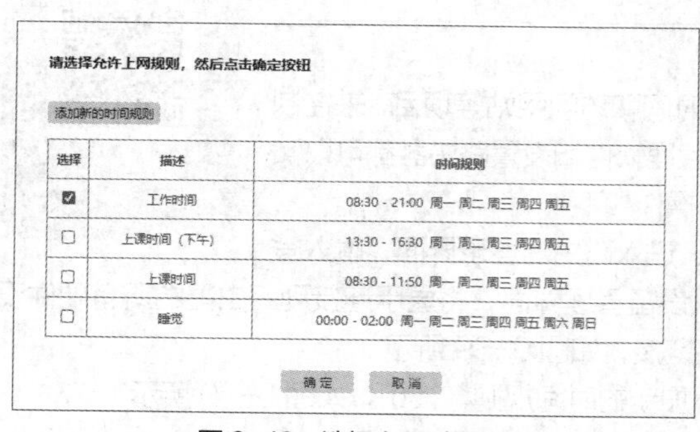
请选择允许上网规则，然后点击确定按钮

添加新的时间规则

选择	描述	时间规则
☑	工作时间	08:30 - 21:00 周一 周二 周三 周四 周五
☐	上课时间（下午）	13:30 - 16:30 周一 周二 周三 周四 周五
☐	上课时间	08:30 - 11:50 周一 周二 周三 周四 周五
☐	睡觉	00:00 - 02:00 周一 周二 周三 周四 周五 周六 周日

确 定　取 消

图 6-43　选择上网时间规则

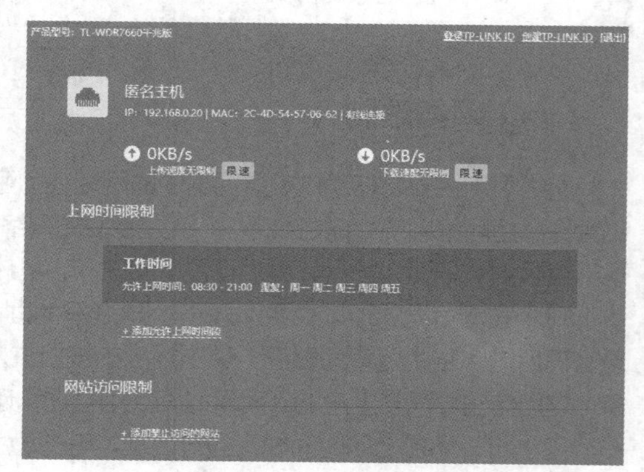

图 6-44　完成网络限制的设置

实训

（一）笔记本电脑连接有线和无线网络

1. 实训目的

（1）掌握笔记本电脑配置有线网络的操作。

（2）掌握笔记本电脑配置无线网络的操作。

（3）能够独立配置计算机网络。

2. 实训要求

（1）使用网线配置有线网络，再配置无线网络。

（2）为笔记本电脑在有线网络和无线网络中配置同一个 IP 地址，再配置两个不同的 IP 地址，并测试这两种情况下笔记本电脑能否通过网络连接到 Internet。

3. 实训内容

（1）笔记本电脑连接有线网络。

操作提示如下。

- 插入网线。
- 设置笔记本电脑。设置以太网属性，为笔记本电脑设置一个固定的 IP 地址，确定笔记本电脑能够连接到 Internet。

（2）笔记本电脑连接无线网络。

操作提示如下。

- 进入无线模式。拔出网线，启动无线网卡（通常按笔记本电脑的无线网络按键即可）。
- 设置笔记本电脑。设置无线网络的属性，为笔记本电脑设置一个固定的 IP 地址，确定笔记本电脑能够连接到 Internet。

（二）共享数据和打印机

1. 实训目的

（1）了解配置网络功能的基础知识。

（2）掌握配置共享文件夹的操作。

（3）掌握配置网络打印机的操作。

2. 实训要求

（1）将计算机中的某个文件夹共享，但权限是只能读取。

（2）使用安装打印机驱动程序的方式配置网络打印机。

3. 实训内容

（1）共享数据。

操作提示如下。

- 设置共享。打开“高级共享设置”窗口，设置共享的相关选项。
- 设置共享权限。设置文件夹的共享属性，将共享用户“Everyone”的权限级别设置为“读取”。

（2）配置网络打印机。

操作提示如下。

- 设置打印机。将打印机通过网线连接到路由器中，并为打印机设置一个 IP 地址。

- 配置网络打印机。在计算机中安装该打印机的驱动程序。

拓展知识

（一）5G和Wi-Fi

5G是指第五代移动电话行动通信标准，也称第五代移动通信技术，是4G之后的再发展，是一种广域网技术。Wi-Fi是一种无线局域网技术，无线局域网技术被称为WLAN，比较常见的无线局域网技术包括Wi-Fi和蓝牙等。本项目中所讲到的无线网络通常是指使用Wi-Fi的无线局域网。

5G的广域覆盖由宏基站来完成，室内部分由小基站和5G室内分布系统组成，小基站是5G抢占Wi-Fi市场的一个利器。从技术发展的角度来看，5G是试图取代Wi-Fi的，但这需要5G再发展一段时间，当未来小基站进入个人家庭之后，Wi-Fi就会慢慢退出历史舞台。

（二）智能家用网络系统

智能家用网络系统就是在家庭小型局域网的基础上，通过搭建智能家电模块、智能影音模块、中央空调模块和安防监控模块等组合而成的小型网络系统。例如，在家庭局域网中通过网络将计算机、手机、空调、电视、音箱、吸尘器、灯光及窗帘、各种厨房电器等家用电器连接起来，通过计算机或手机进行日常控制和使用，这就是智能家用网络系统的应用，也可以被称为智能家居，如图6-45所示。

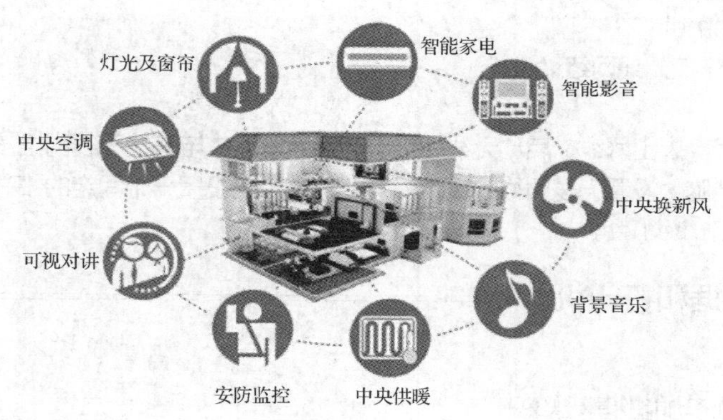

图6-45 智能家居

（三）宽带网速测试

宽带测试工具是一种专门用于测试网络接入速度的软件和程序，通过这种测试工具，用户可以测试出当前网络到宽带运营商机房的速度。例如，计算机平台中的360宽带测速器、移动端平台的网速测试大师App等。如果计算机的网络硬件连接，以及连接到Internet中的任一网络硬件出现了问题，则都可能影响宽带测试工具的测试结果。

项目7 保护计算机系统与数据

07

项目情景

米拉基本上完成了组装计算机的操作，也感到很有成就感，她向老洪报告了工作进展，准备收拾工具结束工作。但是老洪让她不要着急，他说组装计算机的操作还没有完全结束，还需要对所有计算机的操作系统进行备份。米拉感到很纳闷，刚组装好的计算机为什么要备份系统呢？老洪告诉她，备份系统这一步也很重要，因为这样才能保护计算机系统，一旦系统出错，可以迅速恢复，从而保证工作的正常进行。听完老洪的介绍，米拉认识到了备份系统的重要性，心想自己不仅要学会如何备份系统，还要知道出现问题时如何还原系统和数据。

项目目标

• 了解备份操作系统的基础知识 • 熟练掌握备份和还原操作系统的基本操作	• 熟练掌握恢复删除的文件的基本操作 • 熟练掌握修复硬盘主引导记录扇区的基本操作

素养目标

- 增强网络安全防范意识，为国家网络安全建设贡献自己的力量。

任务 7-1 备份和还原操作系统

任务导入

老洪让米拉先准备好一个 U 盘，用 U 盘作为启动盘启动计算机，再利用 Ghost 软件备份所有计算机的操作系统，生成的备份文件要妥善保存。

任务分析

备份和还原操作系统属于组装计算机的工作，但很多时候，备份和还原操作系统被划分到计算机维护的工作中，其操作思路如下。

（1）备份操作系统。备份操作系统可以直接使用 U 盘启动计算机，并利用启动盘中的 Ghost 软件进行备份，备份时计算机最好不要进行其他操作，并关闭网络。

（2）还原操作系统。还原操作系统直接采用备份的文件进行，还原时应该注意不能突然断电，否则会导致还原失败，计算机将无法启动。

（3）备份与还原注册表。备份和还原注册表也是保护计算机系统的一项重要操作，其操作比备份和还原操作系统快捷，很多不愿意备份操作系统的用户经常选择备份注册表。

相关知识

（一）Ghost

Ghost 是一款专业的系统备份和还原软件，使用它，用户可以将某个磁盘分区或整个硬盘中的内容完全镜像复制到另外的磁盘分区和硬盘中，或压缩为一个镜像文件。使用 Ghost 备份与恢复系统通常都在 DOS 状态下进行操作。Ghost 功能强大、使用方便，但多数版本只能在 DOS 状态下运行，Windows PE 操作系统也自带了 Ghost 软件，在通过 U 盘启动计算机后，用户即可利用 Ghost 备份系统。

（二）注册表

注册表编辑器程序（regedit.exe）的主要功能是管理 Windows 操作系统的注册表。注册表实质上是一个庞大的数据库，它的存储内容包括软、硬件的有关配置和状态信息，应用程序和资源管理器外壳的初始条件、首选项和卸载数据；计算机的整个系统的设置和各种许可，文件扩展名与应用程序的关联，硬件的描述、状态和属性；计算机性能记录和底层的系统状态信息，以及各类其他数据。此外，Windows 优化大师和 360 安全卫士等系统安全软件也具有注册表备份功能。

提示 **Windows 10 操作系统也提供了系统备份和还原功能，用户可以利用该功能直接将各硬盘分区中的数据备份到一个隐藏的文件夹中作为还原点，以便计算机在出现问题时，快速将各硬盘分区还原至备份前的状态。但这个功能有一个缺陷，即在 Windows 操作系统无法启动时，无法还原系统。此外，因为该功能要占用大量的磁盘空间，所以建议磁盘空间有限的用户关闭该功能。**

任务实施

（一）备份操作系统

备份操作系统最好在安装完驱动程序后进行，此时的系统最“干净”，最不容易出现问题；用户也可在安装完各种软件并连接网络后进行备份，这样在还原系统时可省略重装驱动程序、重装应用软件等操作。下面用 U 盘启动计算机，利用 Windows PE 操作系统中的 Ghost 软件备份操作系统，具体操作如下。

微课 7-1：备份操作系统

（1）使用 U 盘启动计算机，进入 Windows PE 操作系统，选择“开始”/“Ghost 11.5.1”命令，启动 Ghost 软件。

（2）进入的 Ghost 主界面中显示了软件的基本信息，单击“OK”按钮，如图 7-1 所示。

（3）在 Ghost 主界面中选择“Local”/“Partition”/“To Image”命令，如图 7-2 所示。

（4）在对话框中选择操作系统所在的硬盘（在有多个硬盘的情况下需慎重选择），这里选择第一个固态硬盘，单击“OK”按钮，如图 7-3 所示。

（5）在打开的对话框中选择操作系统所在的分区，这里选择系统盘所在的 C 分区，单击“OK”按钮，如图 7-4 所示。

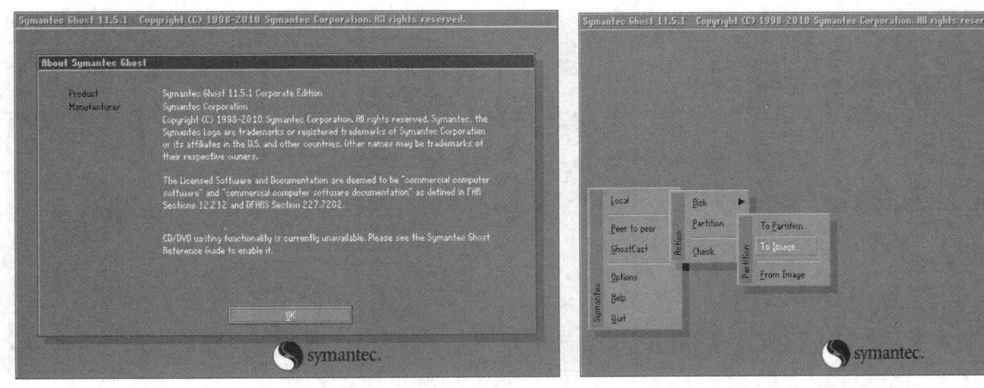

图 7-1 Ghost 主界面

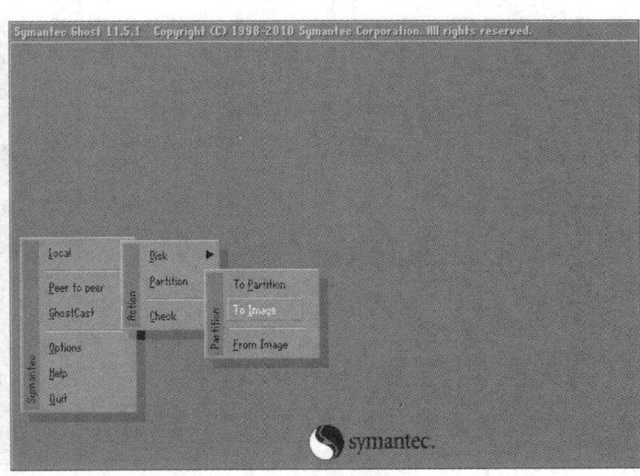

图 7-2 选择操作

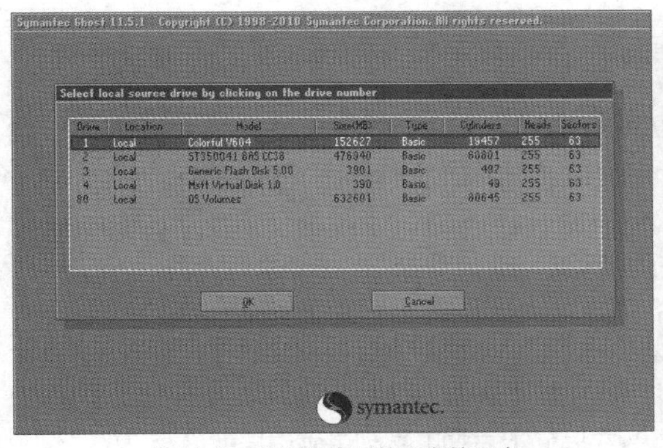

图 7-3 选择操作系统所在的硬盘

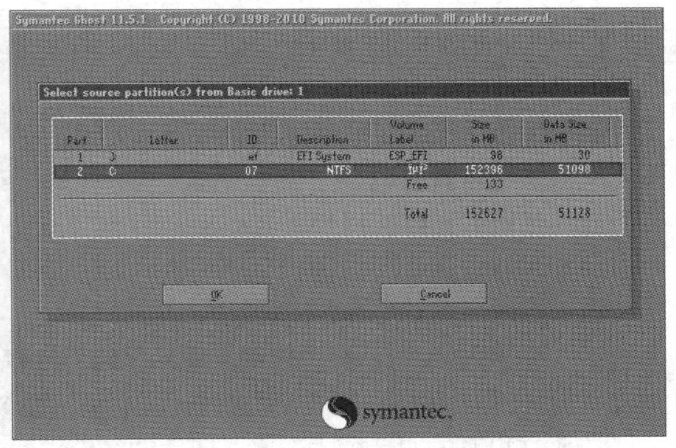

图 7-4 选择系统盘分区

（6）在打开的对话框中设置备份文件的保存位置，这里选择 D 盘，在“File name”文本框中输入“Win10”作为备份文件的名称，单击“Save”按钮，如图 7-5 所示。

（7）在打开的对话框中设置备份文件的压缩方式，这里单击“Fast”按钮，如图 7-6 所示。

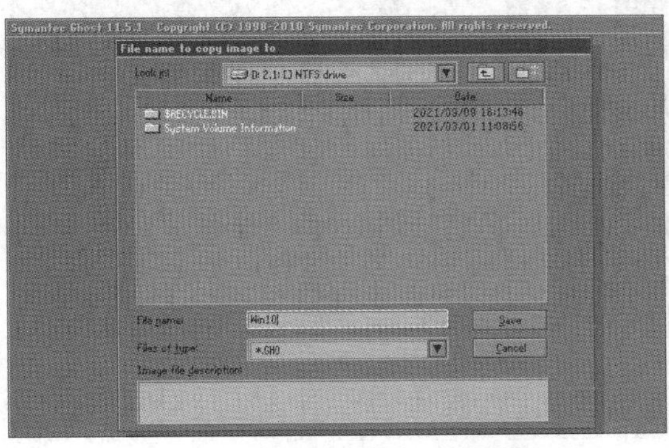

图 7-5 设置备份文件的位置和名称

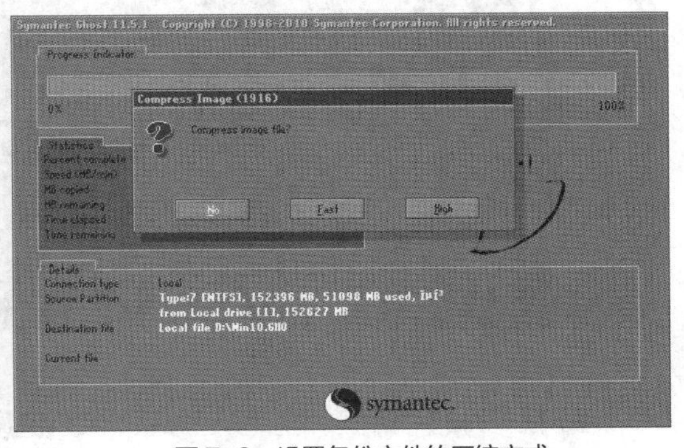

图 7-6 设置备份文件的压缩方式

（8）在打开的对话框中要求确认备份操作，单击“Yes”按钮，如图 7-7 所示。

（9）Ghost 开始备份操作系统，并显示备份的进度等相关信息，一段时间后，打开提示对话框，显示备份创建成功，单击“Continue”按钮，如图 7-8 所示，返回 Ghost 主界面，完成备份操作系统的操作。

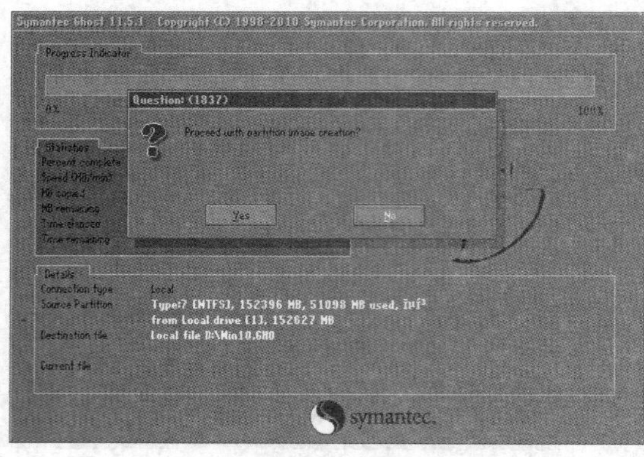

图 7-7　确认备份操作

图 7-8　完成备份操作

（二）还原操作系统

微课 7-2：还原操作系统

当操作系统感染了病毒或遭受严重损坏时，用户可使用 Ghost 软件通过备份的镜像文件快速恢复系统，重塑一个健全的操作系统。下面用前面备份的 Ghost 文件还原操作系统，具体操作如下。

（1）使用 U 盘启动计算机，进入 Windows PE 操作系统，选择“开始”/“Ghost 11.5.1”命令，启动 Ghost 软件。

（2）在进入的 Ghost 主界面中显示了软件的基本信息，单击“OK”按钮，在进入的 Ghost 界面中选择“Local”/“Partition”/“From Image”命令，如图 7-9 所示。

（3）在打开的对话框中选择要还原的备份文件，先在界面上方的下拉列表中选择备份文件的位置，再单击该备份文件，如图 7-10 所示。

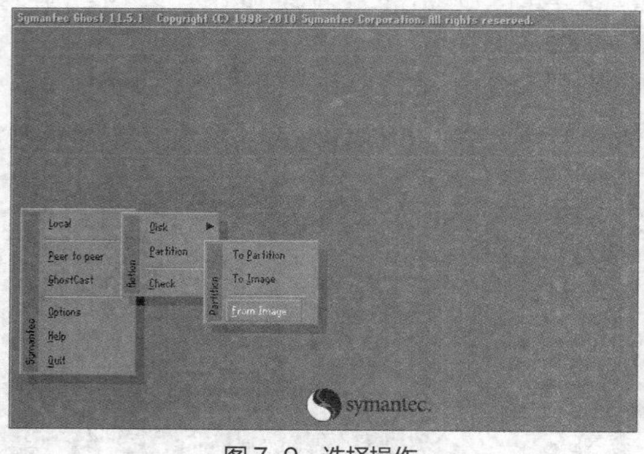

图 7-9　选择操作

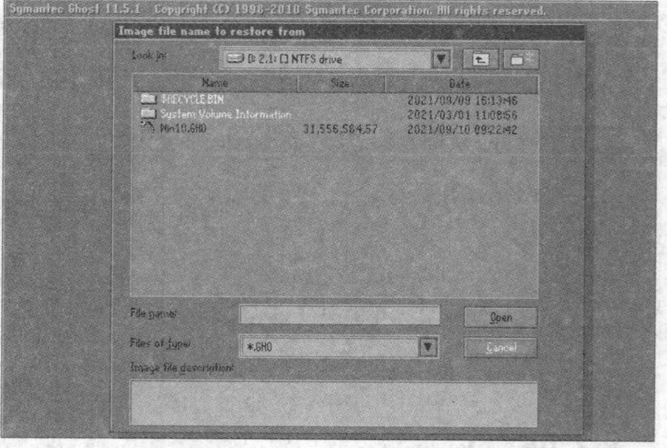

图 7-10　选择要还原的备份文件

（4）在打开的对话框中选择要还原系统文件的硬盘，这里选择作为系统盘的固态硬盘，单击“OK”按钮，如图 7-11 所示。

（5）在打开的对话框中选择备份文件还原到的磁盘分区，单击“OK”按钮，如图 7-12 所示。

（6）在打开的对话框中要求用户确认还原操作系统的操作，单击“Yes”按钮，如图 7-13 所示。

（7）Ghost 开始还原操作系统，并显示还原的进度等相关信息，一段时间后，打开提示对话框，显示备份创建成功，单击“Reset Computer”按钮，如图 7-14 所示。

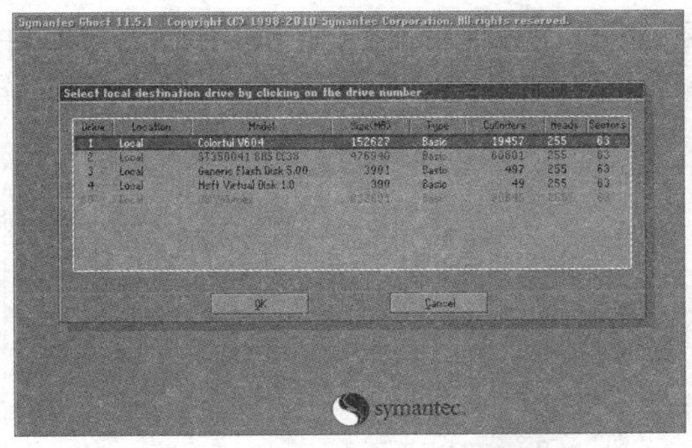

图 7-11　选择要还原系统文件的硬盘

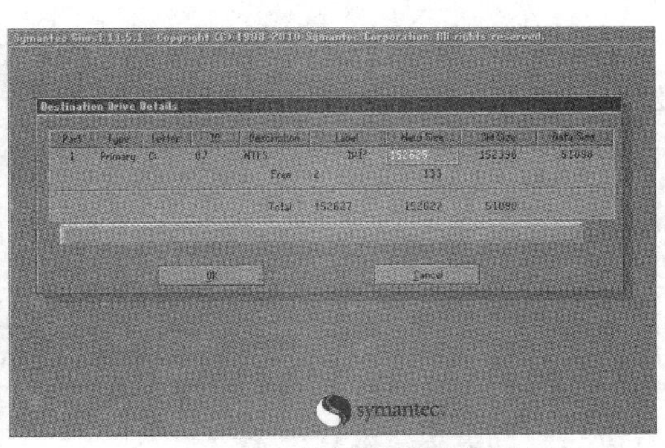

图 7-12　选择还原的磁盘分区

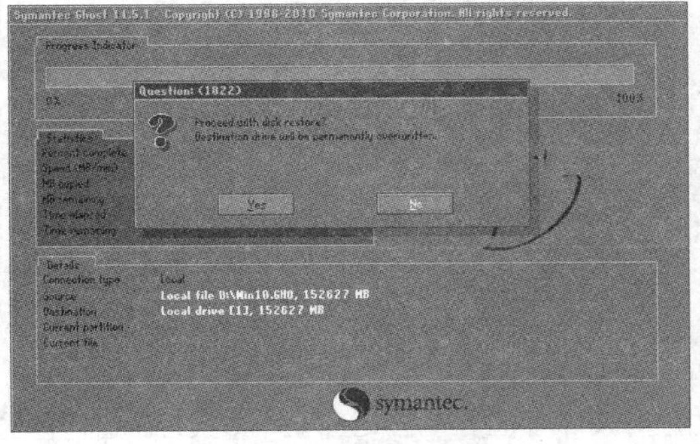

图 7-13　确认操作

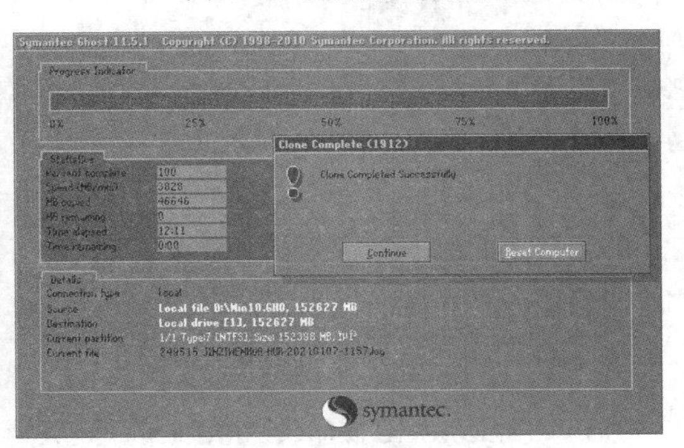

图 7-14　完成还原

（8）将 U 盘取出，重新启动计算机，计算机将恢复到备份时的状态，完成还原操作系统的操作。

微课 7-3：备份注册表

（三）备份注册表

下面利用注册表编辑器程序（regedit.exe）备份注册表，具体操作如下。

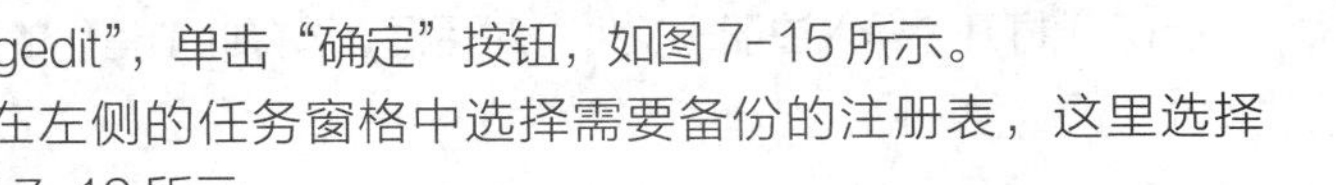

（1）在 Windows 10 操作系统主界面中，按【Windows+R】组合键，打开“运行”对话框，在“打开”文本框中输入“regedit”，单击“确定”按钮，如图 7-15 所示。

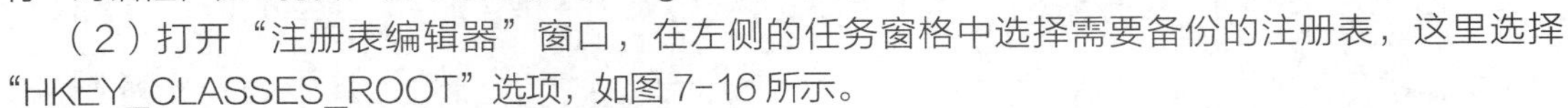

（2）打开“注册表编辑器”窗口，在左侧的任务窗格中选择需要备份的注册表，这里选择“HKEY_CLASSES_ROOT”选项，如图 7-16 所示。

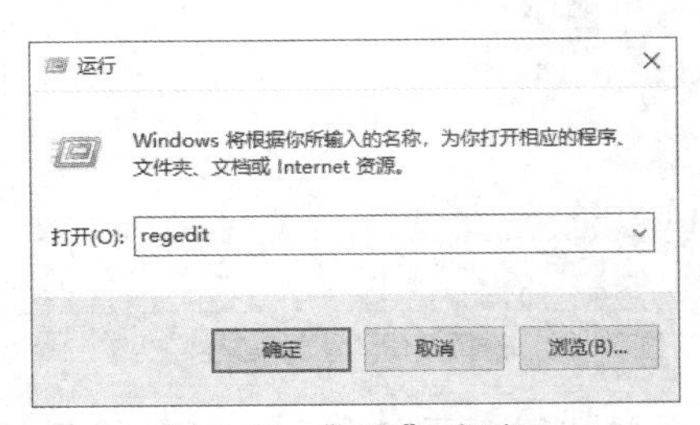

图 7-15　“运行”对话框

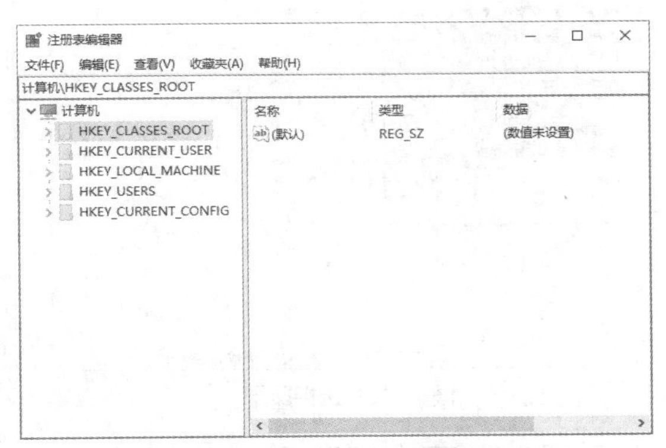

图 7-16　选择要备份的注册表

（3）在菜单栏中选择“文件”/“导出”命令，如图 7-17 所示。

（4）打开“导出注册表文件”对话框，设置注册表备份文件的保存位置，在“保存在”下拉列表中选择保存位置，在“文件名”文本框中输入备份文件的名称“HKEY_CLASSES_ROOT”，单击“保存”按钮，如图 7-18 所示。

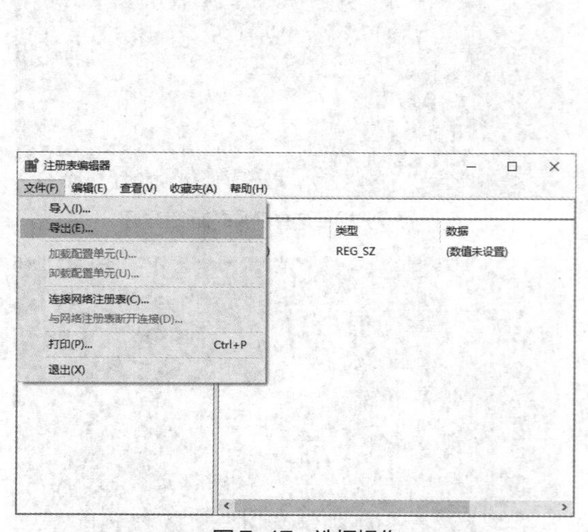

图 7-17　选择操作

图 7-18　设置备份选项

（5）Windows 10 操作系统将按照前面的设置对注册表“HKEY_CLASSES_ROOT”进行备份，并将其保存为“HKEY_CLASSES_ROOT.reg”文件，在设置的保存文件夹中即可看到该文件。

微课 7-4：还原注册表

（四）还原注册表

进行注册表备份后，如果操作系统出现问题，则可以尝试通过还原注册表的方法排除故障，具体操作如下。

（1）打开“注册表编辑器”窗口，选择“文件”/“导入”命令，如图 7-19 所示。

（2）打开“导入注册表文件”对话框，选择此前备份的注册表文件，单击“打开”按钮，如图 7-20 所示。

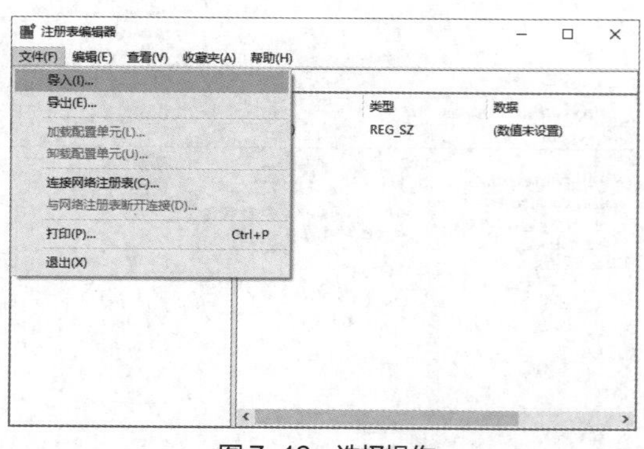

图 7-19　选择操作

图 7-20　选择备份的注册表文件

（3）操作系统开始还原注册表，并显示还原进度，之后，计算机将恢复到注册表备份时的状态，完成还原注册表的操作。

任务 7-2 恢复硬盘中丢失的数据

任务导入

组装好的计算机投入使用一段时间后，其中一台突然出现了问题，无法进入操作系统，还有几台计算机的重要数据被误删除了。老洪让米拉解决，米拉想到第一个问题可以通过恢复操作系统引导程序的方式解决，如果恢复后仍然无法进入操作系统，则可以直接还原操作系统；第二个问题则需要利用软件来进行数据恢复。

任务分析

在商务办公应用中，硬盘中存储的数据是计算机中最重要的物品，一旦数据丢失，数据恢复就成为一项非常重要的计算机维护操作。恢复丢失数据的操作思路如下。

（1）了解基础知识。要想掌握恢复数据的操作，用户首先应该了解数据丢失的原因，然后了解丢失的数据是否能够恢复、哪些类型的数据能够恢复。

（2）恢复数据文件。能够进行数据恢复的软件有很多，常用的有 EasyRecovery 和 FinalData 等，用户需要学习使用这些软件来恢复数据的操作。

（3）恢复操作系统引导程序。操作系统的引导程序是硬盘中非常重要的数据，一旦数据丢失，操作系统将无法启动。恢复操作系统引导程序是一种简单的操作系统维护操作，如果这一操作不成功，则用户还可以利用还原操作系统的方法来维护操作系统。

相关知识

（一）数据丢失的原因

造成硬盘数据丢失的原因主要有以下 4 种。

- 硬件原因。硬件原因是指计算机存储设备的硬件出现故障，如因硬盘老化或失效、磁盘划伤、磁头变形、芯片组或其他元器件损坏等造成数据丢失或破坏。通常表现为无法识别硬盘、启动计算机时伴有“咔嚓、咔嚓”或“哐当、哐当”的杂音或电动机不转、通电后无任何声音造成读写错误等现象。
- 软件原因。软件原因是指受病毒感染、硬盘零磁道损坏、系统错误或瘫痪等情况造成数据丢失或破坏。通常表现为操作系统丢失、无法正常启动系统、磁盘读写错误、找不到所需要的文件、文件打不开或打开后为乱码、提示某个硬盘分区没有格式化等。
- 自然原因。自然原因是指自然灾害造成的数据被破坏（如水灾、火灾、雷击等导致存储数据被破坏或完全丢失），或断电、意外电磁干扰等造成的数据丢失或破坏。通常表现为硬盘损坏或无法识别、找不到文件、文件打不开或打开后为乱码等。
- 人为原因。人为原因是指人员的误操作造成的数据被破坏，如误格式化或误分区、误删除或覆盖、不正常退出、人为摔坏或磕碰硬盘等。通常表现为操作系统丢失、无法正常启动、找不到所需要的文件、文件打不开或打开后为乱码、提示某个硬盘分区没有格式化、硬盘被强制格式化、硬盘无法识别或发出异响等。

（二）能够恢复的硬盘数据

硬盘数据丢失的原因各异，并不是所有丢失的数据都能恢复，要想弄清楚哪些硬盘数据可以恢复，用户需要了解硬盘数据恢复的原理。

文件是保存在硬盘中的，读取文件时，系统先从硬盘的目录区（DIR 区）读取文件的相关信息，如文件名、文件大小、文件的修改日期等，再定位数据的位置并进行读取。硬盘在记录文件时，先要将文件的这些信息（不包括文件的位置）记录到 DIR 区中，之后在 DATA 区中选择空间进行放置，并在 DIR 区中记录位置。删除文件时，则把 DIR 区文件的第一个字符改为 E5（常规删除，如果用软件覆盖，则数据不能恢复），也就是说，删除时文件的数据并没有被删除，这样数据就能够进行恢复。简单来说，即删除的数据并没有被删除，只是标记为此处空闲，可以再次写入数据。

总之，通常可以恢复的数据是因误删或硬盘逻辑损坏而丢失的，数据可能还存在于硬盘中，只是无法访问到而已。如果硬盘是物理损坏、安全擦除，则硬盘数据永远找不回来。

任务实施

微课 7-5：使用 FinalData 恢复删除的文件

（一）使用 FinalData 恢复删除的文件

FinalData 数据恢复软件能够恢复被完全删除的文件和目录，也可以对数据盘中的主引导扇区和 FAT 损坏丢失的数据进行恢复，还可以对一些被病毒破坏的数据文件进行恢复。下面利用 FinalData 来恢复一张已经删除的图片，具体操作如下。

（1）启动 FinalData，在其工作界面中单击“打开”按钮，打开“选择驱动器”对话框，在“逻辑驱动器”选项卡的列表框中选择需要恢复的文件对应的驱动器，单击“确定”按钮，如图 7-21 所示。

（2）打开“选择要搜索的簇范围”对话框，在其中设置扫描删除文件的范围，这里保持默认设置，单击“确定”按钮，如图 7-22 所示。

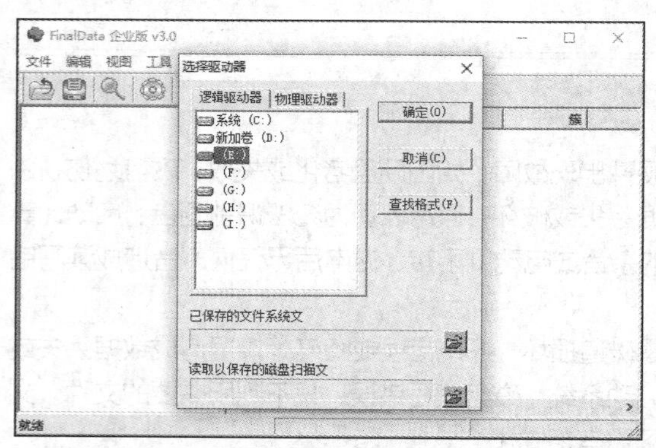

图 7-21　选择需要恢复的文件对应的驱动器

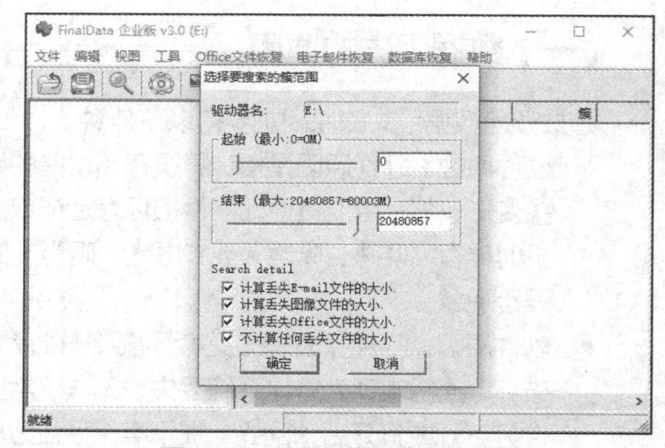

图 7-22　设置扫描删除文件的范围

（3）FinalData 开始搜索删除的文件，并显示搜索的进度、搜索的时间和剩余的时间等信息，如图 7-23 所示。

（4）FinalData 搜索到所有丢失的文件，在其工作界面左侧的任务窗格中选择“已删除文件”选项，在右侧的列表框中选择需要恢复的文件，在其上单击鼠标右键，在弹出的快捷菜单中选择“恢复”命令，如图 7-24 所示。

（5）打开“选择要保存的文件夹”对话框，在左侧的列表框中选择保存的位置，单击“保存”按钮，如图 7-25 所示。

（6）完成恢复后，打开所保存的文件夹，即可查看恢复的文件，如图 7-26 所示。

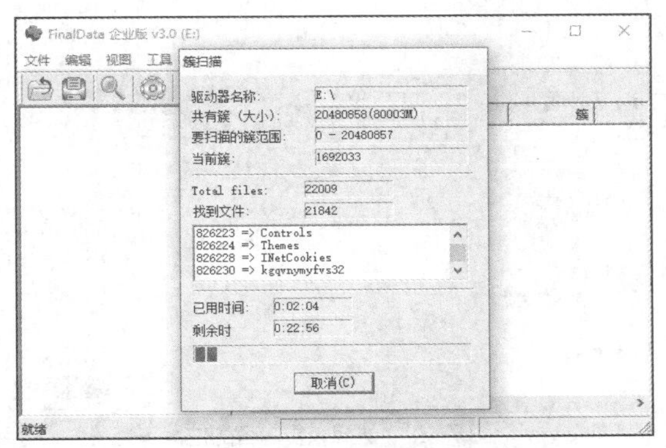

图 7-23　开始搜索删除的文件

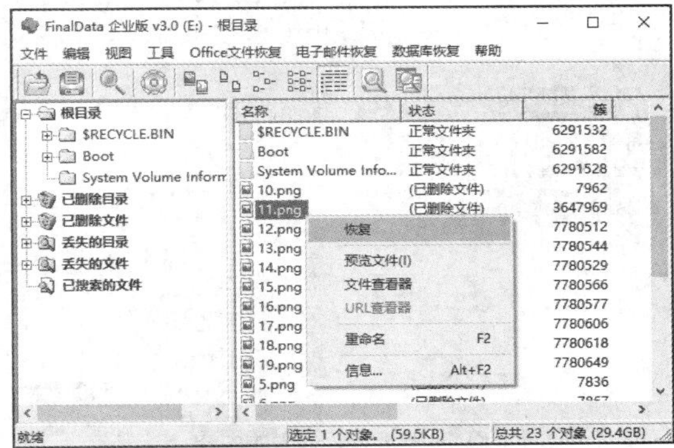

图 7-24　恢复删除的文件

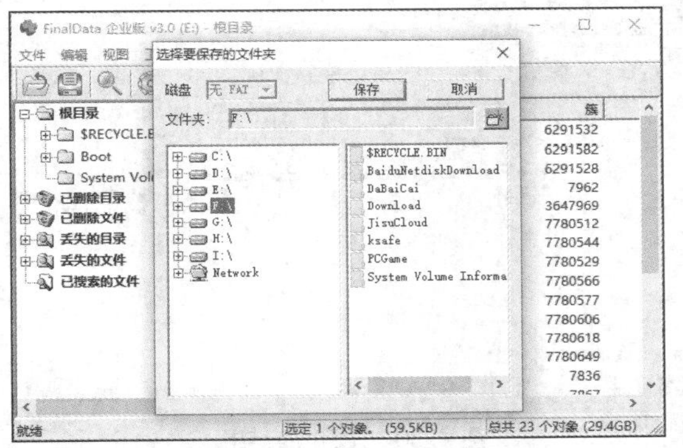

图 7-25　选择恢复文件的保存位置

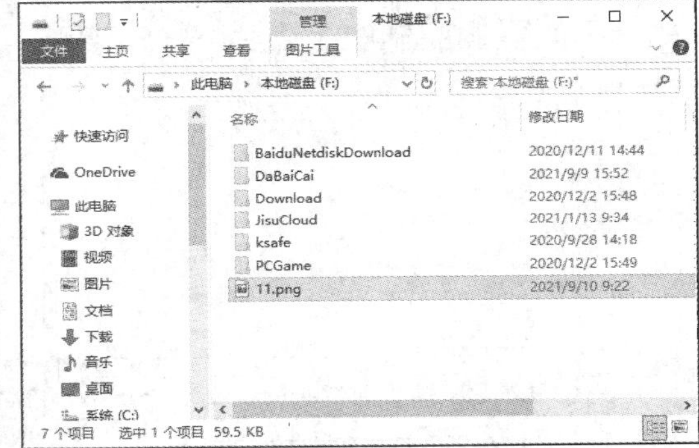

图 7-26　查看恢复的文件

（二）使用 EasyRecovery 恢复文本文件

微课 7-6：使用 EasyRecovery 恢复文本文件

EasyRecovery 是一款功能非常强大的硬盘数据恢复工具，能够恢复丢失的数据以及重建文件系统。无论是误删除还是格式化，甚至是硬盘分区丢失导致的文件丢失，EasyRecovery 都可以很轻松地将其恢复。下面利用 EasyRecovery 恢复文本文件，具体操作如下。

（1）启动 EasyRecovery，在其工作界面的“全部”选项组中取消选中“所有数据”复选框，在“文档、文件夹和电子邮件”选项组中选中“办公文档”复选框，单击“下一个”按钮，如图 7-27 所示。

（2）进入“选择位置”界面，在“共同位置”选项组中选中“选择位置”复选框，如图 7-28 所示。

（3）打开“选择位置”对话框，在左侧的任务窗格中选择一个位置选项，在右侧的列表框中双击需要恢复内容的具体文件夹，单击“选择”按钮，如图 7-29 所示。

（4）返回“选择位置”界面，单击“扫描”按钮。

（5）EasyRecovery 将迅速扫描指定文件夹中的数据，并打开提示对话框，显示扫描的结果，向用户提示是否存在可以恢复的文件和数据。这里没有找到可以恢复的文件，单击“关闭”按钮，如图 7-30 所示；在其工作界面正下方单击“深度扫描”右侧的“点击此处”超链接。

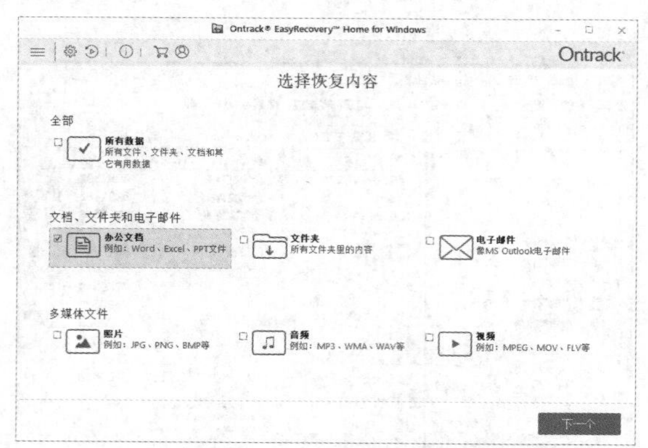

图 7-27　选择恢复的内容

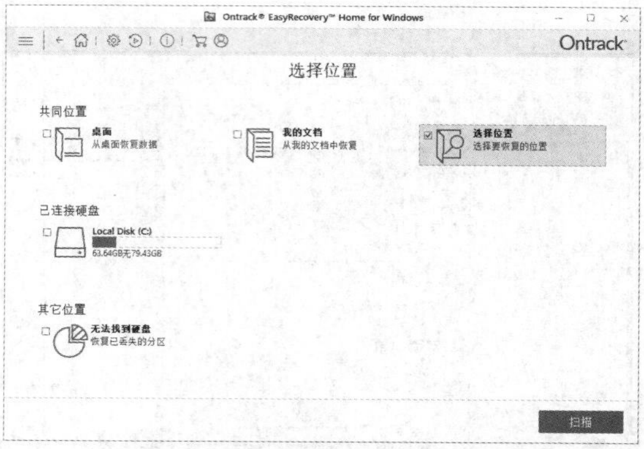

图 7-28　选择恢复内容的位置

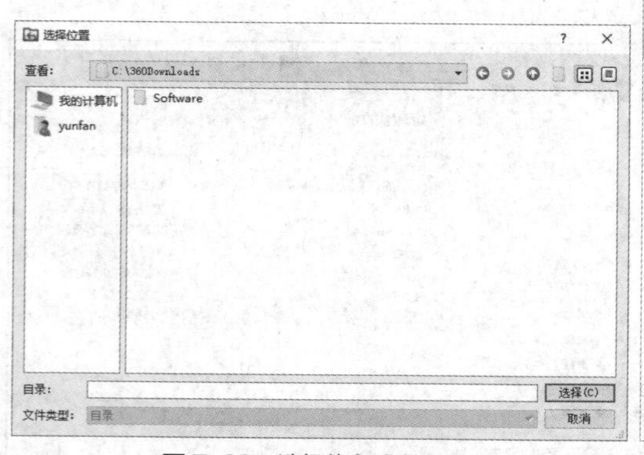

图 7-29　选择恢复文件的位置

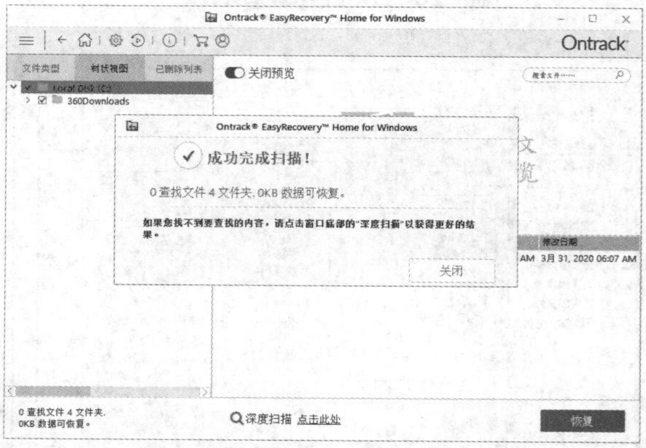

图 7-30　显示扫描结果

（6）开始深度扫描，在整个硬盘中寻找可以恢复的文件，并显示扫描进度和各种扫描的信息，如图 7-31 所示。

（7）完成寻找后，EasyRecovery 将自动展示所有可以恢复的数据，如图 7-32 所示。

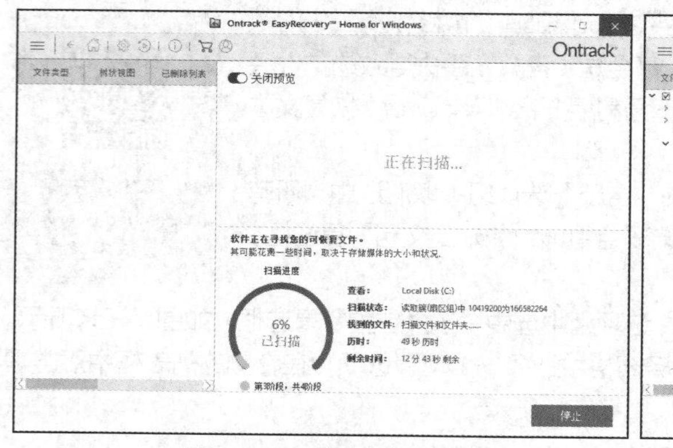

图 7-31　寻找可以恢复的文件

图 7-32　展示所有可以恢复的数据

（8）扫描完成后，EasyRecovery 工作界面左侧的任务窗格将以树状视图的形式显示所有可以恢复的文件夹列表，选择需要恢复的文件所在的文件夹，工作界面在右侧下方的文件列表框中将显示选择的文件夹中的所有可以恢复的文件，选中需要恢复的文件左侧的复选框，工作界面右侧上方的列表框中将显示该文件的内容，单击“恢复”按钮，如图 7-33 所示。

（9）在 EasyRecovery 完成文件恢复操作后，返回到硬盘中对应的文件夹位置，即可查看恢复的文件数据，如图 7-34 所示。

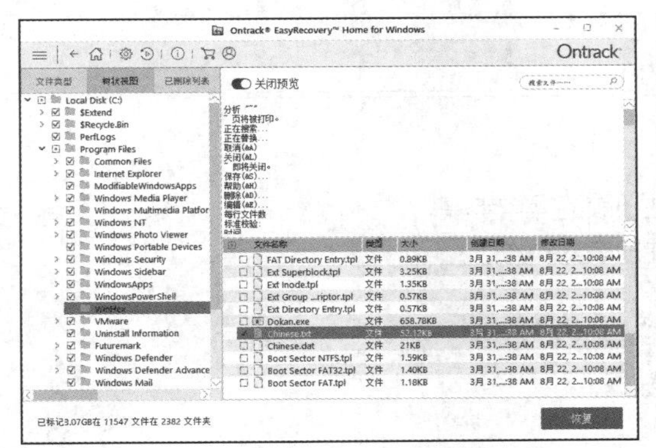

图 7-33　恢复文件

图 7-34　查看恢复的文件数据

（三）使用 DiskGenius 修复硬盘的主引导记录扇区

MBR 是磁盘的主引导记录扇区，如果 MBR 出现错误，用户就无法进入系统。如开机后屏幕左上角的光标一直闪动，这种情况一般就是主引导记录扇区损坏造成的，修复后才能重新进入系统。下面使用 DiskGenius 修复硬盘的主引导记录扇区，具体操作如下。

（1）使用 U 盘启动计算机，进入 Windows PE 操作系统，启动 DiskGenius，在菜单栏中选择“磁盘”/“重建主引导记录（MBR）”命令，如图 7-35 所示。

（2）打开提示对话框，询问用户是否为当前硬盘创建主引导记录，单击“是”按钮，如图 7-36 所示。

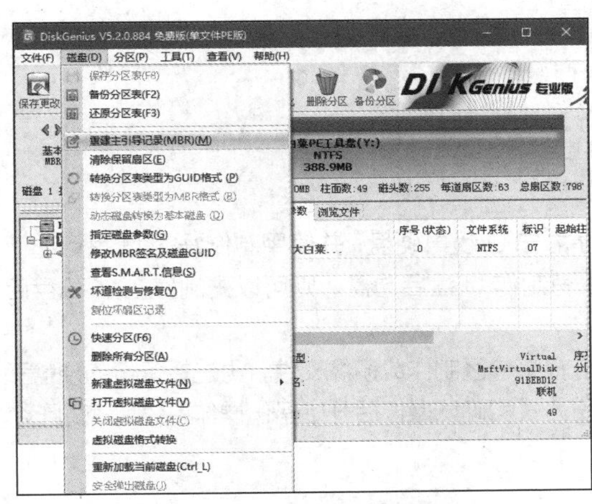

图 7-35　选择修复操作

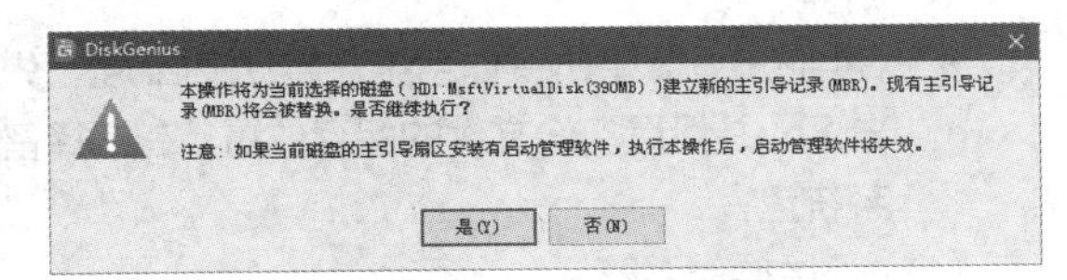

图 7-36　确认操作

（3）DiskGenius 开始修复主引导记录，修复完成后打开提示对话框，单击“确定”按钮。重新启动计算机，如果能够进入操作系统，则修复成功；如果不能进入操作系统，则可以通过还原操作系统的方式来修复主引导记录扇区。

实训

（一）备份并还原注册表

1. 实训目的

（1）熟悉在 Windows 操作系统中备份与还原注册表的操作步骤。

（2）掌握在 Windows 操作系统中备份与还原注册表的操作。

2. 实训要求

（1）备份注册表中的所有数据。

（2）还原备份的 HKEY_CURRENT_USER 数据。

3. 实训内容

（1）备份注册表。

打开注册表编辑器，选择第一项数据并将其导出，按顺序导出其他 4 项数据。注意，保存时最好用数据项的名称命名备份文件。

（2）还原注册表。

将前面备份的注册表文件中的 HKEY_CURRENT_USER 还原。

（二）使用 Ghost 备份和还原操作系统

1. 实训目的

（1）熟悉操作系统备份和还原的相关知识。

（2）掌握使用 Ghost 软件备份和还原操作系统的操作。

（3）能够独立备份和还原操作系统。

2. 实训要求

（1）使用 U 盘启动盘将系统盘备份到 U 盘中。

（2）将 U 盘中备份的系统盘还原。

3. 实训内容

（1）备份操作系统。

操作提示如下。

- 使用 U 盘启动计算机。设置计算机的启动顺序为先 U 盘再硬盘，并使用制作好的 U 盘启动计算机，进入 Windows PE 操作系统。如果没有制作 U 盘启动盘，则可以先制作一个 U 盘启动盘。
- 使用 Ghost 备份操作系统。启动 Ghost，先选择将分区制作成镜像文件，再选择备份的硬盘和分区，并设置备份文件的保存位置，在选择备份方式和确认操作后开始备份操作系统所在的整个系统盘。

（2）还原操作系统。

操作提示如下。

- 新建文件。为了查看还原的系统盘是否为以前备份的内容，可以在需要还原的系统盘中新建一个文件或文件夹，并确定这个文件或文件夹是在备份操作系统之后才创建的。
- 使用 U 盘启动计算机。设置计算机的启动顺序为先 U 盘再硬盘，利用制作好的 U 盘启动计算机，并进入 Windows PE 操作系统。

- 使用 Ghost 还原操作系统。启动 Ghost，选择通过镜像文件还原分区，并选择还原的备份文件，选择要还原的硬盘和分区，最后确认操作并还原。
- 查看还原效果。启动计算机，查看系统盘中是否还存在前面新建的文件或文件夹，若该文件或文件夹不存在，则表示还原成功。

拓展知识

（一）Windows 10 操作系统自动创建还原点

Windows 10 操作系统自动创建还原点主要适用于以下情况：Windows 10 操作系统安装完成后的第一次启动；通过 Windows Update 安装软件；当 Windows 10 操作系统连续开机时间达到 24 小时，或关机时间超过 24 小时再开机时；软件的安装程序运用了 Windows 10 操作系统所提供的系统还原技术；在安装未经微软签署认可的驱动程序时；当利用制作的备份程序还原文件和设置时；当运行还原命令，要将系统还原到以前的某个还原点时。

（二）关闭 Windows 10 操作系统中的服务

Windows 10 操作系统中提供的大量服务虽然占用了许多系统内存，且部分用户也用不上，但大多数用户并不明白每一项服务的含义，所以不敢随便停用服务。如果用户能够完全明白某服务项的作用，就可以打开服务项管理窗口逐项进行检查，通过关闭其中一些服务来提高操作系统的性能。下面介绍一些 Windows 10 操作系统中常见的可关闭的服务项。

- ClipBook：该服务允许网络中的其他用户浏览本机的文件夹。
- Print Spooler：打印机后台处理程序。
- Error Reporting Service：系统服务和程序在非正常环境下运行时发送错误报告。
- Net Logon：网络注册功能，用于处理注册信息等。
- NT LM Security Support Provider：为网络提供安全保护。
- Remote Desktop Help Session Manager：用于网络中的远程通信。
- Remote Registry：使网络中的远程用户能修改本地计算机中的注册表设置。
- Task Scheduler：使用户能在计算机中配置和制定自动任务的日程。
- Uninterruptible Power Supply：用于管理用户的不间断电源。

关闭服务项的具体操作如下。

（1）选择“开始”/“Windows 管理工具”/“服务”命令。

（2）打开“服务”窗口，在窗口右侧的“服务”列表框中选择需要关闭的服务对应的选项，单击“停止”超链接。

（3）Windows10 操作系统开始停止该项服务，并显示进度，停止服务完成后，单击“启动”超链接可以重新启动该服务。

（三）系统还原的注意事项

在进行系统还原前，用户应注意以下两点：一是要还原系统，硬盘至少要有 200MB 的可用空间；二是在创建还原点时，只是备份 Windows 10 操作系统的系统配置，并没有删除程序的功能。也就是说，当安装了一个有问题的程序，导致 Windows 10 操作系统出现问题后，可以用系统还原功能将系统配置还原到未安装该程序的状态，但该程序的文件仍然保留在用户的硬盘中，用户必须手动将文件删除。

（四）其他数据恢复软件

除了常用的 EasyRecovery 和 FinalData 外，还有以下常用的数据恢复软件。

- R-Studio。R-Studio 是一款强大的撤销删除与数据恢复软件，它有面向恢复文件的最为全面的数据恢复解决方案，适用于各种数据分区。它可用于严重损毁的文件系统的数据恢复，也可用于已格式化、损毁或删除的文件分区的数据恢复。
- WinHex。WinHex 是一款专门用来解决各种日常紧急情况的工具软件。它可以用来检查和修复各种文件、恢复删除文件、恢复因硬盘损坏而丢失的数据等。同时，它可以让用户看到其他被程序隐藏起来的文件和数据。
- DiskGenius。DiskGenius 是一款具备基本的分区建立、删除、格式化等磁盘管理功能的硬盘分区软件，同时，它也是一款数据恢复软件，提供了强大的已丢失分区搜索功能，误删除文件恢复、误格式化及分区被破坏后的文件恢复功能，分区镜像备份与还原功能，分区复制、硬盘复制功能，快速分区功能，整数分区功能，分区表错误检查与修复功能，坏道检测与修复功能等。
- Fixmbr。Fixmbr 主要用于解决硬盘无法引导的问题，具有重建主引导扇区的功能。Fixmbr 工具专门用于重新构造主引导扇区，只修改主引导扇区，对其他扇区不进行操作的情况。

项目8
维护计算机

项目情景

技术部的一项重要工作就是负责维护公司所有的软硬件设备，保障其正常运行。老洪作为技术部主管，提醒米拉要随时做好维护计算机的工作，包括日常维护和安全维护两个方面，不仅需要通过优化计算机软件和日常整理计算机硬件来保证计算机的正常工作，还要通过防护外部对计算机的安全攻击和软件加密等方式，保证操作系统的顺利运行，并保护好计算机中的重要数据。米拉深知自己的责任重大，不敢怠慢，认真做好每一项维护工作。

项目目标

- 了解计算机日常维护的相关知识
- 熟练掌握优化操作系统的基本操作
- 熟练掌握监测和清理计算机的基本操作
- 了解计算机病毒和黑客攻击的相关知识
- 熟练掌握防御病毒和黑客攻击的基本操作
- 熟练掌握保护系统数据的基本操作

素养目标

- 培养严谨、认真的职业精神，增强团队合作意识。

任务8-1　对计算机进行日常维护

任务导入

公司新组装的计算机在使用一段时间后就出现了开机速度变慢、运行卡顿等问题，于是老洪安排米拉对公司所有的计算机进行一次日常维护。维护的内容分为两部分：一部分是硬件维护，主要是对机箱中的硬件进行灰尘清理工作；另一部分是软件维护，主要是利用软件优化操作系统，并通过多项操作提升操作系统的运行速度。进行维护之后，公司大部分计算机恢复到了正常的工作状态。

任务分析

对计算机进行日常维护的操作思路如下。

（1）了解日常维护的基础知识。计算机日常维护的基础知识主要是硬件的维护知识，包括如何整理计算机的工作环境、修正计算机的放置位置，以及各种硬件和网络的日常维护等知识。

（2）优化操作系统。利用 Windows 优化大师直接优化操作系统，另外，可以利用 360 安全卫士设置系统启动加载项、清理计算机中的文件等。

（3）监测计算机硬件。利用鲁大师等软件监测计算机的硬件，实时查看其工作状态，设置一旦发现问题便及时通知用户。

相关知识

（一）整理计算机的工作环境

计算机对工作环境有较高的要求，长期在恶劣环境中工作很容易出现故障。整理计算机的工作环境需要做到以下几点。

- 做好防静电工作。静电有可能造成计算机中各种芯片的损坏，为防止静电造成的损害，用户在打开机箱前应当用手接触暖气管或水管等物体，将身体的静电释放掉。另外，在安装计算机时将机箱用导线接地，也可起到很好的防静电效果。
- 预防震动和噪声。震动和噪声会造成计算机内部硬件的损坏（如硬盘损坏或数据丢失等），因此计算机不能工作在震动和噪声很大的环境中，如确实需要将其放置在震动和噪声大的环境中，则应考虑安装防震和隔音设备。
- 避免过高的工作温度。计算机应工作在 20℃～25℃的环境中，过高的温度会使计算机在工作时散热困难，轻则缩短计算机使用寿命，重则烧毁芯片。因此，用户最好在放置计算机的房间安装空调，以保证计算机正常运行时所需的环境温度。
- 湿度不能过高。计算机在工作状态中应保持良好的通风，以降低机箱内的湿度，否则主机内的线路板容易被腐蚀，进而导致板卡过早老化。
- 防止灰尘过多。由于计算机各部件非常精密，如果工作环境中灰尘较多，则可能堵塞计算机的各种接口，使其不能正常工作。因此，不要将计算机置于灰尘过多的环境中，如果不能避免，则应做好防尘工作。另外，用户最好定期清理机箱内部的灰尘，做好计算机的清洁工作，以保证其正常运行。
- 保证计算机的工作电源稳定。电压不稳容易对计算机的电路和部件造成损害，电供应存在高峰期和低谷期，电压会经常波动，因此用户最好配备稳压器以保证计算机正常工作所需的稳定电源。另外，如果突然停电，则有可能会造成计算机内部数据的丢失，严重时还会造成系统无法启动等故障，因此用户要对计算机进行电源保护。

（二）修正计算机的安放位置

计算机的安放位置也比较重要，在计算机的日常维护中，用户应该注意以下 4 点。

- 计算机主机的安放应当平稳，并保留必要的工作空间，用于放置磁盘和光盘等常用配件。
- 用户要修正显示器的高度来保证正确的坐姿，用户视线位置应保持与显示器上边基本平行，太高或太低都容易使用户疲劳，如图 8-1 所示。

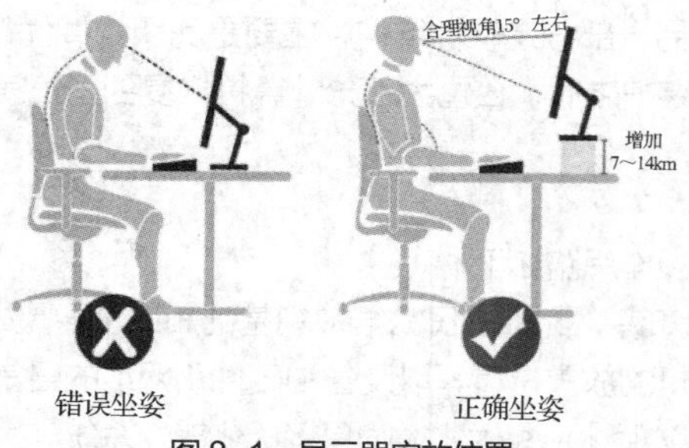

图 8-1　显示器安放位置

- 计算机停止工作时最好能盖上防尘罩，减少灰尘的侵袭，但在工作时，用户一定要将防尘罩拿下来以保证散热。
- 在北方较冷的地方，计算机最好放在有暖气的房间；在南方较热的地方，计算机最好放在有空调的房间。

（三）计算机硬件维护

1. CPU 的日常维护

CPU 的日常维护主要针对散热性能，包括以下两点。

- 用好硅脂。将硅脂涂于 CPU 表面，只需薄薄的一层，若过量使用，则有可能会渗漏到 CPU 表面接口处。硅脂在使用一段时间后会干燥，这时用户可以将其除净后再重新涂抹。
- 保证良好的散热。CPU 的正常工作温度为 50℃以下，具体会根据不同主频而定。CPU 风扇散热片质量要好，散热片的底层以均热板为佳，这样有利于主动散热，同时保障机箱内外的空气流通。另外，用户可以通过软件测速与主板监控功能配合监测 CPU 工作温度。

2. 主板的日常维护

主板维护主要包括以下 3 点。

- 防范高压。停电后用户应拔掉主机电源，避免突然来电时产生的瞬间高压烧毁主板。
- 防范灰尘。清理灰尘是对于主板来说非常重要的维护工作，用户可以使用比较柔软的毛刷清除主板上的灰尘。平时使用时，不要将机箱盖打开，以免造成灰尘积聚。
- 最好不要带电插拔。除了支持即插即用的设备外（即使是这种设备，也要减少带电插拔的次数），在计算机运行时，禁止带电插拔各种控制板卡和连接电缆，因为在插拔瞬间产生的静电放电和信号电压的不匹配等情况容易损坏芯片。

3. 内存的日常维护

内存是比较“娇贵”的硬件，静电对其伤害最大，因此用户在插拔内存条时一定要先释放自身的静电。在计算机的使用过程中，绝对不能对内存条进行插拔，否则会出现烧毁内存甚至烧毁主板的情况。另外，安装内存条时，应首选和 CPU 插槽接近的插槽，因为内存条被 CPU 散热风扇带出的灰尘污染后可以清洁，而插座被污染后却极不易清洁。

4. 硬盘的日常维护

硬盘包括固态硬盘和机械硬盘，日常维护应该注意以下几点。

- 正确地开关计算机电源。硬盘处于工作状态时，尽量不要强行关闭主机电源，因为在读写过程中突然断电容易造成硬盘物理性损伤或丢失各种数据等。
- 工作时一定要防震。必须要将计算机放置在平稳、无震动的工作平台上，尤其是在机械硬盘处于工作状态时，要尽量避免移动，在硬盘启动或停机过程中也不要移动。
- 保证硬盘的散热。硬盘温度直接影响其工作的稳定性和使用寿命，硬盘在工作中的温度以 20～25℃为宜，特别是固态硬盘，最好为其安装散热片，并通过软件监控其工作温度。

5. 显卡和显示器的日常维护

独立显卡的发热量较大，因此用户日常要注意散热风扇是否正常转动、散热片与显示芯片是否接触良好等。显卡温度过高时，经常会引起系统运行不稳定、蓝屏和死机等现象。同时，用户需注意显卡驱动程序和设备中断两方面的问题，重新安装正确的驱动程序和在 BIOS 中重新为设备分配中断一般可以解决这类问题。显示器的日常维护应该注意以下两点。

- 保持工作环境的干燥。水分会腐蚀显示器的液晶电极，用户最好准备一些干燥剂（药店有售）或干净的软布，保持显示屏的干燥。如果水分已经进入显示器内部，则最好将其放置到干燥位置，让水分慢慢蒸发。

- 避免一些挥发性化学药剂的危害。液体对显示器都有一定的危害，特别是化学药剂，其中又以具有挥发性的化学药剂对液晶显示器的危害最大。例如，发胶、灭蚊剂等都会对液晶分子乃至整个显示器造成损坏，从而导致显示器使用寿命缩短。

6. 机箱和电源的日常维护

机箱在使用时需注意摆放平稳，同时需要保持其表面与内部的清洁。机箱和电源的日常维护包括以下几点。

- 保证机箱散热。使用计算机时，不要在机箱附近堆放杂物，保证空气流动畅通，使主机工作时产生的热量能够及时散出。
- 保证电源散热。若发现电源的风扇停止工作，则用户必须切断电源，防止电源烧毁，甚至造成其他更大的损坏。另外，用户要定期检查电源风扇是否正常工作，一般 3～6 个月检查一次。
- 注意电源除尘。电源在长时间工作中会积累很多灰尘，降低散热效率。同时，灰尘过多，在潮湿的环境中易造成电路短路的现象。因此，为了系统能正常稳定地工作，电源应定期除尘。在使用一年左右时，用户最好打开电源，用毛刷清除其内部的灰尘，同时为电源风扇添加润滑油。

7. 键盘的日常维护

键盘使用频率较高，按键用力过大、金属物掉入键盘或茶水等液体溅入键盘内，都可能造成键盘内部微型开关弹片变形或锈蚀，出现按键不灵等现象，因此键盘的日常维护主要包括以下 3 点。

- 经常清洁。日常维护或更换键盘时，应切断计算机电源。用户应定期清洁键盘表面的污垢，可以用柔软干净的湿布擦拭键盘，顽固的污渍用中性的清洁剂擦除，最后用湿布擦拭一遍。
- 保证干燥。当有液体溅入键盘时，应尽快关机，将键盘拔出，打开键盘并用干净吸水的软布或纸巾擦干内部的积水，最后在通风处自然晾干。
- 正确操作。用户在按键时要注意力度适中，动作轻柔，强烈的敲击会缩短键盘的使用寿命，尤其在玩游戏时更应该注意，不要使劲按键，以免损坏轴体或微型开关弹片。

8. 鼠标的日常维护

鼠标要预防灰尘、强光以及拉拽等，内部沾上灰尘会使鼠标机械部件操作不灵，强光会干扰光电管接收信号，因此鼠标的日常维护主要包括以下几点。

- 注意灰尘。鼠标的底部长期和桌面接触，最容易被污染。尤其是机械式和光学机械式鼠标的滚动球极易将灰尘、毛发、细纤维等异物带入鼠标。使用鼠标垫不但能使鼠标移动更平滑，而且可降低污垢进入鼠标的可能性。
- 保证感光性。使用光电鼠标要注意保持鼠标垫的清洁，使鼠标处于良好的感光状态，避免污垢遮挡光线。同时，光电鼠标勿在强光条件下使用，也不要在反光率高的鼠标垫上使用。
- 正确操作。操作时不要过分用力，以防止鼠标按键的弹性降低，操作失灵。

9. 网络硬件的日常维护

网络硬件主要指 ADSL Modem、路由器和交换机。其日常维护需要注意以下几点。

- 定时清理灰尘。灰尘会影响硬件的散热，网络硬件也一样。所以为了局域网的长久使用，用户需要经常性、有规律地清理灰尘，可以直接使用干抹布擦去灰尘。
- 位置通风。网络硬件通常会长时间使用，为了避免长时间运行发热严重，用户最好将其放在一个通风良好的地方。
- 定时重启。长时间运行会增加无线路由器的负荷，影响其正常使用，用户最好将其重新启动一次，使硬件清理多余数据，恢复正常状态。
- 清洁插口。网络硬件通常有很多插口，很多会长时间不用，其中可能会积攒污垢和灰尘，用户可以用棉签蘸一些酒精进行清洁。

- 密封插口。为了保护不用的插口，用户可以利用创可贴或透明胶将其密封起来。
- 散热。网络硬件的表面及附近不要放置过多杂物，避免影响散热。
- 信号强度。为了保证无线路由器的信号强度，用户最好将其放置在空旷处。

任务实施

微课 8-1：使用 Windows 优化大师优化操作系统

（一）使用 Windows 优化大师优化操作系统

Windows 操作系统的许多默认设置并不是最优设置，在使用一段时间后难免会出现系统性能下降、频繁出现故障等情况，这时就需要使用专业的操作系统优化软件，如 Windows 优化大师，对系统进行优化与维护。下面使用 Windows 优化大师中的自动优化功能优化操作系统，具体操作如下。

（1）启动 Windows 优化大师，该软件自动打开一键优化窗口，单击“一键优化”按钮，如图 8-2 所示。

（2）Windows 优化大师开始自动优化系统，并在窗口下方显示优化进度，如图 8-3 所示。

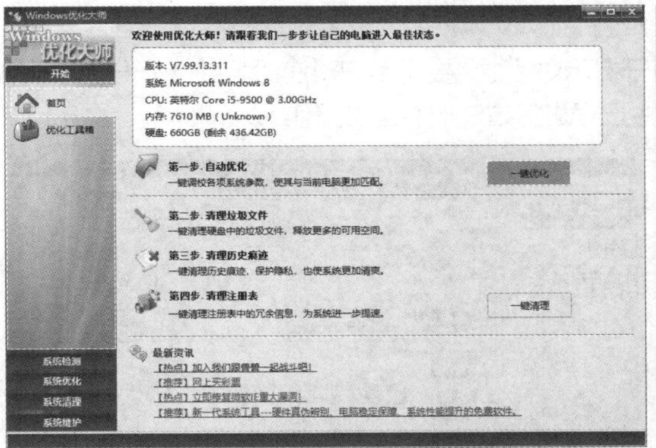

图 8-2　启动 Windows 优化大师

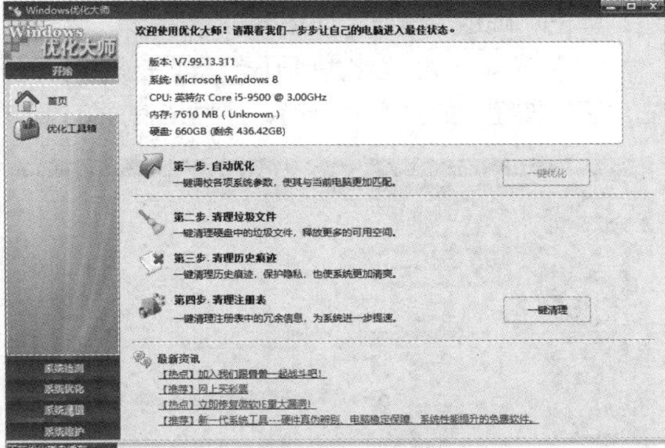

图 8-3　一键优化

（3）优化完成后，在窗口下方的进度条中会显示“完成‘一键优化’操作。”单击“一键清理”按钮，如图 8-4 所示。

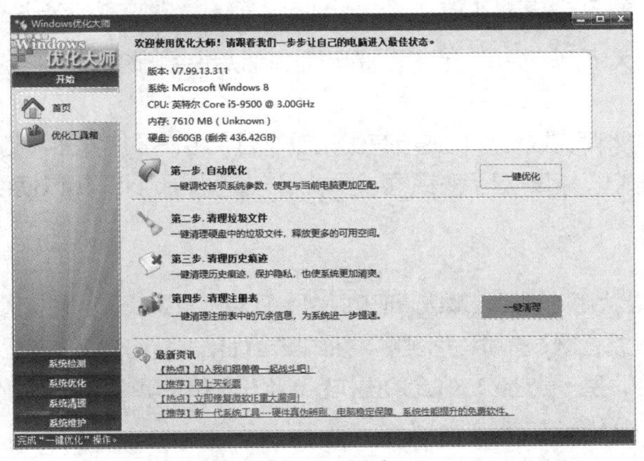

图 8-4　一键清理

（4）Windows 优化大师开始扫描系统垃圾，准备待分析的目录，如图 8-5 所示。

（5）扫描系统垃圾后，Windows 优化大师开始删除垃圾文件，并打开提示对话框要求用户确认是否删除这些垃圾文件，单击“确定”按钮，如图 8-6 所示。

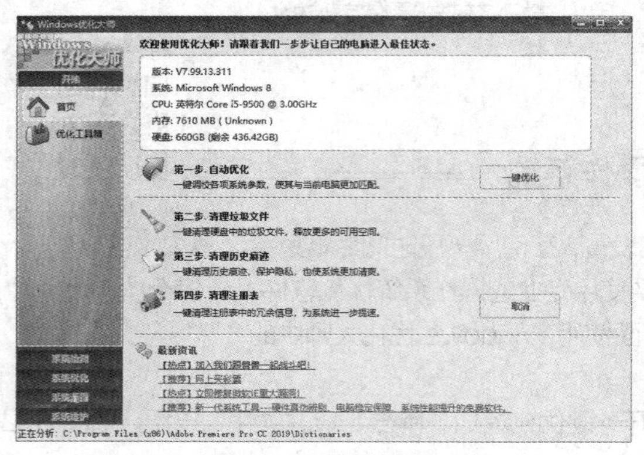

图 8-5　扫描系统垃圾

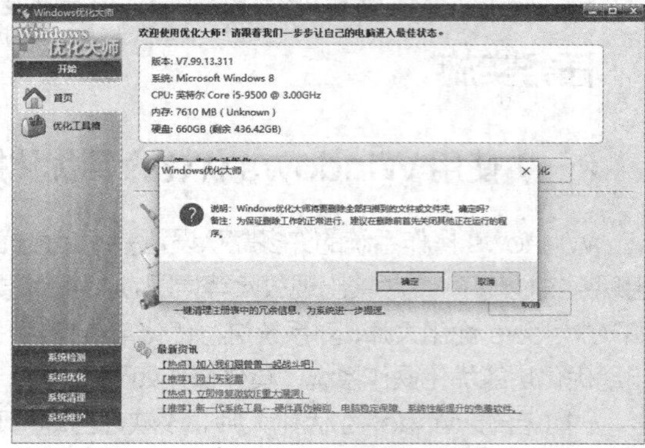

图 8-6　删除系统垃圾

（6）Windows 优化大师开始清理历史痕迹，并打开提示对话框，要求用户确认是否删除历史记录痕迹，单击“确定”按钮，如图 8-7 所示。

（7）Windows 优化大师开始清理注册表，并打开提示对话框，要求用户对注册表进行备份，这里单击“否”按钮，如图 8-8 所示，因为在前面的章节中已经进行过注册表备份操作。

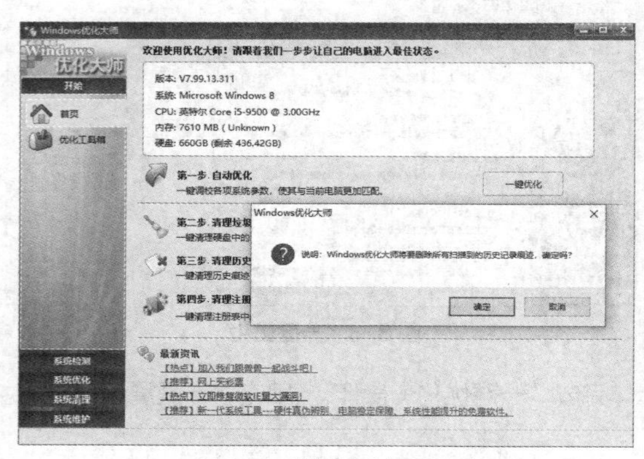

图 8-7　删除历史记录痕迹

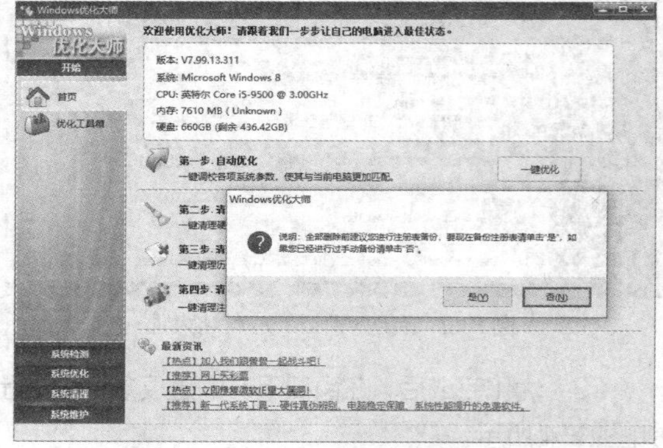

图 8-8　选择注册表备份操作

（8）Windows 优化大师打开提示对话框，提示用户确认是否删除扫描到的注册表信息，单击“确定”按钮，如图 8-9 所示。

（9）Windows 优化大师完成计算机的所有优化操作后，将在操作界面下侧显示“完成‘一键清理’操作。”，单击“关闭”按钮，打开提示对话框，要求用户重新启动计算机以使设置生效，单击“确定”按钮，如图 8-10 所示。

提示　**Windows 优化大师除了具有系统清理功能外，还具有系统检测、系统优化和系统维护等功能，可以进行硬件设备检测、开机程序设置、系统安全优化、系统个性化设置、磁盘碎片整理、驱动程序备份等操作，是一款功能较齐全的操作系统优化和维护软件，类似的软件还有 360 安全卫士和 Windows 10 优化大师等。**

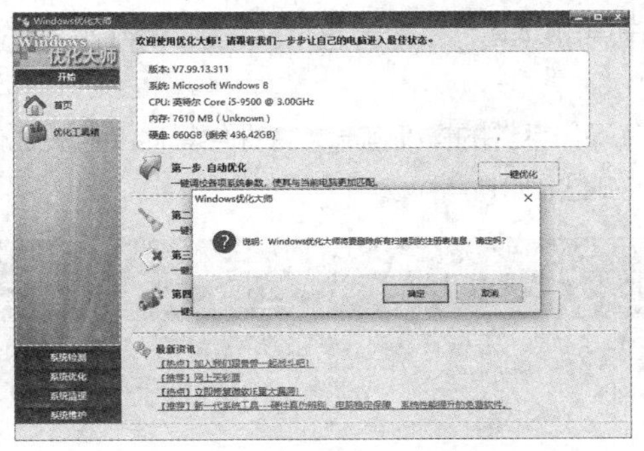
图 8-9　确认操作

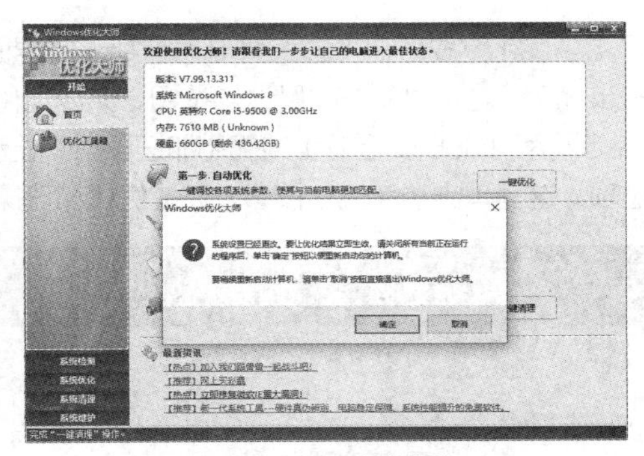
图 8-10　完成优化

（二）使用 360 安全卫士优化加速计算机

微课 8-2：利用 360 安全卫士优化加速计算机

360 安全卫士也能够优化操作系统，提升计算机性能，具体操作如下。

（1）启动 360 安全卫士，在其操作界面中单击“优化加速”按钮，在进入的优化加速界面中单击“一键加速”按钮，如图 8-11 所示。

（2）360 安全卫士开始扫描优化项，并显示扫描进度，如图 8-12 所示。

图 8-11　选择优化操作

图 8-12　扫描优化项

（3）扫描完成后，360 安全卫士将显示可以优化的选项，用户可以自定义需要优化的选项，这里保持默认设置，单击“立即优化”按钮，如图 8-13 所示。

（4）360 安全卫士开始自动优化操作系统，如果其中有需要用户确认的选项，则将打开图 8-14 所示的对话框，用户可以选中需要优化选项左侧的复选框，单击“确认优化”按钮。

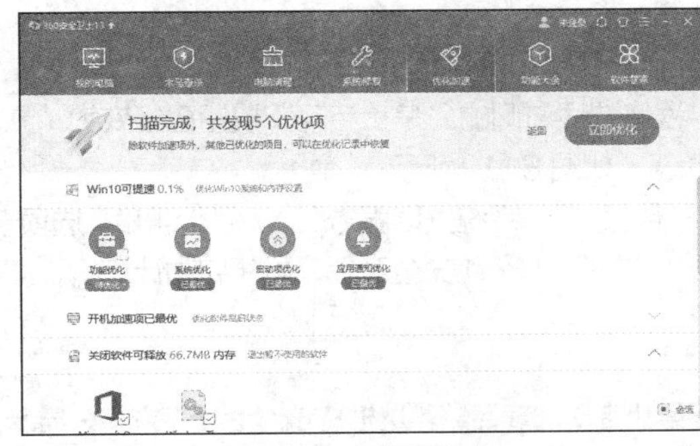

图 8-13　扫描完成

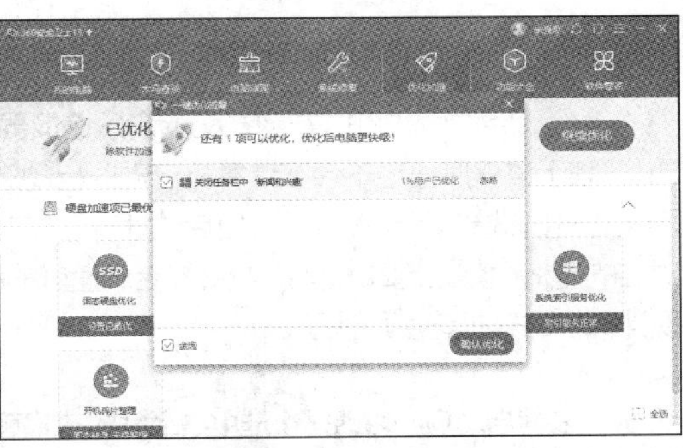

图 8-14　确认优化

（5）优化完成后，将进入图 8-15 所示的界面，用户可以单击“深度加速”按钮，对操作系统进行进一步优化；也可以单击“跳过”按钮，完成优化操作。

（6）返回 360 安全卫士的优化加速界面，显示优化操作系统的详细信息，并提供其他的相关优化操作选项，这里单击“完成”按钮，完成优化加速操作，如图 8-16 所示。

图 8-15　选择操作

图 8-16　完成优化

（三）减少系统启动加载项

微课 8-3：减少系统启动加载项

下面使用 360 安全卫士来禁止启动一些自动运行的程序，提升操作系统启动的速度，具体操作如下。

（1）启动 360 安全卫士，在其操作界面中单击“优化加速”按钮，在进入的优化加速界面右下角单击“启动项管理”按钮，如图 8-17 所示。

（2）打开“启动项”对话框，在需要禁止启动的程序选项的右侧单击“禁止启动”按钮，如图 8-18 所示，这里禁止启动“酷狗音乐播放器”程序。

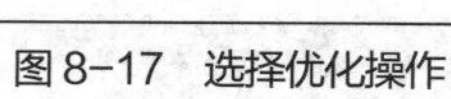

图 8-17　选择优化操作

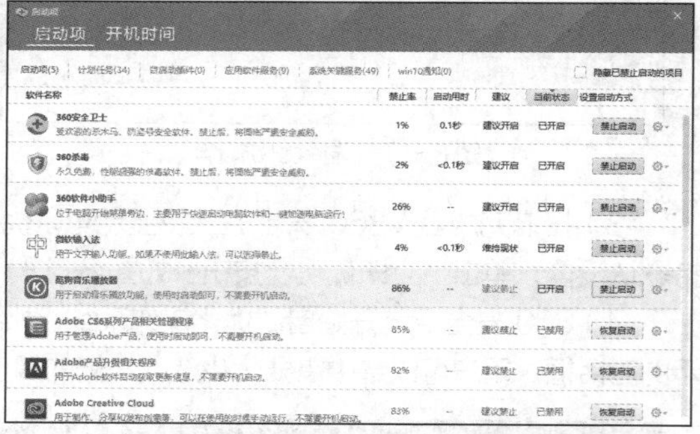

图 8-18　选择禁止启动的程序

（3）设置完成后，可以看到“酷狗音乐播放器”程序选项右侧的“禁止启动”按钮已经变为“恢复启动”，表示该程序已经不会在计算机启动时自动启动了，如图 8-19 所示。

（4）分别选择“计划任务”“自启动插件”“应用软件服务”“系统关键服务”“win10 通知”选项卡，在对应的窗格中禁止启动某些影响系统启动速度的程序，并退出 360 安全卫士，重新启动计算机，即可发现计算机的开机速度加快了。

注意　**在“启动项”对话框中选中右上角的“隐藏已禁止启动的项目”复选框，该对话框下方将只显示计算机启动时将自动加载的程序，如图 8-20 所示。**

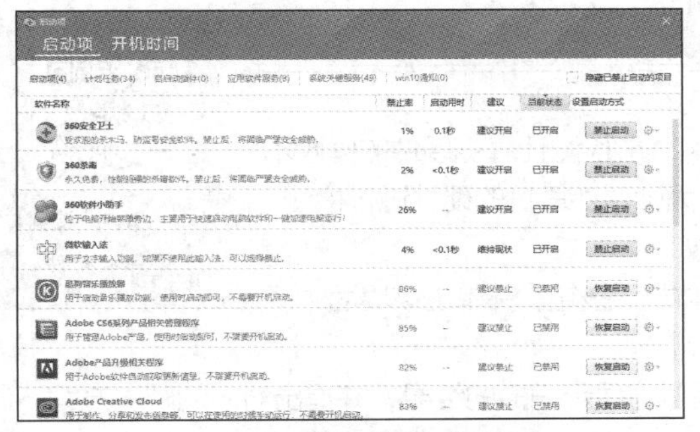

图 8-19　禁止启动加载项

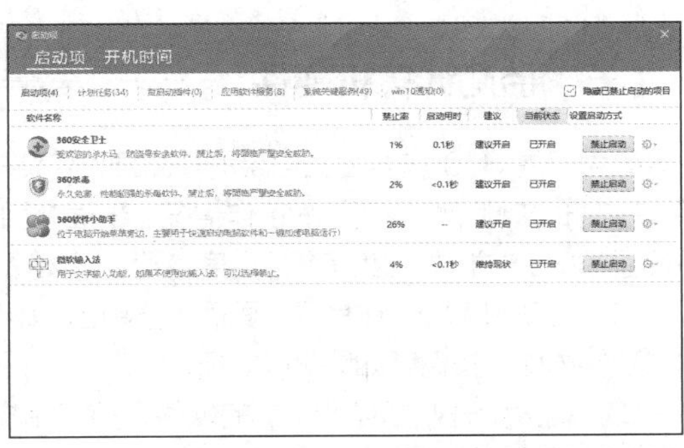

图 8-20　只显示启动时自动加载的选项

（四）清理计算机

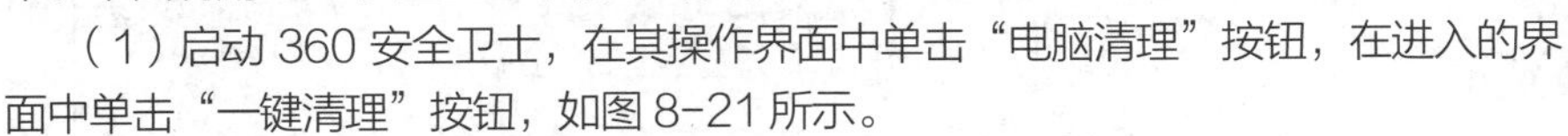

微课 8-4：清理计算机

清理计算机是指清理计算机中的垃圾文件，从而提升计算机的运行速度和工作效率。下面利用 360 安全卫士来清理计算机中的垃圾文件，具体操作如下。

（1）启动 360 安全卫士，在其操作界面中单击“电脑清理”按钮，在进入的界面中单击“一键清理”按钮，如图 8-21 所示。

（2）360 安全卫士开始扫描操作系统中的垃圾文件，并显示扫描进度，如图 8-22 所示。

图 8-21　选择清理操作

图 8-22　扫描垃圾文件

（3）扫描完成后，360 安全卫士将显示所有扫描到的垃圾文件，并显示垃圾文件对应的选项，用户可以展开对应的选项，通过选中复选框的方式重新选择需要清理的垃圾文件，通常保持默认设置即可，单击“一键清理”按钮，如图 8-23 所示。

（4）360 安全卫士开始清理发现的垃圾文件，清理完成后将显示清理的文件信息和数据，单击“完成”按钮，如图 8-24 所示，返回 360 安全卫士操作界面。

图 8-23　选择需要清理的垃圾文件

图 8-24　完成垃圾清理

（五）监测计算机硬件

微课 8-5：监测计算机硬件

鲁大师是 360 安全卫士自带的一款硬件监测软件，能检测计算机硬件的健康水平，并实时监测计算机硬件的工作情况。下面利用鲁大师对计算机的硬件进行检测，并设置 CPU 的报警温度来进行温度管理，具体操作如下。

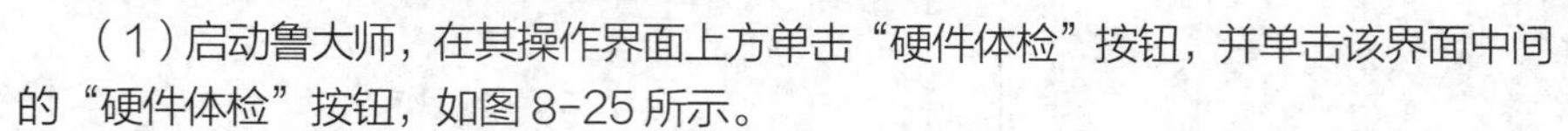

（1）启动鲁大师，在其操作界面上方单击“硬件体检”按钮，并单击该界面中间的“硬件体检”按钮，如图 8-25 所示。

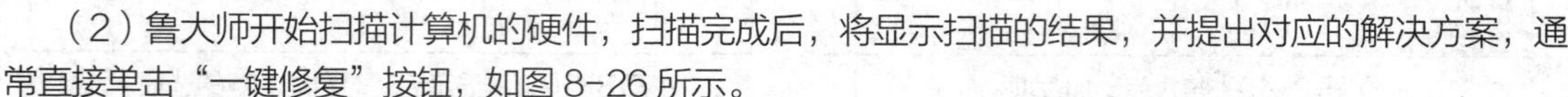

（2）鲁大师开始扫描计算机的硬件，扫描完成后，将显示扫描的结果，并提出对应的解决方案，通常直接单击“一键修复”按钮，如图 8-26 所示。

图 8-25　选择操作

图 8-26　显示扫描的结果

（3）修复完成后，将显示修复对应的选项和信息，用户可以继续手动对需要修复的选项进行人工修复（普通用户不推荐使用该功能），如图 8-27 所示。

（4）单击“温度管理”按钮，在进入的界面中将显示目前计算机中各硬件的温度情况和与温度相关硬件的健康数据。在该界面右侧任务窗格的“功能开关”选项中单击“设置”超链接，打开“鲁大师设置中心”对话框，选择“硬件保护”选项卡，在“当 CPU 温度超过”数值框中输入“80”，如图 8-28 所示。一旦 CPU 散热出现问题，温度超过 80℃，鲁大师将自动报警。

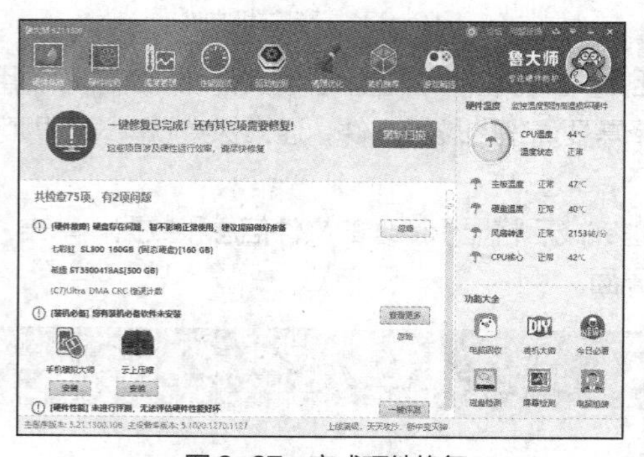

图 8-27　完成硬件修复

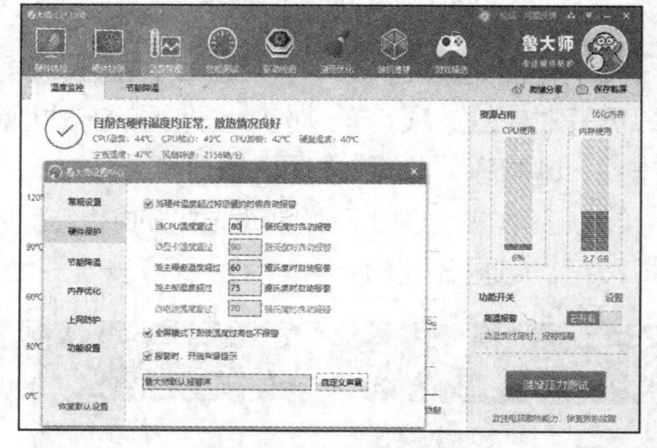

图 8-28　设置报警温度

任务 8-2　保护计算机的安全

任务导入

在对计算机进行日常维护后，发现还有几台计算机仍然有开机速度慢、运行卡顿等问题，老洪怀疑这些计算机中可能存在计算机病毒或者木马程序，要求米拉使用杀毒软件对这些计算机进行病毒和木马程序的查杀，并修复系统漏洞以提升操作系统的安全性。米拉为了保护这些计算机中存储的公司重要数据，将操作系统登录加密、文件夹加密和隐藏硬盘驱动器等操作教给了公司同事，帮助大家进一步提高了自己计算机的安全水平。

任务分析

用户要保护计算机的安全不仅要学会查杀病毒，还要掌握数据加密的操作，其主要的操作思路如下。

（1）了解计算机安全常识。知己知彼才能百战百胜，要保护计算机的安全，就需要了解计算机病毒的常见表现，以及预防非法攻击的常见方法。

（2）查杀病毒。查杀病毒是保护计算机安全的常见操作，除此以外，查杀木马程序、修复系统漏洞也都属于查杀病毒的相关操作，也是抵御外部非法攻击的常见操作。

（3）数据加密。计算机中通常保存有很多重要的数据，特别是商务办公用的计算机，一旦数据丢失或被非法窃取，就会带来极大的损失。所以，除了防御外部非法攻击外，用户还可以给计算机中的重要数据设置密码，增加数据的安全性。

相关知识

（一）计算机感染病毒的常见表现

计算机病毒本身也是由一组代码构成的程序，与普通程序不同的是，计算机病毒会影响和破坏计算机的正常运行。计算机感染病毒后，其通常会有以下两种表现形式。

1. 直接表现

当计算机出现异常现象时，用户就应该使用杀毒软件扫描计算机，确认计算机是否感染了病毒。这些异常现象体现在以下 5 个方面。

- 系统资源消耗加剧。硬盘中的存储空间急剧减少，系统中的基本内存发生变化，CPU 的使用率保持在 80%以上。
- 性能下降。计算机运行速度明显变慢，运行程序时经常提示内存不足或出现错误；计算机经常在没有任何征兆的情况下突然死机；硬盘经常出现不明的读写操作，在未运行任何程序时，硬盘指示灯不断闪烁甚至长亮不熄。
- 文件丢失或被破坏。计算机中的文件莫名丢失、文件图标被更换、文件的大小和名称被修改、文件内容变为乱码，以及原本可正常打开的文件无法打开。
- 启动速度变慢。计算机启动速度变得异常缓慢，在启动后一段时间内系统对用户的操作无响应或响应迟钝。
- 其他异常现象。系统时间和日期无故发生变化；自动打开 IE 浏览器并链接到不明网站；突然播放不明的声音或音乐，经常收到来历不明的邮件；部分文档自动加密；计算机的输入/输出端口无法正常使用等。

2. 间接表现

某些病毒会以“进程”的形式出现在系统内部，这时用户可以通过打开系统进程列表来查看正在运行的进程，通过进程名称及路径判断计算机是否存在病毒，如果有，则记下其进程名，结束该进程，并删除病毒程序。计算机的进程一般包括基本系统进程和附加进程，了解这些进程所代表的含义，可以方便用户判断是否存在可疑进程，进而判断计算机是否感染病毒。基本系统进程对计算机的正常运行起着至关重要的作用，因此用户不能随意将其结束。基本系统进程主要包括 explorer.exe、spoolsv.exe、lsass.exe、servi.exe、winlogon.exe、smss.exe、csrss.exe、svchost.exe 和 system Idle Process

等。wuauclt.exe、systray.exe、ctfmon.exe 和 mstask.exe 等属于附加进程，用户可以按需取舍，将其关闭不会影响系统的正常运行。

（二）预防非法攻击的常用方法

非法攻击通常是通过将木马程序绑定在其他软件、电子邮件上，或感染邮件客户端软件等方式进行传播的，因此，用户可以从以下 6 个方面来进行预防。

- 不要执行来历不明的软件。木马程序会通过绑定在其他软件上进行传播，一旦系统运行了这个被绑定的软件，计算机就会被感染。因此，在下载软件时，推荐用户去一些信誉比较好的站点。在软件安装之前用反病毒软件进行检查，确定无毒后再使用。
- 不要随意打开邮件附件。有些木马程序通过邮件进行传播，还会连环扩散，因此用户在打开邮件附件时需要特别注意。
- 重新选择客户端软件。很多木马程序主要感染的是 Outlook 邮件客户端软件，因为这款软件全球使用量最大，黑客对其漏洞已经洞察得比较透彻。如果用户选用其他的邮件软件，受到木马程序攻击的可能性就会减小。
- 少用共享文件夹。如因工作需要，必须将计算机设置为共享，则用户最好把共享文件放置在一个单独的共享文件夹中。
- 运行反木马实时监控程序。在上网时最好运行反木马实时监控程序（如 The Cleaner 软件），其一般能实时显示当前所有运行程序，并有详细的描述信息，还可再安装一些专业的最新杀毒软件、个人防火墙等进行监控。
- 经常升级操作系统。许多木马是通过系统漏洞来进行攻击的，微软公司发现这些漏洞之后会在第一时间发布补丁，用户可通过及时安装补丁程序来防止攻击。

任务实施

微课 8-6：查杀计算机病毒

（一）查杀计算机病毒

在使用杀毒软件查杀病毒前，最好先升级软件的病毒库，再进行病毒查杀。下面使用 360 杀毒软件查杀病毒，具体操作如下。

（1）启动 360 杀毒，进入其操作界面，单击该界面最下方的“检查更新”超链接，如图 8-29 所示。

（2）打开“360 杀毒-升级”对话框，连接到网络以检查病毒库是否为最新，如果非最新状态，则应下载并安装最新的病毒库，升级完成后，会打开对话框提示病毒库升级完成，单击“关闭”按钮，如图 8-30 所示。

图 8-29　检查更新

图 8-30　完成升级操作

（3）返回 360 杀毒操作界面，在左下角即可看到最新的病毒库日期，选择查杀病毒的方式，这里单击“快速扫描”按钮，如图 8-31 所示。

（4）360 杀毒开始对计算机中的文件进行病毒扫描，按照系统设置、常用软件、内存活跃程序、开机启动项和系统关键位置的顺序进行扫描，如果在扫描过程中发现对计算机安全有威胁的项目，则会将其显示出来。

（5）扫描完成后，360 杀毒将显示所有扫描到的威胁情况，单击“立即处理”按钮，如图 8-32 所示。

（6）360 杀毒对扫描到的威胁进行处理，并显示处理结果，单击“确定”按钮即可完成病毒的查杀操作，如图 8-33 所示。

（7）因为一些计算机病毒会严重威胁操作系统的安全，所以从安全的角度出发，在使用 360 杀毒对病毒进行查杀后，用户通常需要重新启动计算机以使设置生效。360 杀毒会打开提示对话框，如图 8-34 所示，单击“立即重启”按钮，重新启动计算机。

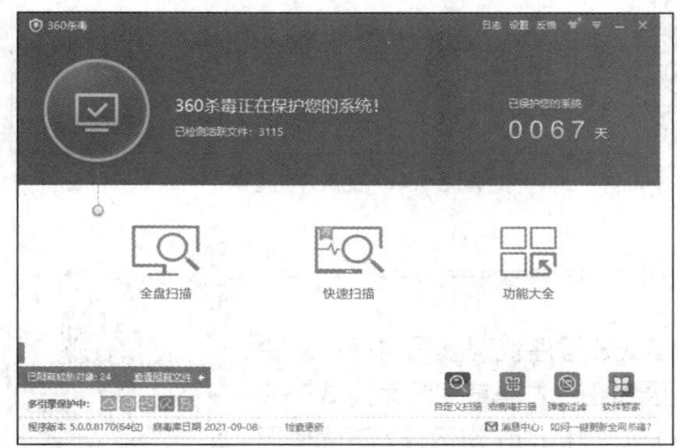

图 8-31　选择查杀病毒的方式

图 8-32　完成病毒扫描

图 8-33　完成病毒查杀

图 8-34　重新启动计算机

（二）查杀木马程序

微课 8-7：查杀木马程序

木马的全称是“特洛伊木马”，这是一类特殊的病毒程序，一般以寻找系统漏洞、窃取密码和数据为主要破坏方式。下面使用 360 安全卫士查杀计算机中的木马程序，具体操作如下。

（1）启动 360 安全卫士，在其操作界面中单击“木马查杀”按钮，在进入的界面中单击“快速查杀”按钮，如图 8-35 所示。

（2）360 安全卫士开始进行木马扫描，并显示扫描进度和扫描结果，如果计算机中没有发现木马程序，则显示计算机安全，如图 8-36 所示。

提示 若显示扫描到木马程序或危险项，则 360 安全卫士将提供处理方法，用户单击“一键处理”按钮即可自动处理木马程序或危险项，完成后可能会打开提示对话框提示用户重启计算机，单击“好的，立即重启”按钮重启计算机，即可完成木马查杀操作。

图 8-35　查杀木马

图 8-36　完成木马查杀

（三）修复操作系统漏洞

微课 8-8：修复操作系统漏洞

操作系统漏洞是指操作系统本身在设计上的缺陷或在程序代码编写时产生的错误，这些缺陷或错误可能被不法分子恶意利用，进而通过植入木马或病毒等方式来控制计算机，从而窃取其中的重要资料和信息，甚至破坏计算机的正常运行。下面使用 360 安全卫士修复操作系统的漏洞，具体操作如下。

（1）启动 360 安全卫士，在其操作界面中单击“系统修复”按钮，在该界面下方单击“漏洞修复”按钮，如图 8-37 所示。

（2）360 安全卫士将自动检测操作系统中存在的各种漏洞，并将漏洞按照不同的危险程度分为“重要修复项”和“可选修复项”两种类型，通常“重要修复项”中的漏洞选项会被默认选中，而“可选修复项”中的漏洞选项需要用户手动选择，通常保持默认设置即可，单击“一键修复”按钮，如图 8-38 所示。

图 8-37　选择操作

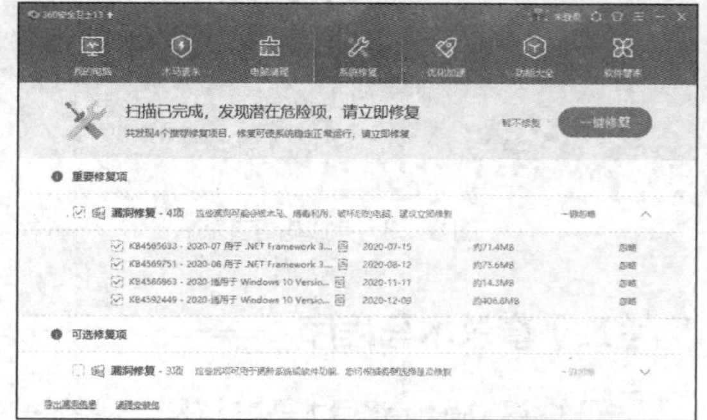

图 8-38　检测漏洞

（3）此时 360 安全卫士开始下载漏洞补丁程序，并显示下载进度，下载完一个漏洞的补丁程序后，360 安全卫士将安装下载的补丁程序，再继续下载下一个漏洞的补丁程序，如图 8-39 所示。安装补丁程序成功后，该选项的“状态”将从显示“等待修复”更改为“已修复”。

（4）待全部漏洞修复完成后，将显示修复结果，单击“返回”按钮，返回 360 安全卫士操作界面，如图 8-40 所示。

图 8-39　下载并安装漏洞补丁程序

已修复4项问题，电脑恢复健康啦
返回
软件修复
驱动修复
系统升级

图 8-40　完成漏洞修复

（四）操作系统登录加密

微课 8-9：操作系统登录加密

为 Windows 10 操作系统添加登录密码可以防止他人使用该计算机，保护其中数据的安全，具体操作如下。

（1）选择“开始”/“Windows 系统”/“控制面板”命令，打开“控制面板”窗口，单击“更改账户类型”超链接，如图 8-41 所示。

（2）打开“管理账户”窗口，在列表框中选择需要设置密码的账户，如图 8-42 所示。

图 8-41　选择操作

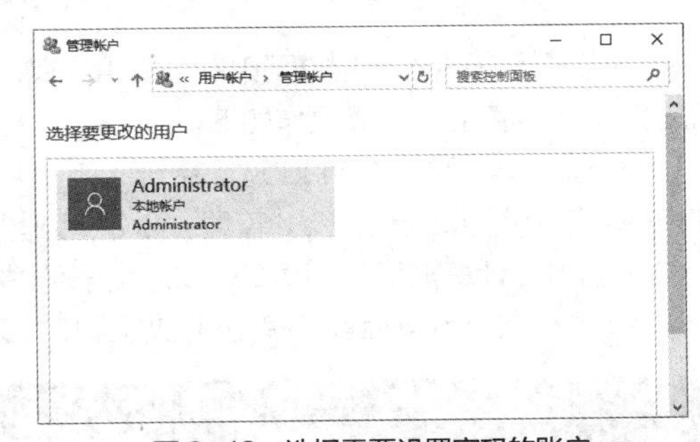

图 8-42　选择需要设置密码的账户

（3）打开“更改账户”窗口，单击“创建密码”超链接，如图 8-43 所示。

（4）打开“创建密码”窗口，在该窗口下方的 3 个文本框中输入密码、确认新密码并输入密码提示，单击“创建密码”按钮，如图 8-44 所示。

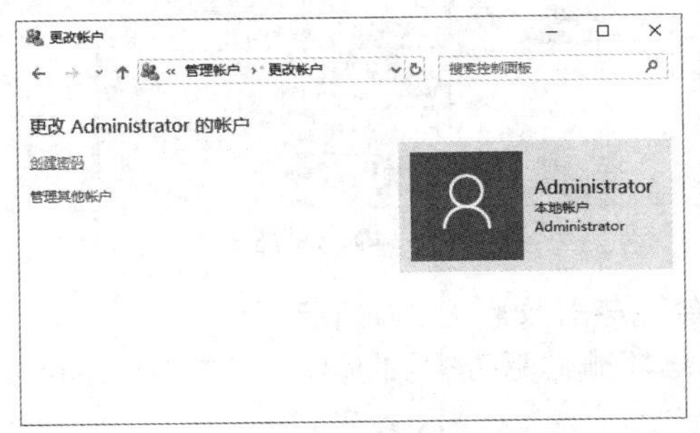

图 8-43　选择账户操作

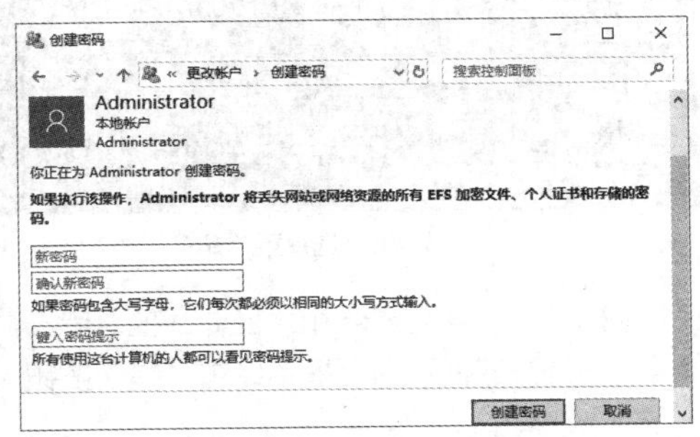

图 8-44　创建密码

（五）文件夹加密

微课 8-10：文件夹加密

文件夹加密的方法有很多，目前使用较多且操作简单的文件夹加密方法是使用压缩软件加密。下面使用 360 压缩软件为文件夹加密，具体操作如下。

（1）在“此电脑”中找到需要加密的文件夹，在其图标上单击鼠标右键，在弹出的快捷菜单中选择“添加到压缩文件”命令，如图 8-45 所示。

（2）打开 360 压缩的对话框，单击“添加密码”超链接，如图 8-46 所示。

（3）打开“添加密码”对话框，如图 8-47 所示，在其两个文本框中输入相同的密码，单击“确认”按钮，再单击“立即压缩”按钮，即可将文件夹压缩并加密。

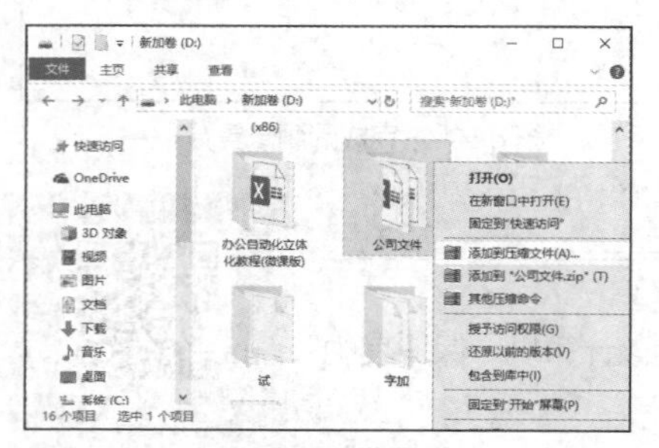

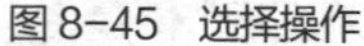

图 8-45　选择操作

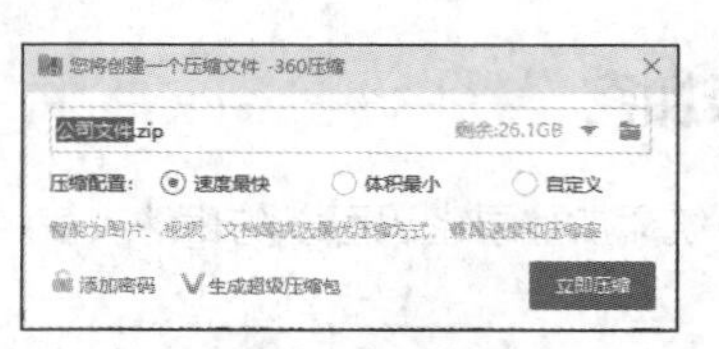

图 8-46　添加密码

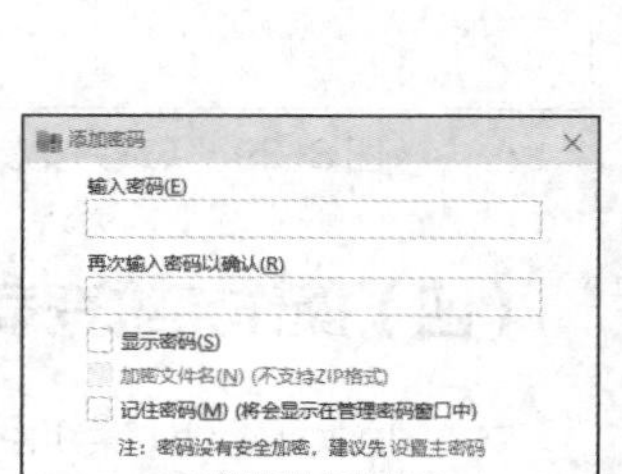

图 8-47　输入密码

（六）隐藏硬盘驱动器

微课 8-11：隐藏硬盘驱动器

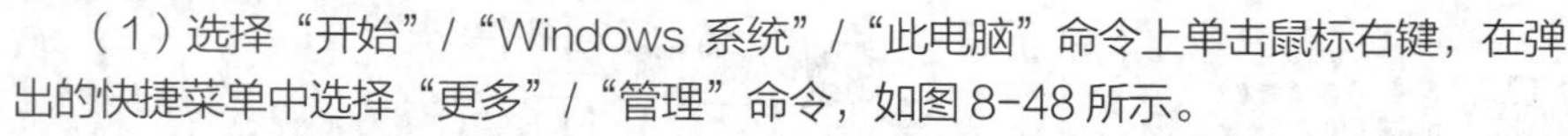

有时为了保护硬盘中的数据和文件夹，用户需要对某个硬盘驱动器进行隐藏。下面隐藏硬盘驱动器 D，具体操作如下。

（1）选择“开始”/“Windows 系统”/“此电脑”命令上单击鼠标右键，在弹出的快捷菜单中选择“更多”/“管理”命令，如图 8-48 所示。

（2）打开“计算机管理”窗口，在左侧任务窗格中选择“磁盘管理”选项，在中间窗格中的“新加卷（D:）”选项上单击鼠标右键，在弹出的快捷菜单中选择“更改驱动器号和路径”命令，如图 8-49 所示。

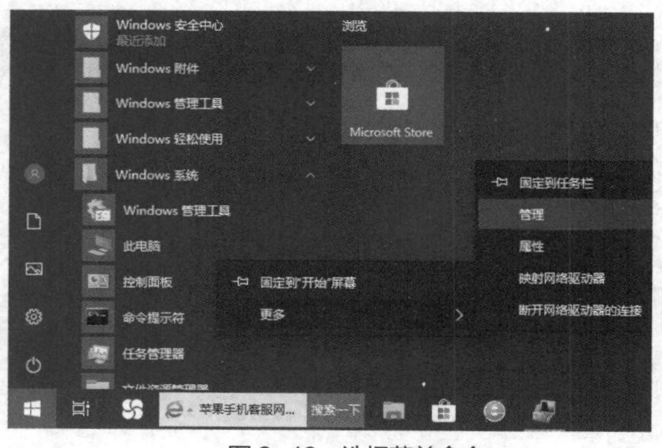

图 8-48　选择菜单命令

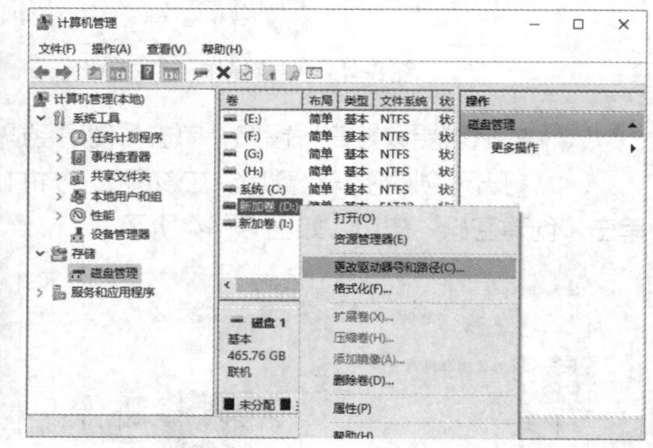

图 8-49　选择操作

（3）打开更改驱动器号和路径对话框，单击“删除”按钮，如图 8-50 所示。

（4）在打开的提示对话框中单击“是”按钮，确认进行删除驱动器号的操作，如图 8-51 所示。

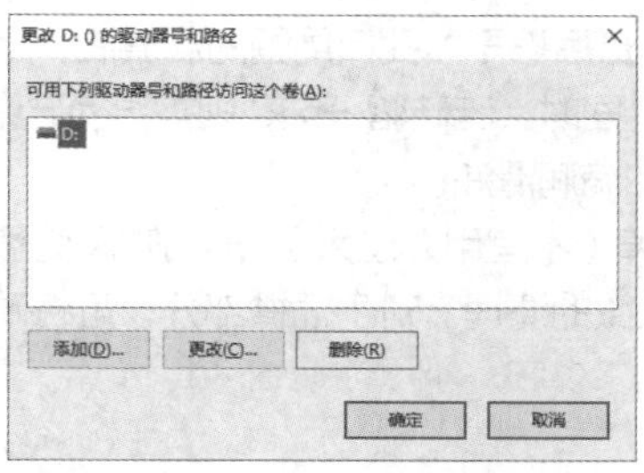

图 8-50　删除驱动器号

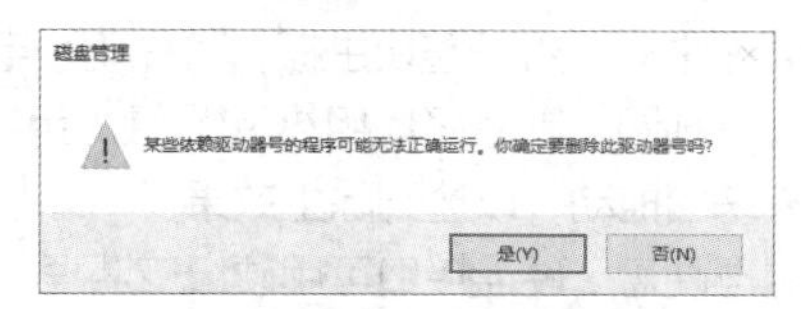

图 8-51　确认操作

（5）返回“计算机管理”窗口，已经看不到驱动器(D:)，表示该驱动器已经被隐藏。

提示　**用户在更改驱动器号和路径对话框中单击“添加”按钮，会打开添加驱动号对话框，选中“指派以下驱动器号”单选按钮，并在右侧的下拉列表中选择一个驱动器号，单击“确定”按钮，即可恢复隐藏的磁盘驱动器。**

实训

（一）清理计算机的灰尘

1. 实训目的

（1）了解计算机日常维护的相关知识。

（2）掌握清理计算机灰尘的基本操作。

（3）能够独立拆卸计算机并进行灰尘清理。

2. 实训要求

（1）利用各种清洁工具清理计算机中的灰尘。

（2）清理完成后，能够正确安装硬件，并能正常启动计算机。

3. 实训内容

（1）准备工作。

操作提示如下。

- 准备清理工具。清理前，用户需要准备一些必要的工具，如吹风机、小毛刷、十字螺钉旋具、硬纸皮、橡皮擦、干净布、风扇润滑油、清水和酒精等。另外，还可以准备吹气球或硬毛刷。
- 关闭电源。灰尘清理必须在完全断电的情况下完成，即用户需将所有的电源插头全部拔下后再进行灰尘清理。
- 去除静电。工作前，用户应先清洗双手，再释放静电。

（2）清理机箱内部灰尘。

操作提示如下。

- 打开机箱。先用螺钉旋具将机箱盖拆开（也有部分机箱盖可以直接用手拆开），再拔掉所有插头。
- 清理内存。将内存条拆下来，使用橡皮擦轻轻地擦拭金手指，注意不要碰到电子元件；至于电路板部分，使用小毛刷轻轻将灰尘扫掉即可。
- 清理 CPU。将 CPU 散热器拆下，将散热片和风扇分离，用水冲洗散热片，并用吹风机吹干；风扇可用小毛刷加布或纸清理干净。将风扇的不干胶撕下，向小孔中滴一滴润滑油（注意不要加多），接着转动风扇片以便孔口的润滑油渗进里面，最后擦干净孔口周围的润滑油，用新的不干胶封好。在清理机箱电源时，其风扇也要除尘加油。同时，若硅脂干结，则需更换硅脂。

- 清理显卡。如果有独立显卡，则要清理其金手指并加滴润滑油。
- 清理主板。对于整块主板，可先用小毛刷将灰尘刷掉（不宜用力过大），再用吹风筒猛吹（如果天气潮湿，则最好使用热风），最后用吹气球进行细微的清理。对于插槽部分，可将硬纸片插进去来回拖动，以达到除尘效果。
- 清理硬盘。硬盘接口可用硬纸皮清理。

（3）清理其他硬件灰尘。

操作提示如下。

- 清理外壳。对于机箱表面、键盘、显示器、路由器等硬件的外壳，可用带酒精的布进行清理。
- 清理键盘。对于键盘的键缝，需要慢慢地用布擦干净，也可用棉签清理。
- 清理显示器。显示器最好用专业的清洁剂进行清理，然后用布擦干。
- 清理线缆。对于计算机中的各种连线和插头，最好都用布擦干净。

（二）使用软件维护计算机

1. 实训目的

（1）熟悉软件维护计算机的常见操作。

（2）掌握使用软件维护计算机的操作。

（3）能够利用软件和程序进行计算机维护。

2. 实训要求

（1）使用 360 安全卫士维护计算机。

（2）为操作系统和文件设置密码。

3. 实训内容

（1）使用 360 安全卫士维护计算机。

操作提示如下。

- 木马查杀。对操作系统进行一次全盘查杀。
- 计算机清理。清理计算机中的垃圾和插件。
- 系统修复。对操作系统进行漏洞修复。
- 优化加速。一键加速后，设置操作系统的启动项，关闭多余的启动程序。

（2）安全加密。

操作提示如下。

- 登录密码。为本计算机的所有账户都设置登录密码。
- 文件加密。使用 360 压缩为计算机中的重要文件设置压缩密码。

拓展知识

（一）计算机软件维护的常见项目

软件故障是常见的计算机故障，特别是频繁地安装和卸载软件后会产生大量垃圾文件，降低计算机的运行速度，因此软件也需进行维护。软件维护主要包括以下几个方面的内容。

- 系统盘问题。安装系统时，系统盘分区不要太小，否则需要经常对 C 盘进行清理。除了必要的程序以外，其他软件尽量不要安装在系统盘中，系统盘的文件格式尽可能选择 NTFS。

- 注意杀毒软件和播放器。很多计算机出现故障是因为软件冲突，特别是杀毒软件和播放器间的冲突，一个系统安装两个及以上的杀毒软件便可能会造成系统运行缓慢甚至死机、蓝屏等问题；大部分播放器安装好后会在后台形成加速进程，两个或两个以上的播放器会造成互抢宽带、网速过慢等问题，配置不高的计算机还有可能死机。
- 设置好自动更新。自动更新可以为计算机的许多漏洞打上补丁，也可以避免病毒利用系统漏洞攻击计算机，所以用户应该设置好系统的自动更新。
- 安装防病毒软件。安装杀毒软件可有效地预防病毒的入侵。
- 安装防“流氓”软件。网络共享软件很多捆绑了一些无用插件，初学者在安装这类软件时应注意选择和辨别。
- 保存好所有驱动程序安装光盘。原装驱动程序可能不是最好的，但它一般是最适用的。最新的驱动不一定能更好地发挥旧硬件的性能，用户不宜过分追求最新的驱动。
- 每周维护。清除垃圾文件、整理硬盘中的文件、使用杀毒软件深入查杀一次病毒，都是计算机日常维护中的主要工作。此外，用户还需每月进行一次磁盘碎片整理，进行硬盘查错。
- 注意清理系统桌面。桌面上不宜存放太多东西，以避免影响计算机的运行和启动速度。

（二）病毒查杀的注意事项

普通用户一般会使用反病毒软件查杀计算机病毒，但需注意以下 3 个方面的问题。

- 不要频繁操作。不可频繁地对计算机进行查杀病毒操作，否则不仅不能取得很好的效果，有时还可能会导致硬盘损坏。
- 在多种模式下杀毒。当发现病毒后，一般是在操作系统的正常登录模式下杀毒，当杀毒操作完成后，还需重新在安全模式下再次查杀，以便彻底清除病毒。
- 选择全面的杀毒软件。杀毒软件不仅应包括常见的查杀病毒功能，还应该同时包括实时防毒、实时监测和跟踪等功能，做到一旦发现病毒立即报警，只有这样才能最大限度地减少被病毒感染的概率。

项目9 故障诊断和排除

09

项目情景

随着工作的深入接触，米拉积累了丰富的计算机维护经验，同时知道了计算机设备伴随着使用难免会出现一些故障，米拉担心自己解决不了这些故障。老洪看出了米拉的担心，告诉她出现故障时可以根据故障的表现来对故障原因进行排除，通常是根据“先软件，后硬件”的基本原则，首先从软件方面诊断和排除故障，再从硬件方面诊断和排除故障，另外，工作中计算机网络出现的各种故障也很常见。米拉决定从实践中学习各种常见计算机网络故障的诊断和排除方法，并总结经验，对各种故障资料进行记录整理。

项目目标

• 了解计算机软件故障、硬件故障和网络故障的相关知识	• 熟练掌握诊断和排除计算机软件、硬件和网络故障的基本操作

素养目标

- 弘扬严谨认真的科学探索精神，营造劳动光荣的社会风尚。

任务9-1 诊断和排除计算机软件故障

任务导入

在维护计算机的过程中，米拉发现仍然有几台计算机不能正常工作。由于计算机都是新组装的，老洪判断应该是软件方面的故障，米拉还原其中一台计算机的操作系统后，故障排除。于是老洪要求米拉检查其余几台计算机时，先从软件方面排除故障。

任务分析

诊断和排除计算机软件故障的操作思路如下。

（1）了解计算机故障排除的基础知识，包括故障排除的基本原则和基本流程。

（2）学习排除一些常见的计算机软件故障，包括进入 Windows 10 操作系统的安全模式和利用 Windows 10 操作系统自带的故障处理功能等。

相关知识

（一）计算机故障排除的基本原则

计算机故障排除的基本原则大致有以下几点。

- 仔细分析。在动手处理故障之前，用户应先根据故障的现象分析该故障的类型，以及应选用哪种方法进行处理。切忌盲目动手，扩大故障。
- 先软后硬。排除软件故障比硬件故障更容易，所以用户应首先分析操作系统和软件是否为故障产生的原因，具体可以通过检测软件或工具软件排除软件故障，再开始检查硬件的故障。
- 先外后内。首先检查键盘、鼠标等外部设备是否正常，再查看电源、信号线的连接是否正确，并排除其他故障，最后拆卸机箱，检查内部的硬件是否正常，尽可能不盲目拆卸部件。
- 多观察。充分了解计算机所用的操作系统和应用软件的相关信息，以及产生故障部件的工作环境、工作要求和近期所发生的变化等情况。
- 先假后真。有时候只是电源未开或数据线没有连接等造成的“假故障”，用户应先确定该硬件是否确实存在故障，检查各硬件之间的连线是否正确、安装是否正确。
- 先电源后部件。主机电源是计算机正常运行的关键，遇到供电等故障时，用户应先检查电源连接是否松动、电压是否稳定、电源工作是否正常等，再检查主机电源功率能否使各硬件稳定运行，最后检查各硬件的供电及数据线连接是否正常。
- 先简单后复杂。先对简单易修故障进行排除，再对困难的、较难解决的故障进行排除。有时将简单故障排除之后，较难解决的故障也会变得容易排除，逐渐使故障简单化。

（二）诊断计算机故障的基本流程

在计算机出现故障时，用户首先需要判断问题是出现在软件、内存、主板、显卡、电源还是其他方面，如果无法确定，则需要按照一定的顺序来确认故障。图 9-1 所示为计算机从开机到使用的过程中判断故障所在部位的基本流程。

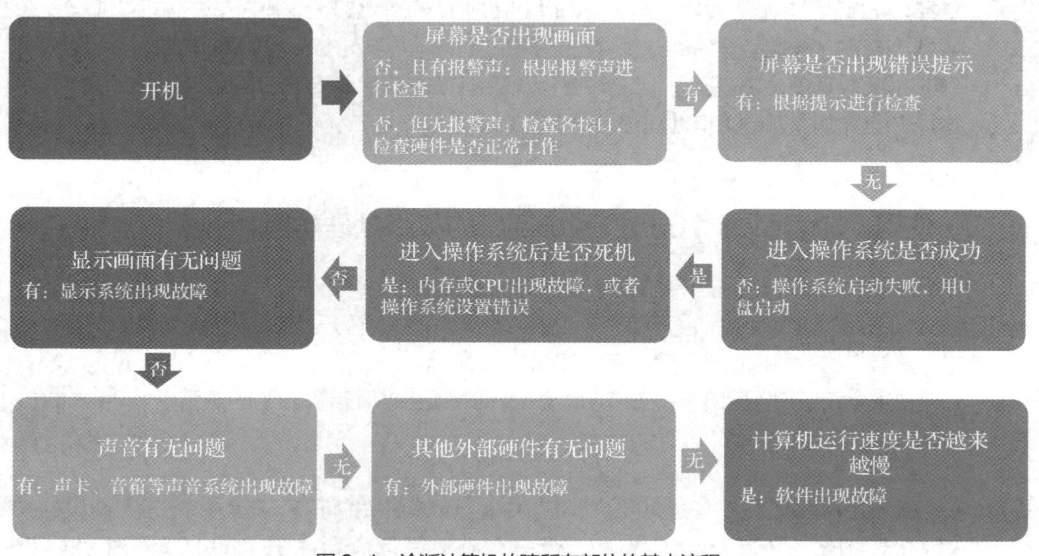

图 9-1 诊断计算机故障所在部位的基本流程

任务实施

微课 9-1：进入安全模式排除计算机软件故障

（一）进入安全模式排除计算机软件故障

Windows 10 操作系统的很多系统故障可以通过进入安全模式来排除，包括删除一些顽固的文件、清除病毒、解除组策略的锁定、修复系统故障、恢复系统设置、找出恶意的自启动程序或服务、卸载不正确的驱动程序等。Windows 10 操作系统进入安全模式的操作与其他版本的 Windows 操作系统进入安全模式的操作不同，具体操作如下。

（1）在 Windows 10 操作系统中按【Windows+R】组合键，打开“运行”对话框，在“打开”文本框中输入“msconfig”，单击“确定”按钮，如图 9-2 所示。

（2）在打开的对话框中选择“引导”选项卡，在“引导选项”选项组中选中“安全引导”复选框，选中“最小”单选按钮，单击“确定”按钮，如图 9-3 所示。

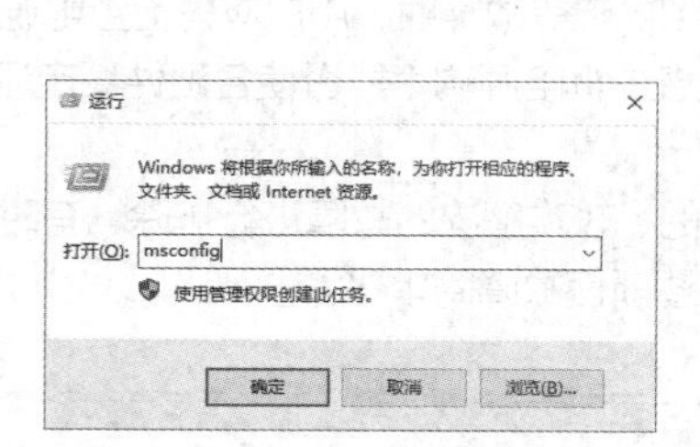

图 9-2 “运行”对话框

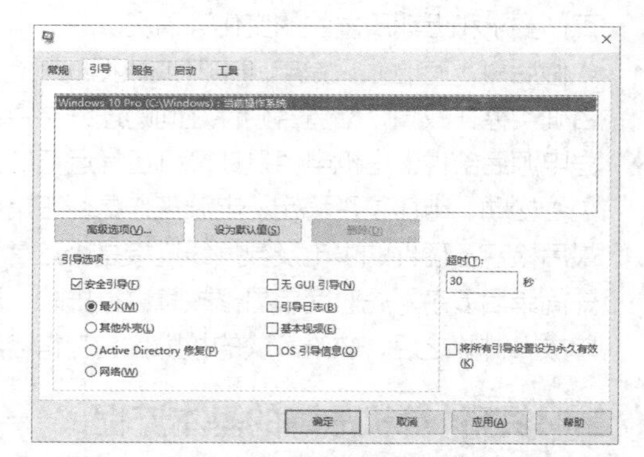

图 9-3 设置安全模式启动

（3）在打开的提示对话框中单击“重新启动”按钮，重新启动计算机后，自动进入安全模式。

提示 选择“开始”/“电源”命令，按住【Shift】键的同时在弹出的子菜单中选择“重启”命令，在进入的“选择一个选项”界面中选择“疑难解答”选项，并依次在进入的界面中选择“高级选项”/“启动设置”选项，在进入的“启动设置”界面中单击“重启”按钮，其界面中将显示多个菜单，选择安全模式对应的选项，也可进入安全模式。

（二）使用 Windows 10 操作系统自带的故障处理功能

微课 9-2：使用 Windows 10 操作系统自带的故障处理功能

使用 Windows 10 操作系统自带的故障检测和处理功能的具体操作如下。

（1）选择“开始”/“Windows 系统”/“控制面板”命令，打开“控制面板”窗口，单击“查看你的计算机状态”超链接，如图 9-4 所示。

（2）打开“安全和维护”窗口，单击“Windows 程序兼容性疑难解答”超链接，如图 9-5 所示。

提示 一旦系统存在故障，在“安全和维护”窗口中将显示未解决的问题，在其中单击需要处理的故障对应的超链接，Windows 10 操作系统将开始检测相关问题，并打开“解决方案”对话框，用户根据该对话框中的提示排除故障即可。

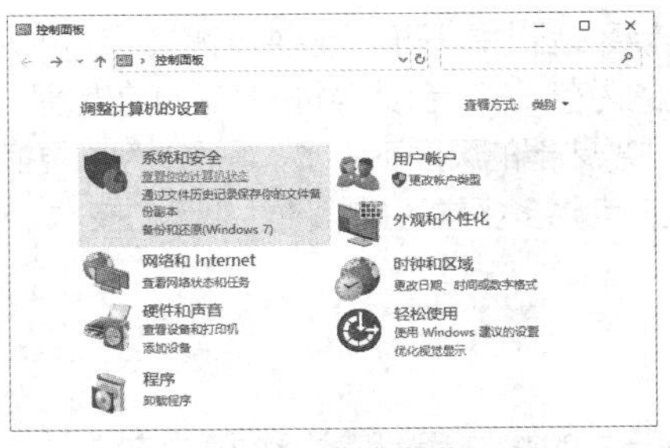

图 9-4　选择操作

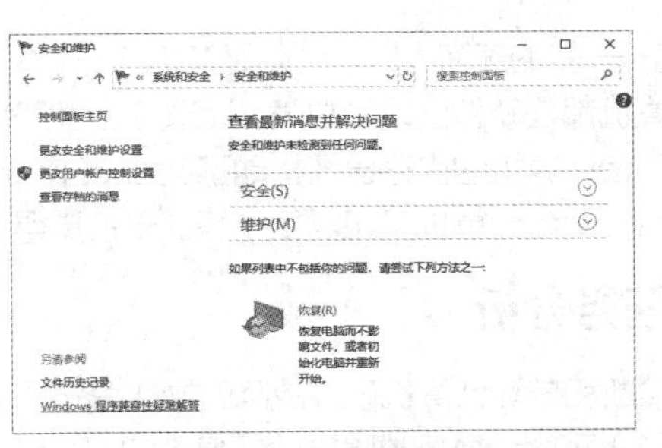

图 9-5　查看故障问题

（3）打开“程序兼容性疑难解答”对话框，单击“下一步”按钮，如图 9-6 所示。

（4）在进入的界面的列表框中选择有问题的程序，单击“下一步”按钮，如图 9-7 所示。

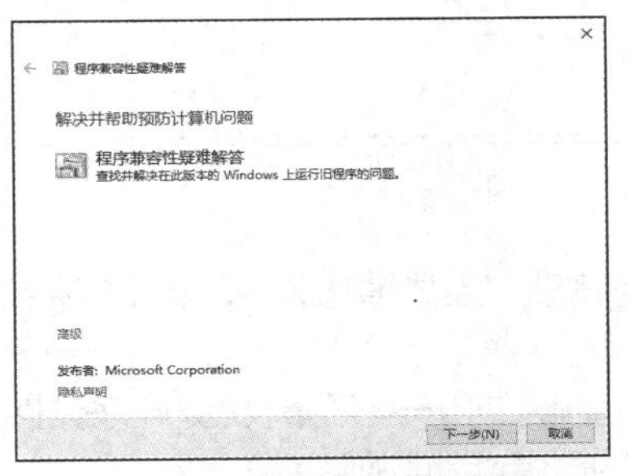

图 9-6　开始解决兼容性问题

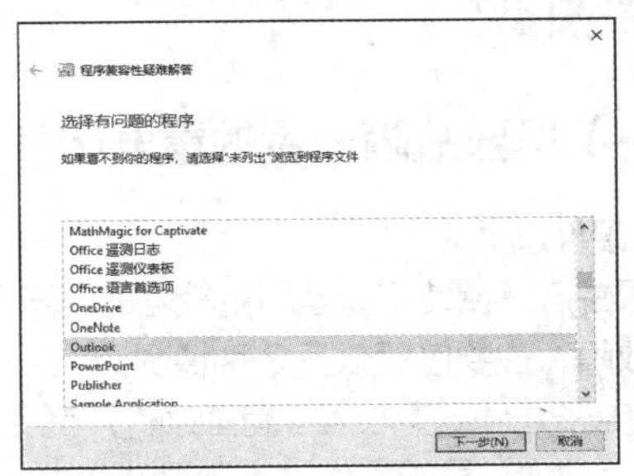

图 9-7　选择有问题的程序

（5）在进入的界面的列表框中选择故障排除选项，如图 9-8 所示。

（6）Windows 操作系统将通过一系列的界面向用户搜集故障的相关信息，并根据这些信息对故障进行排除，排除后将进入图 9-9 所示的界面，用户可以根据故障的排除情况选择不同的选项，最终解决程序兼容性问题。

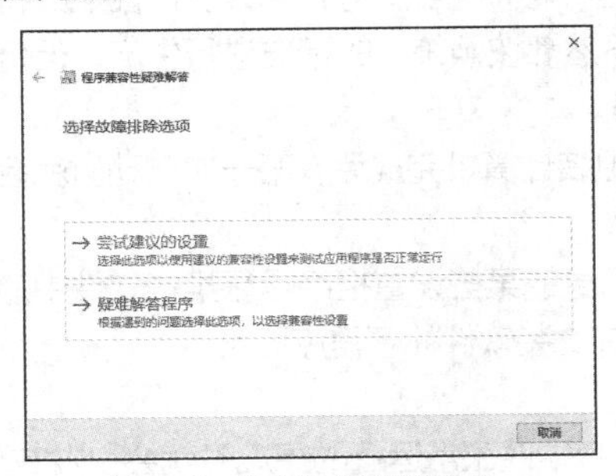

图 9-8　选择故障排除选项

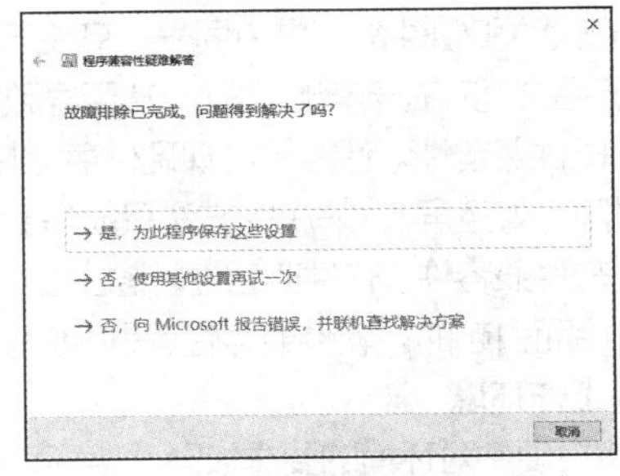

图 9-9　确认问题是否得到了解决

> **提示**　应对软件故障，有一种实用且万能的排除方法——还原或重装，应用软件可以直接卸载后重新安装，操作系统可以利用备份还原或者重装，这样通常能非常完美地排除软件故障。

任务 9-2　诊断和排除计算机硬件故障

任务导入

米拉解决了几台计算机的软件故障后，仍然有两台计算机无法工作。一台无法开机，一启动就发出

“嘀嘀——”的声音；另一台则是开机 1 分钟就死机，重装系统后也是开机 1 分钟就死机。老洪认为这两台计算机都是硬件出现了故障，让米拉检查第一台计算机的内存，第二台计算机的 CPU 散热器，结果发现第一台计算机的内存已经松动了，第二台计算机的 CPU 散热器的风扇不转了，重插内存和更换散热器风扇后，两台计算机又正常工作了。米拉觉得自己还需要向老洪多多学习排除硬件故障的技术……

任务分析

诊断和排除计算机硬件故障的操作思路如下。

（1）了解计算机故障排除的基础知识，包括导致故障产生的重要因素和诊断故障的方法。

（2）学习排除常见的计算机硬件故障，包括利用插拔法、替换法和最小系统法诊断故障，以及常见硬件故障的排除方法等。

相关知识

（一）导致故障产生的重要因素

1. 硬件质量

如果生产厂商使用一些质量较差的电子元件（甚至使用假冒产品或伪劣部件），就很容易引发计算机的硬件故障，主要包括以下 3 种情况。

- 电子元件质量较差。有些硬件厂商为了追求更高的利润，使用一些质量较差的电子元件，或减少其数量，导致硬件达不到设计要求，从而影响产品的质量，造成故障。
- 电路设计缺陷。硬件的电路设计也应该遵循一定的工业标准，如果电路设计有缺陷，在使用过程中就很容易出现故障。
- 假冒产品。一些不法商家为了获取暴利，用质量很差的元件仿制品牌产品。

2. 兼容性

兼容性指硬件与硬件、软件与软件，以及硬件与软件之间能够相互支持并充分发挥性能的特性。计算机中的软件和硬件都不是由同一厂商生产的，这些厂商虽然都按照统一的标准进行生产，但仍有不少厂商的产品之间存在兼容性问题，从而导致计算机出现故障。

- 硬件兼容性。计算机出现硬件兼容性问题，通常在组装计算机完成后，第一次启动时就会出现故障（如蓝屏），解决的方法只能是更换硬件。
- 软件兼容性。软件兼容性问题主要是由于操作系统自身的某些设置拒绝运行某些软件中的某些程序而引起的。软件兼容性问题相对容易解决，下载并安装软件补丁程序即可。

3. 工作环境

计算机硬件对环境的要求较高，当环境中某些因素不符合硬件正常运行的标准时就会引发故障。

- 灰尘。灰尘附着在计算机硬件上，会妨碍硬件在正常工作时的散热，例如，计算机主板上的芯片故障很多是由灰尘引起的。
- 温度。如果工作环境温度过高，就会影响计算机散热，甚至引起短路等故障。特别是夏天温度太高时，一定要注意计算机散热。另外，还应避免日光直射到计算机和显示屏上。
- 电源。计算机的电源应具有良好的接地系统，电压过低或过高都可能导致硬件元器件的损坏。如果经常停电，则应用不间断电源保护计算机，使其在电源中断的情况下能从容关机。
- 电磁波。计算机对电磁波的干扰也比较敏感，较强的电磁波干扰可能会造成硬盘数据丢失、显示屏画面抖动等故障。
- 湿度。计算机正常工作对环境湿度有一定的要求，湿度太高会影响计算机配件的性能，甚至引起一些配件的短路；湿度太低又易产生静电，损坏配件。

4. 使用和维护

计算机在使用和维护过程中操作不当也会导致故障。

- 带电插拔。大多数硬件不能在未断电时插拔，带电插拔很容易造成短路，将硬件烧毁。
- 带静电触摸硬件。静电有可能造成计算机中芯片损坏，用户在维护硬件前应当释放静电。另外，用户可以在组装计算机时将机箱用导线接地，从而获得很好的防静电效果。
- 安装不当。安装独立显卡、网卡或声卡等硬件时，需要将其用螺钉固定在适当位置，如果安装不当，则可能导致板卡变形，最后因为接触不良导致故障。
- 安装错误。计算机硬件在主板中都有其固定的接口或插槽，如果安装错误，则可能因为该接口或插槽的额定电压不合适而造成硬件短路等故障。
- 板卡被划伤。计算机中的板卡一般是分层印制的电路板，如果被划伤，则其中的电路或线路可能被切断，导致短路故障，甚至烧毁板卡。

（二）诊断故障的方法

诊断计算机故障的常用方法是用眼睛看、用手指摸、用耳朵听和用鼻子闻。

- 用眼睛看。看就是观察，一是观察是否有杂物掉进电路板的元件之间，元件上是否有氧化或腐蚀的地方；二是观察各元件的电阻、电容引脚是否相碰、断裂或歪斜；三是观察板卡的电路板上是否有虚焊、元件短路、脱焊和断裂等现象；四是观察各板卡插头与插座的连接是否正常、是否歪斜；五是观察主板或其他板卡的表面是否有烧焦的痕迹、印制电路板上的铜箔是否断裂、芯片表面是否开裂、电容是否爆开等。
- 用手指摸。用手触摸元件表面，根据其温度来判断元件是否正常工作、板卡是否安装到位，以及是否出现接触不良等现象。一是在设备运行时触摸或靠近有关电子部件，根据温度粗略判断设备运行是否正常；二是摸板卡，看是否有松动或接触不良的情况，若有，则应将其固定；三是触摸芯片表面，若温度很高甚至烫手，则说明该芯片可能已经损坏了。
- 用耳朵听。计算机硬件出现故障时通常会发出异常的声响，通过听电源、CPU 散热器风扇、硬盘和显示器等设备工作时产生的声音，也可以判断是否存在故障及产生故障的原因。
- 用鼻子闻。某些计算机故障会伴有烧焦的气味，这种情况说明某个电子元件已被烧毁，应尽快寻找气味源以确定故障区域，并排除故障。

任务实施

（一）插拔硬件诊断故障

插拔法是一种比较常用的判断故障的方法，其主要是通过插拔板卡后观察计算机的运行状态来判断故障产生的位置和原因。通过插拔法还能解决一些板卡与插槽接触不良所造成的故障。插拔硬件的主要操作步骤如下。

（1）拔出内存，并处理内存金手指的氧化问题（用橡皮擦擦拭金手指），重新插入内存。

（2）插拔硬盘，将硬盘的数据线和电源线插头重新插拔，如果是 M.2 硬盘，则需要处理金手指氧化问题后重新插入硬盘。

（3）插拔独立板卡，包括显卡、网卡或声卡，同样需要处理金手指氧化问题。

（4）CPU 和 CPU 散热器通常不需要插拔，在确认其他硬件没有问题的情况下，可以插拔 CPU 和 CPU 散热器，插拔后需要清理 CPU 和 CPU 散热器上的灰尘。注意，在安装时最好重新在 CPU 背面涂抹散热硅脂。

（二）替换硬件诊断故障

替换法是一种使用相同或相近型号的板卡、电源、硬盘、显示器和外部设备等部件替换原来的部件以分析和排除故障的方法，替换部件后，如果故障消失，则表示被替换的部件存在问题。替换硬件的主要操作步骤如下。

（1）将出现故障的计算机中的内存或硬盘替换到另一台运行正常的计算机上试用，如果运行正常，则说明该硬件没有问题；如果运行不正常，则说明该硬件可能存在故障。

（2）用正常的主板或 CPU 替换故障计算机中的相同部件，如果计算机使用正常，则说明 CPU 或主板可能存在故障；如果故障依旧，则问题不在 CPU 或主板上。

（三）最小系统诊断故障

使用最小系统诊断计算机是否存在故障，主要包括保留主板、显卡、内存、CPU 进行故障检测和保留主板进行检测两大操作，最后逐一检测硬件，具体操作如下。

（1）将硬盘、光驱等部件取下，并通电启动计算机，如果计算机不能正常运行，则说明故障出现在硬件本身，于是将目标集中在主板、显卡、CPU 和内存上；如果能启动，则将目标集中在硬盘和操作系统上。

（2）将计算机拆卸为只由主板、喇叭及开关电源组成的系统，如果打开电源后系统有报警声，则说明主板、喇叭及开关电源基本正常。

（3）逐步加入其他部件，扩大最小系统，在扩大最小系统的过程中，若发现加入某部件后的计算机运行由正常变为不正常，则说明刚刚加入的计算机部件有故障，找到了故障根源后，更换该部件即可。

（四）诊断并排除常见计算机硬件故障

下面介绍常见的计算机硬件故障的诊断与排除。

（1）CPU 温度过高。CPU 温度过高通常是散热器的问题，如果散热器无法保证 CPU 的正常工作，则需要更换 CPU 散热器才能排除故障。

（2）主板变形或电容故障。主板变形通常是安装不当造成的，需要矫正变形；如果矫正变形后故障仍然不能排除，则可能是主板中的线缆因变形而损坏了，这需要找专业人员维修。电容出现故障通常会伴随焦煳味、短路、温度极高和表面破裂等现象，这需要更换电容，通常也需要由专业人员处理。

（3）内存金手指氧化。金手指氧化是常见的内存故障，只需要找到金手指上的氧化痕迹，用橡皮擦将其擦除干净，重新将其插入主板的内存插槽即可排除故障。

（4）检测不到硬盘。开机时检测硬盘有时失败，显示“primary master hard disk fail”，有时能检测通过并正常启动。可以按照以下顺序排除故障，首先检查硬盘数据线是否松动，并更换新的数据线。开机后若仍然出现问题，则把硬盘换到其他计算机中进行测试，确认数据线和接口有无问题。若未出现故障，则更换一个正常的电源进行测试。若未出问题，则需要认真检查硬盘的电路板，如果有烧坏的痕迹，则需要送到专业维修机构进行维修。

（5）显卡导致显示器花屏。花屏的故障原因一是显示器或者显卡不能够支持高分辨率，显示器分辨率设置不当，可切换到安全模式，重新设置显示器的显示分辨率；二是显卡的芯片散热效果不良，可加装散热片或更换散热器；三是显存损坏，可更换显存或者直接更换显卡；四是显卡插槽或插座中有灰尘、金手指被氧化，可根据具体情况清理灰尘，用橡皮擦把金手指氧化部分擦除。

（6）鼠标指针在使用中突然不动。首先检查计算机是否死机，死机则重新启动；如果没有死机，则插拔鼠标与主机的接口，并重新启动。再检查“设备管理器”中鼠标的驱动程序是否与所安装的鼠标类型相符。接着检查鼠标底部是否有模式设置开关，如果有，则试着改变其位置，并重新启动系统；如果还没有解决问题，则把开关拨回原来的位置，继续检查鼠标的接口是否有故障，如果没有，则可拆开鼠标底盖，检查光电接收电路系统是否有问题，并采取相应的措施。继续检查鼠标驱动程序与另一串行设备的驱动程序是否兼容，如不兼容，则需断开另一串行设备的连接，并删除驱动程序。最后将另一只正常的相同型号的鼠标与主机相连，重新启动系统查看鼠标的使用情况。如果以上方法仍不能解决问题，则怀疑主板接口电路有问题，只能更换主板或找专业维修人员维修。

（7）检测不到键盘。首先用杀毒软件对系统进行杀毒，重新启动计算机后，检查键盘驱动程序是否完好。再用替换法将另一只正常的相同型号的键盘与主机连接，并开机查看。接着检查键盘是否有模式设置开关，如果有，则试着改变其位置，重新启动系统；若没有解决问题，则把开关拨回原位。拔下键盘与主机的接口，检查接触是否良好，并重新开机查看。再拔下键盘的接口，换一个接口插上去，并在 BIOS 中对接口的设置做相应的修改，重新开机查看。如还不能使用键盘，则说明是键盘的硬件故障引起的，检查键盘的接口和连线有无问题。检查键盘内部的按键或无线接收电路系统有无问题，或者重新检测或安装键盘及驱动程序后再试。接着检查 BIOS 是否被修改，如被病毒修改，应重新设置，并再次开机查看。若进行以上检查后故障仍存在，则可能是主板线路有问题，只能找专业人员维修。

任务 9-3　诊断和排除计算机网络故障

任务导入

米拉一早就收到公司几个同事的微信，他们说自己的计算机无法上网，且都打开了显示 IP 地址冲突的提示对话框。老洪经验丰富，让米拉为这些计算机手动设置了单独的 IP 地址，排除了故障，同事们都对米拉竖起了大拇指……

任务分析

诊断和排除计算机网络故障的操作思路如下。

（1）了解计算机网络故障排除的基础知识。其中包括常用的网络故障排查命令和测试的流程。

（2）学习怎样排除常见计算机网络故障。其中包括本地连接断开、本地连接正常但无法上网和 IP 地址冲突等计算机网络故障。

相关知识

（一）常用网络故障测试命令

常用的网络故障测试命令如下。

- ping。ping 命令是常用的网络测试命令，功能是确定网络的连通性，其语法格式为“ping IP 地址或主机名参数”。
- ipconfig。ipconfig 命令的作用是显示 IP 地址的具体配置信息，例如，网卡的物理地址、主机的 IP 地址、子网掩码和默认网关，以及主机名、DNS 服务器、节点类型等，其语法格式为“ipconfig/参数”，通常使用“ipconfig/all”就能查看这些信息。
- netstat。netstat 命令用于显示活动的 TCP 连接、计算机侦听的端口、以太网统计信息、IP 路由表、IPv4 统计信息（对于 IP、ICMP、TCP 和 UDP）以及 IPv6 统计信息（对于 IPv6、ICMPv6、通过 IPv 6 的 TCP 以及 UDP），其语法格式为“netstat 参数”，通常使用“netstat”直接显示活动的 TCP 连接。

- tracert。tracert 命令用于显示数据包到达目的主机所经过的路径，并显示到达每个节点的时间，其功能与 ping 命令类似，但测试的内容更详细，该命令适用于大型网络，其语法格式为“tracert IP 地址或主机名参数”。

（二）测试网络故障的流程

网络故障通常是由硬件和连接设置造成的，测试网络故障可以根据以下流程进行。

（1）检测硬件。检测网络中的各个硬件是否正常工作、网线接头等是否插牢。

（2）查看本地网络设置。使用“ipconfig/all”观察本地网络设置是否正确。

（3）确认网卡正常。使用“ping127.0.0.1”检查网卡。

（4）检查本机 IP 地址设置。使用“ping 本机 IP 地址”查看本机 IP 地址是否存在设置错误。

（5）检查局域网。使用“ping 本网网关或局域网中的其他 IP 地址”检查硬件设备是否有问题，也可以检查本机与本地网络连接是否正常（非局域网用户可以忽略这一步）。

（6）测试远程网络连接。使用“ping 远程 IP 地址或网络地址”检查本地网络或计算机与外部的连接是否正常。

注意 **很多计算机或者服务器为了防止被非法攻击，会开启防火墙功能，一旦防火墙关闭了 ICMP 回显响应功能，将显示 ping 不通，但该计算机的网络连接是正常的。**

任务实施

微课 9-3：排除本地连接断开故障

（一）排除本地连接断开的故障

本地连接断开的故障通常是系统软件识别不出网络导致的，只需要找到并重新启动本地连接即可排除故障，其主要操作步骤如下。

（1）在操作系统主界面右下角的“未连接-连接不可用”网络图标上单击鼠标右键，在弹出的快捷菜单中选择“打开‘网络和 Internet’设置”命令。

（2）打开“设置”窗口，在右侧的“状态”列表框中单击“网络和共享中心”超链接。

（3）打开“网络和共享中心”窗口，在左侧的任务窗格中单击“更改适配器设置”超链接，如图 9-10 所示。

（4）打开“网络连接”窗口，找到已经被禁用的本地连接，在其上单击鼠标右键，在弹出的快捷菜单中选择“启用”命令，如图 9-11 所示，即可重新连接到 Internet。

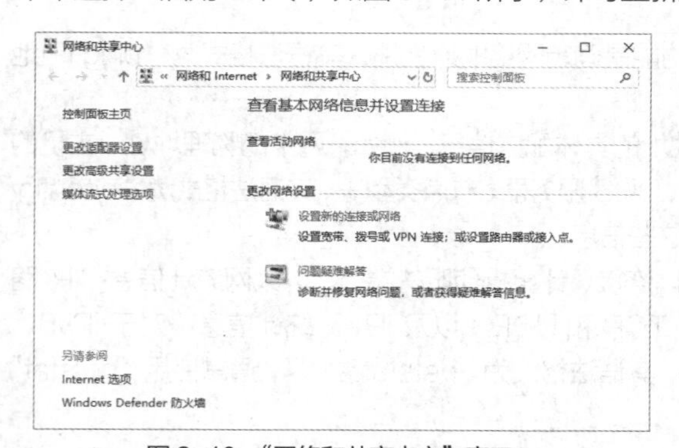

图 9-10 “网络和共享中心”窗口

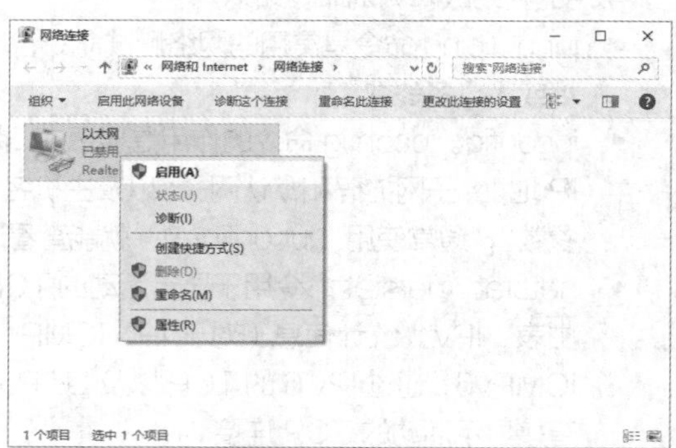

图 9-11 启用网络连接

（二）排除本地连接正常但无法上网的故障

微课 9-4：排除本地连接正常但无法上网故障

本地连接正常但无法上网的故障通常是 IP 地址出错引起的，需要重新设置计算机的 IP 地址，其主要操作步骤如下。

（1）在操作系统主界面右下角的“网络-Internet 访问”网络图标上单击鼠标右键，在弹出的快捷菜单中选择“打开‘网络和 Internet’设置”命令。

（2）打开“设置”窗口，在右侧的“状态”列表框中单击“网络和共享中心”超链接。

（3）打开“网络和共享中心”窗口，在左侧的任务窗格中单击“更改适配器设置”超链接。

（4）打开“网络连接”窗口，在“以太网”图标上单击鼠标右键，在弹出的快捷菜单中选择“属性”命令。

（5）打开“以太网 属性”对话框，在“此连接使用下列项目”选项组中双击“Internet 协议版本 4（TCP/IPv4）”选项。

（6）打开“Internet 协议版本 4（TCP/IPv4）属性”对话框，选中“自动获得 IP 地址”和“自动获得 DNS 服务器地址”单选按钮，单击“确定”按钮。

（7）如果仍然不能上网，则用户需要选中“使用下面的 IP 地址”和“使用下面的 DNS 服务器地址”单选按钮，在“IP 地址”“子网掩码”“默认网关”“首选 DNS 服务器”数值框中输入新的 IP 地址等内容，为计算机手动设置 IP 地址，并连接到 Internet。

（三）排除 IP 地址冲突的故障

微课 9-5：排除 IP 地址冲突故障

IP 地址冲突的故障产生的原因通常是局域网中有两台或两台以上的设备设置了相同的 IP 地址，且子网掩码也一样。排除故障的办法就是手动为出现故障的计算机设置另一个不冲突的 IP 地址，具体操作如下。

（1）按【Windows+R】组合键，打开“运行”对话框，在“打开”文本框中输入“cmd”，单击“确定”按钮。

（2）打开命令行窗口，在命令提示符处输入“ipconfig”，按【Enter】键，将显示本机的网络信息，如图 9-12 所示。

（3）输入“arp -a”，按【Enter】键，将显示局域网中的所有 IP 地址，发现本计算机与局域网中另一台计算机的 IP 地址一样，如图 9-13 所示。

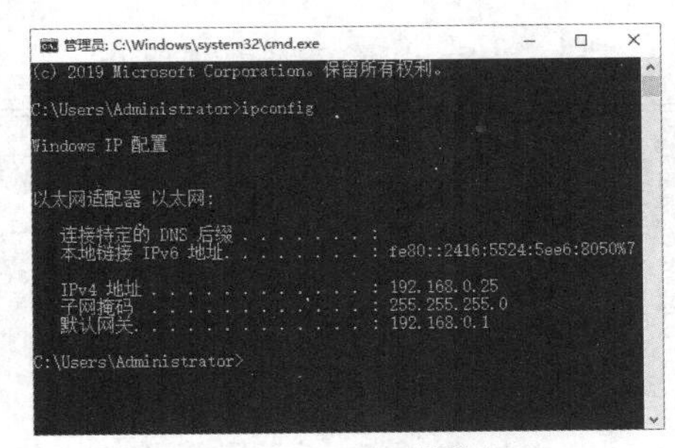

图 9-12 本机的网络信息

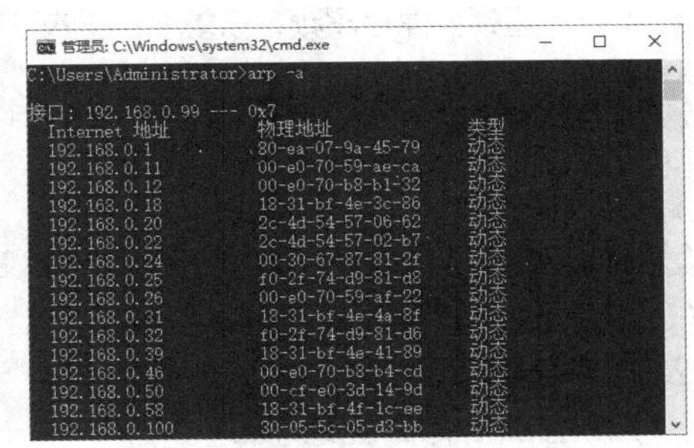

图 9-13 局域网中的所有 IP 地址

（4）选择一个与其他 IP 地址不冲突的 IP 地址，并将其手动设置为本机的 IP 地址，即可排除 IP 地址冲突的故障。

实训

（一）模拟排除计算机死机的故障

1. 实训目的

（1）熟悉计算机故障排除的步骤。

（2）掌握排除软件造成的计算机死机故障的操作。

（3）掌握排除硬件造成的计算机死机故障的操作。

2. 实训要求

（1）模拟计算机运行过程中死机的故障。

（2）分软件和硬件两种因素来排除死机故障。

3. 实训内容

（1）排除软件造成的死机故障。

操作提示如下。

- 感染病毒：查杀病毒。
- 软件升级不当：卸载软件并重新安装。
- 启动的程序过多：重启计算机。
- 误删系统文件：修复系统文件，或者还原操作系统。
- 非法卸载软件：还原操作系统，或者重新安装操作系统。
- BIOS 设置不当：将 BIOS 还原到出厂设置，或者升级 BIOS。

（2）排除硬件造成的死机故障。

操作提示如下。

- 内存故障：重新插拔内存，或者更换内存。
- 内存容量不足：更换内存。
- 硬件资源冲突：重新安装或升级显卡、声卡和网卡等板卡的驱动程序。
- 散热不良：打开机箱散热，或者更换散热器。
- 硬盘故障：维护硬盘。
- 灰尘过多：清理机箱内部的灰尘。
- CPU 超频：停止超频，恢复 CPU 的正常频率。

（二）检测计算机网络

1. 实训目的

（1）熟悉使用 ping 命令检测计算机网络故障的步骤。

（2）掌握使用 ping 命令的基本操作。

2. 实训要求

（1）使用 ping 命令检测局域网。

（2）远程连接人邮教育的官方网站。

3. 实训内容

操作提示如下。

- 进入 Windows 操作系统命令提示符状态：打开“运行”对话框，运行“cmd”命令。

- 查看本地网络设置：ipconfig/all。
- 确认网卡正常： ping127.0.0.1。
- 检查本机 IP 地址设置：ping 本机 IP 地址。
- 检查局域网：ping 本网网关或局域网中的其他 IP 地址。
- 测试远程网络连接：ping www.ryjiaoyu.com。

拓展知识

(一)故障排除的注意事项

排除计算机故障时，为保证工作的顺利进行，通常有以下操作需要注意。

- 保持洁净明亮的环境。保持环境洁净的目的是避免将拆卸下来的电子元件弄脏，影响故障的判断；保持环境明亮的目的是便于对一些较小的电子元件的故障进行排除。
- 远离电磁环境。计算机对环境的电磁要求较高，在排除故障时，要注意远离电磁场较强的大功率电器，如电视和冰箱等，以免这些电磁场对故障排除产生影响。
- 不带电操作。在拆卸计算机进行检测和维修时，一定要先将主机电源断开，再做好相应的安全保护措施，保证设备和自身的安全。
- 小心静电。为了保护自身和计算机部件的安全，进行检测和维修前，维修人员应将手上的静电释放，最好戴上防静电手套。

(二)预防计算机死机

对于计算机死机的故障，用户可以提前做好以下应对措施，降低死机故障出现的概率。

- 在安装和更换硬件时一定要插好插牢，防止接触不良引起系统死机。
- 在运行大型应用软件时，不要在运行状态下退出正在运行的程序，否则可能会引起系统死机。
- 在应用软件未正常退出时，不要关闭电源，避免造成系统文件损坏或丢失，引起系统死机。
- CPU 和显卡等硬件不要超频过高，要注意散热。
- 最好配备稳压电源，以免电压不稳造成死机。
- 不要轻易使用来历不明的移动存储设备；对于电子邮件中所带的附件，要使用杀毒软件对其进行检查后再使用，以免感染病毒导致死机。
- 在安装应用软件的过程中，若打开对话框询问“是否覆盖文件”，则最好选择不覆盖。因为通常当前系统文件是最好的，不能根据时间的先后来决定覆盖文件。
- 在卸载软件时，不要删除共享文件，因为某些共享文件可能被系统或者其他程序使用，一旦删除这些文件，就会使其他应用软件无法启动而死机。

(三)排除计算机故障前应收集硬件资料

在找到故障的根源后，用户就需要收集该硬件的相关资料，主要包括计算机的配置信息、主板型号、CPU 型号、BIOS 版本、显卡的型号和操作系统版本等，该操作有利于判断是否为兼容性问题或版本问题引起的故障。另外，用户可以到网上收集该类故障排除的相关方法，借鉴别人的经验，有可能找到更好更快的故障排除方案。

项目10

选购笔记本电脑

10

项目情景

经过一段时间的学习和自己的努力，米拉的工作开展得很顺利，已经能够独立开展各项计算机组装与维护工作，老洪对她的成长感到很欣慰，很多工作也交由她来完成。最近，公司部分员工需要经常出差，公司的笔记本电脑只有一台，为了外出时也能正常工作，公司决定为出差员工配备一些专用的笔记本电脑。于是米拉和老洪综合分析后决定采购一些商务办公本和轻薄本，因为它们携带方便、外观时尚、移动性强，并且电池续航时间长，能够满足移动办公的基本需求。

项目目标

• 了解笔记本电脑的外观结构和性能指标等相关知识 • 了解选购笔记本电脑的相关知识	• 熟练掌握选购笔记本电脑的方法 • 熟练掌握笔记本电脑开/关机等基本操作

素养目标

- 了解前沿计算机技术，开阔眼界、提升境界、放眼未来。

任务 10-1 认识笔记本电脑

任务导入

公司让技术部为业务部门选购一批笔记本电脑，用于该部门员工的外派工作。于是，老洪安排米拉选购笔记本电脑并告诉她，选购笔记本电脑和选购台式机的操作相似，首先需要了解笔记本电脑的外观结构和性能指标等基础知识，为后面选配和购买做好准备。

任务分析

在项目 1 中已经介绍过笔记本电脑的基本类型，这里需要认识笔记本电脑的外观结构和性能指标，并从网上查看笔记本电脑的相关内容，其操作思路如下。

（1）了解笔记本电脑的基础知识。笔记本电脑的外观结构主体就是显示屏和基座，基座表面是各种按键和触摸板，两侧是各种接口，内部是各种硬件和电池，也就是说，基座类似于台式机机箱+键盘+电池+触摸板的缩小集合。而笔记本电脑的性能指标则和台式机各种硬件的性能指标差别不大，除此以外，还有笔记本电脑的用途、多媒体设备、外部接口、输入设备、质量和电池续航能力等。

（2）网上查看笔记本电脑。需要在专业的计算机网站搜索并查看笔记本电脑的具体信息，包括名称、型号、价格、性能指标、图片和测评等，对笔记本电脑有一个基本的了解，以便接下来的选配和购买。

相关知识

（一）笔记本电脑的外观结构

笔记本电脑的外观结构主体就是显示屏和基座，不开机时两部分闭合在一起，打开笔记本电脑后可以看到显示屏、键盘、触摸板、电源开关按钮、扬声器、摄像头和外部接口等部件，如图 10-1 所示。

图 10-1　笔记本电脑的外观结构

- 显示屏。显示屏是笔记本电脑的重要部件之一，通常占据笔记本电脑外观大小的一半。
- 键盘。笔记本电脑基座上主要就是键盘，其按键数量比普通键盘少，但也包含了功能键，有些笔记本电脑甚至将开关机按钮设计为电源开关按键。
- 触摸板。触摸板位于笔记本电脑基座的键盘下面，是一块平滑的方形触控板，在其上利用手指的滑动操作可以移动鼠标指针，功能等同于台式机中的鼠标，如图 10-2 所示。其操作方法如下：用一根手指在触摸板的任意位置触击，功能等同于单击鼠标左键；在触摸板上拖动手指，功能等同于移动鼠标；在触摸板上在用手指触击的同时沿任意方向滑动，功能等同于按住鼠标左键时移动鼠标；使用两根手指触击，功能等同于单击鼠标右键。
- 电源开关按钮。电源开关按钮是笔记本电脑的电源开关，按下即可启动笔记本电脑，如图 10-3 所示。有些笔记本电脑还会将其设计为键盘按键形式，如图 10-4 所示。

图 10-2　触摸板

图 10-3　电源开关按钮

图 10-4　电源开关按键

- 扬声器。扬声器就是笔记本电脑的音频输出设备，功能等同于音箱，如图 10-5 所示。
- 摄像头。摄像头是笔记本电脑的标配硬件，通常固定在显示屏上面。现在很多笔记本电脑为了实现轻薄功能，将摄像头集成到键盘上，以按键弹出的方式存在，如图 10-6 所示。

图 10-5　扬声器

图 10-6　摄像头

- 外部接口。笔记本电脑的外部接口主要以音/视频和数据电源接口为主，通常都配有电源和 USB 两种接口，还可能有 HDMI 或 DP 等视频接口、耳机/麦克风二合一接口、Micro SD 读卡器，以及 Type-C 和 Thunderbolt 等数据接口，如图 10-7 所示。

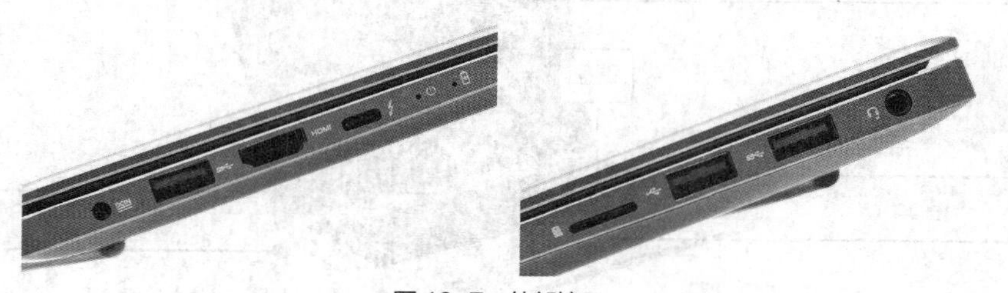

图 10-7　外部接口

（二）笔记本电脑的性能指标

1. 基本指标

基本指标包括上市时间、基本报价、产品类型、产品定位、质量，以及预装的操作系统等。

- 上市时间。计算机的硬件设备更新换代很快，笔记本电脑的上市时间越晚，通常其硬件设备越新，性能相对更强；但上市时间越早，通常降价幅度越大。
- 基本报价。基本报价是笔记本电脑的官方指导价格，选购时可以作为参考。
- 产品类型。笔记本电脑主要有家用、商用和专业用等类型。
- 产品定位。笔记本电脑主要有游戏本、轻薄本、二合一笔记本电脑、商务办公本、影音娱乐本、校园学生本和创意设计 PC 等类型。
- 质量。主流的笔记本电脑质量不会超过 2.5kg，1.5kg 以下的通常是比较轻薄的产品。
- 预装的操作系统。笔记本电脑和组装的台式机不同，笔记本电脑通常会由生产商预先安装操作系统，主流的操作系统包括 Windows 和 Linux。

2. 硬件指标

硬件指标包括 CPU、存储设备、显示屏、显卡、多媒体设备、网络设备、外部接口和电源等。

- CPU。CPU 性能指标包括型号、主频、核心数、线程数、三级缓存、核心代号和制程工艺等，这些性能指标的优劣对比基本与台式机的 CPU 的对比方式相同。但相对于台式机的 CPU，笔记本电脑内部空间较小，所以其 CPU 需要选配更低功耗的型号。笔记本电脑的 CPU 型号后面的字母标注可以显示其功耗大小，intel CPU 的低功耗版为 U 和 G，标准功耗版为 H；AMD CPU 的低功耗版为 U，标准功耗版为 H。
- 存储设备。存储设备性能指标包括内存容量、内存类型、硬盘容量和硬盘类型等，基本与台式机的存储设备性能指标相同。由于笔记本电脑空间较小，多采用固态硬盘。

- 显示屏。显示屏性能指标包括屏幕尺寸、显示比例、分辨率和面板类型等，笔记本电脑的屏幕尺寸以 14 英寸和 15 英寸为主。另外，色域和是否支持触控也是选购时需要参考的指标，色域是指屏幕可显示颜色的范围，高色域包括 100%ARGB、100%sRGB 和 72%NTSC，低色域则是 45%NTSC，选购笔记本电脑应尽量选购具有高色域的显示屏。

注意 **选购笔记本电脑时，如果商家没有标注显示屏是 IPS 屏和高色域，那么极大可能就是 TN 屏和低色域，这种笔记本电脑的显示效果会较差，要谨慎选购。**

- 显卡。显卡性能指标包括显卡类型、显存容量等，笔记本电脑通常以核芯显卡为主，除入门级独立显卡外，使用其他独立显卡的笔记本电脑通常价格较高。
- 多媒体设备。多媒体设备包括摄像头、音效芯片、扬声器和麦克风等，基本都是笔记本电脑的标准配置，性能参数与台式机的基本相同。
- 网络设备。网络设备包括有线网卡、无线网卡和蓝牙等，无线网卡需要支持尽可能多版本的无线网络协议，目前最新的版本为 802.11ax；蓝牙需要支持主流的 5.0 和 5.1 版本，蓝牙也可以用于与电视或投影仪连接，进行无线投屏。
- 外部接口。能够设计在笔记本电脑上的外部接口有很多，但笔记本电脑空间有限，选购时根据需要连接的外部设备选择具有相同接口的笔记本电脑即可。
- 电源。笔记本电脑的电源包括自带的电池和外接交流电源两种，外接交流电源使用标配的电源适配器；电池则包括可拆卸和内部集成两种，可拆卸电池需要占用较大空间，但拆卸后会减轻笔记本电脑的质量。电池的类型有聚合物电池、锂电池等类型，在容量相同的情况下，这两种电池的续航时间差别不大，且笔记本电脑使用的电池的续航时间要视具体使用环境而定。

提示 **选购笔记本电脑时，还有一些功能特点也可以作为性能指标参考，例如，智能指纹识别功能、电源开关按键和指纹键二合一、背光键盘、安全锁孔、复合式热管/水冷散热系统、整机和电池的多年质保等。**

任务实施

在网上查看笔记本电脑

下面通过网络浏览器查看商务办公类笔记本电脑的相关内容，具体操作如下。

微课 10-1：网上查看笔记本电脑

（1）在 360 浏览器中打开中关村在线的官方网站，在“笔记本电脑”选项组中单击“笔记本电脑”超链接。

（2）打开笔记本电脑对应的网页，在选项框的右侧单击“高级搜索”按钮。

（3）打开笔记本电脑高级搜索网页，在“产品定位”选项组中选中“商务办公本”复选框，在网页下方将显示搜索到的符合条件的笔记本电脑数量，单击“查看结果”按钮。

（4）在网页下方将以列表的形式显示所有搜索到的笔记本电脑，以及其主要的性能指标，如图 10-8 所示。

（5）单击某款笔记本电脑名称对应的超链接，将打开该笔记本电脑对应的网页，显示该笔记本电脑的详细信息，包括名称、型号、价格、性能指标、图片和测评等。

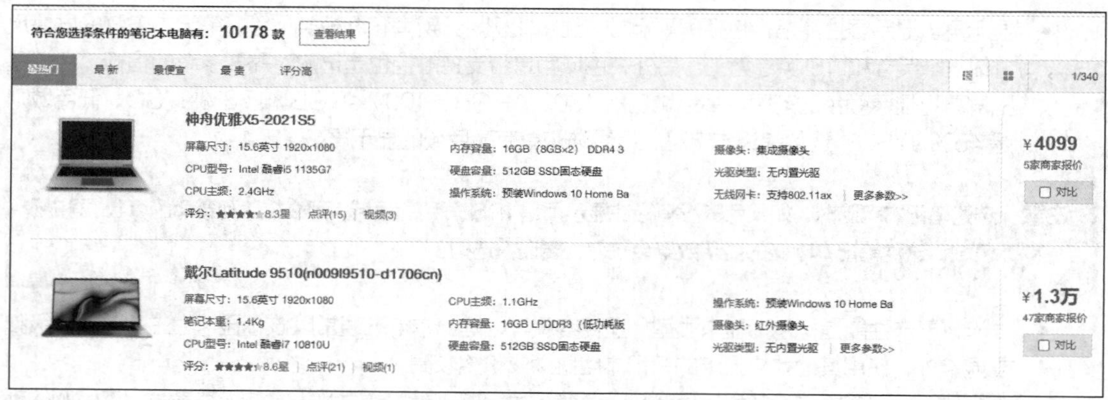

图 10-8　查看符合条件的笔记本电脑

任务 10-2　选购笔记本电脑

任务导入

米拉在网上搜集了笔记本电脑的相关信息，在网站中对多款笔记本电脑进行性能对比后确定了两款作为备选。米拉到商场和实体店对比了价格和售后，直接购买了一批笔记本电脑，并进行了开箱验机，都开机成功且没有问题，完成了公司分配的选购笔记本电脑的工作。

任务分析

选购笔记本电脑的操作思路如下。

（1）了解选购笔记本电脑的基础知识。其中包括选购笔记本电脑的最佳时间和注意事项。

（2）确定预算和需求。这一点和选购台式机相同，需要根据具体的需求和预算，对笔记本电脑的类型和性能进行产品定位，缩小选购的范围。

（3）产品对比。在选定的范围内对比笔记本电脑的性能指标，选择两三款性价比高的产品作为备选。

（4）购买并验机。选择最佳的购买渠道购买笔记本电脑，如果在实体店购买，则最好开箱验机，确保笔记本电脑能正常使用后再付款；网购则同样需要验机，出现问题可以退换。

相关知识

（一）选购笔记本电脑的最佳时间

通常情况下，选购笔记本电脑的最佳时间主要有上市和促销两种时段。

- 上市。笔记本电脑的利润较低，最低价通常是上市价，上市后其价格通常会长期稳定在更高的价位，即便是促销，最低也就是回到上市价格，很少低于上市价。
- 促销。笔记本电脑的主要促销时段是“6 · 18”和“双十一”，此时价格会下降，有时会回到上市价格，且最近几年笔记本电脑的新品首发基本上都在“6 · 18”这个时间段左右。

（二）选购笔记本电脑的注意事项

选购笔记本电脑时，用户需要注意以下事项。

- 硬件配置。大多数笔记本电脑保证箱上有硬件配置表（有些在保修卡上），需要进行核对。
- 货比三家。笔记本电脑的购买渠道很多，一定要货比三家，选择信用高的商家购买。
- 序列号。笔记本电脑包装盒上的序列号要与基座底部的序列号相同，还要检查其是否有被涂改、被重贴过的痕迹。另外，笔记本电脑 BIOS 中的序列号也要与机身的序列号一致。
- 赠品。检查应该有的赠品是否有，如品牌赠送的背包、U 盘、鼠标等。
- 外观。笔记本电脑外壳不能有碰、擦、划、裂等伤痕，显示屏不能有划伤、坏点、波纹，安装螺钉不能有掉漆等现象，有以上情况的笔记本电脑可能不是新机。
- 电池。新笔记本电脑的电池充电次数应该不超过 3 次，电量应该不会高于 3%，电量太高或是充放电次数太多则证明该机被人使用过。
- 售后。售后对笔记本电脑很重要，用户选购时要清楚售后服务期限、具体内容和维修更换的周期。通常，对于笔记本电脑，商家通常提供 1 年免费更换部件，3 年有限售后等服务，15 天左右的维修更换周期。
- 付款。尽量在验机完成且没有多余问题的情况下再付款。

任务实施

（一）确定预算和需求

选购笔记本电脑要明确自己的需求，并根据预算确定其类型，具体操作如下。

（1）笔记本电脑主要用于业务部门出差使用，应该选择商务办公本或轻薄本，性能需要满足大多数日常及办公需求，并有较长的续航时间（低功效、集成核芯显卡的 CPU），考虑到携带方便和展示公司形象，这就排除了一些质量较大、性能较强的商务办公本，以轻薄本为主。CPU 选择 R5 或 i5 产品；显示屏选择 14 英寸，兼顾便携与使用体验；其他内存选择主流 16GB；硬盘则考虑主流的 512GB 的固态硬盘，也可以选购 1TB 的机械硬盘。

（2）公司为笔记本电脑提供的预算为 4000～5000 元，主流笔记本电脑产品也在这一价格范围内。

（二）产品对比

下面在网上根据预算和需求选择笔记本电脑进行对比，具体操作如下。

微课 10-2：产品对比

（1）在 360 浏览器中打开中关村在线的官方网站，在“笔记本电脑”选项组中单击“笔记本电脑”超链接。打开笔记本电脑对应的网页，在选项框的右侧单击“高级搜索”按钮。

（2）打开笔记本电脑的高级搜索网页，在“笔记本电脑价格”选项组中选中“4000-4999 元”复选框，在“产品定位”选项组中选中“轻薄笔记本”复选框，在“屏幕尺寸”选项组中选中“14 英寸”复选框，在“显卡类型”选项组中选中“核芯显卡”复选框，在“内存容量”选项组中选中“16GB”复选框，在“硬盘容量”选项组中选中“含 512GB SSD”复选框，单击“查看结果”按钮。

（3）找到符合条件的所有笔记本电脑产品，选择“评分高”选项卡，在前 4 个产品对应的选项右侧选择“对比”选项卡，将其添加到对比框中，单击“对比”按钮，如图 10-9 所示。

（4）在打开的网页中会显示这 4 个产品的性能指标对比，如图 10-10 所示，通过各项性能指标的对比，最后确定一款备选产品。

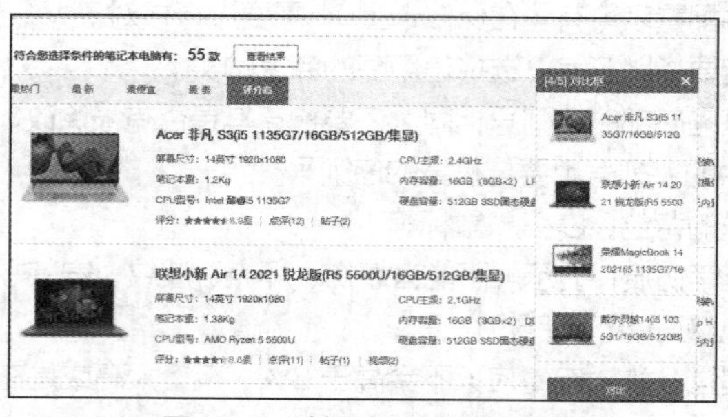

图 10-9　选择对比的笔记本电脑

图 10-10　性能指标对比

（三）购买并验机

选择好产品后，用户需要通过价格对比选择购买渠道进行购买，具体操作如下。

（1）货比三家，发现网上该产品的品牌直营店在价格上有优势，且到货的速度更快；而商场价格较高，但赠送的东西更多，综合考虑后决定网上购买。

（2）到货后马上开箱验机，首先检查外观，包装盒为原包装，并将包装箱的编号和笔记本电脑的编号进行对比，检查所有标准配件是否齐全，以及赠品是否备齐。

（3）检查笔记本电脑外壳有无划痕，显示屏是否有坏点和划痕等。

（4）开机进入操作系统，查看电池容量，并使用软件测试笔记本电脑的硬件设备是否与配置表一致，开机大概至少 10 分钟之后，用手掌摸键盘表面和基座底部以测试笔记本电脑的散热性。

（5）如果确认产品没有问题，则测试操作系统运行是否出现异常；多媒体播放音效、影像是否正常；上网是否正常；鼠标指针的定位是否正常；电池能否正常充电；风扇噪声能否接受等。

（6）如果存在问题，则与卖家联系退换货，没问题则可以确认收货。

实训

（一）选购轻薄本

1. 实训目的

（1）熟悉选购笔记本电脑的基本流程。

（2）掌握选购不同类型笔记本电脑的操作。

2. 实训要求

（1）为某大一新生选购一款价格在 5000 元左右的轻薄本。

（2）能够流畅使用 PS、CAD 制图，使用 Pr、AE 进行短视频基本剪辑，并能够运行一些网络游戏。

3. 实训内容

操作提示如下。

- 定位和预算：轻薄本，5000 元左右。
- CPU：i5 或 R5，功耗不考虑，以价格优势为主。
- 显卡：除游戏对显卡有要求外，核芯显卡即可满足制图和视频剪辑。
- 内存：16GB，双通道更好。
- 硬盘：考虑价格，能选购固态硬盘更好，也可以考虑机械硬盘，容量更大。

- 显示屏：有作图要求，选择高色域、高分辨率产品。
- 对比：按要求选择几款笔记本电脑产品，进行性能指标的对比。
- 选购和验机：网上购买产品，开箱验机。

（二）选购游戏本

1. 实训目的

（1）熟悉选购笔记本电脑的基本流程。

（2）掌握选购不同类型笔记本电脑的操作。

2. 实训要求

（1）选购一款用于游戏娱乐的笔记本电脑。

（2）笔记本电脑价格在 9000 元左右，能够流畅运行市面上的主流游戏。

3. 实训内容

操作提示如下。

- 定位和预算：游戏本，9000 元左右。
- CPU：i7 或 R7，尽量选择低功耗版本。
- 显卡：选择性能优良的显卡，如 RTX3060 或更高性能的型号。
- 内存：16GB，双通道更好。
- 硬盘：以 512GB 的固态硬盘为主，更大容量更好。
- 显示屏：以 16 英寸为主，高色域、高刷新率产品更好。
- 对比：按要求选择几款笔记本电脑产品，进行性能指标的对比。
- 选购和验机：网上购买产品，开箱验机。

拓展知识

（一）国产笔记本电脑品牌

计算机技术发展到今天，国产笔记本电脑已经成为市场上的主流产品，具体有以下品牌。

- 华为。华为笔记本电脑是华为集团旗下的电子产品之一，在 2016 年 4 月开始量产首款笔记本电脑。华为已经通过一系列的技术革新和生态创新，将笔记本电脑融入并兼顾游戏、娱乐、办公生产力，以及高颜值社交等属性，笔记本电脑通过与平板、手机、音箱、耳机、打印机，以及电视、空调、洗衣机等家用电器的协同使用，在全场景中提供智慧化应用体验。
- 联想。联想品牌主要经营个人计算机、笔记本电脑等，联想品牌作为全球个人计算机设计企业，主要开发、制造、销售安全可靠的技术产品及优质的商品。
- 华硕。华硕笔记本电脑坚持以“自己的设计、自己制造、自由品牌销售”为中心，其笔记本电脑产品不管是散热还是做工，都得到了广大用户的认可。
- Acer。该品牌主要针对消费者的实际需求，研发简易方便的产品，从而让用户从使用中体会乐趣，以提高生活品质。
- 神舟。该品牌成立于 2001 年，是一家以计算机技术为核心的公司，神州品牌一直遵循“品质是制造出来的，而不是测试出来的”理念，严格把关供应商源头和原材料的选购，产品集美观、高性能、性价比于一体，如今已经冲出国门，在亚洲一些国家销售。
- realme。realme 是一个为年轻用户提供兼具越级性能和潮流设计的高品质手机和人工智能互联网产品的品牌，其一进入笔记本电脑市场就以极高的性价比和漂亮的外观获得了大量年轻用户的关注。

- 小米。小米是较早进入笔记本电脑领域的科技品牌之一，一开始就以极高的性价比在市场中站住了脚，现在通过持续不断地推出高产品力的产品扩展市场，并建成了比较完善的线下售后体系，可通过智能互联让其他小米产品用户和笔记本电脑用户一起完美融入小米的科技生态系统。
- 雷神。雷神是在“大众创业、万众创新”背景下成长起来的创业品牌，以全场景电竞硬件快速迭代和电竞生态产业快速布局为着力点，全力打造“雷神电竞”的生态。
- 京东京造。京东京造是京东旗下的自营品牌，主打质量和超高性价比，其产品品类相对比较全面，笔记本电脑只是其中的一项，且主要针对低端市场。

（二）笔记本电脑的优势

笔记本电脑已经成为人们日常生活和工作中常用的计算机类型，相对于台式机，笔记本电脑具有以下优势。

- 便携。笔记本电脑方便携带、移动性强，用户可以随时随地使用，以便应对工作和学习。
- 高效能。笔记本电脑有着媲美台式机的卓越性能，但其功耗却远远低于台式机，非常节能。
- 安全。笔记本电脑的安全性能远远高于台式机，且很多商务笔记本电脑还能提供安全套件，不仅能从软件方面保护数据安全，还能从硬件方面设置物理保护。
- 有较好的质量保障。笔记本电脑通常是品牌产品，硬件能保证基本质量，且普遍拥有两年左右的保修期。
- 占用空间小。笔记本电脑占用空间小，台式机则需要占用一定空间。
- 能应对特殊情况。一旦出现停电等特殊情况，台式机将无法工作，且可能造成数据丢失，笔记本电脑则可以利用电池电量正常运行，保证了工作的完成度。